식물의 전쟁

식물의 전쟁

초판 1쇄 발행일 2022년 7월 4일

지은이 김용범
펴낸이 이원중

펴낸곳 지성사 출판등록일 1993년 12월 9일 등록번호 제10-916호
주소 (03458) 서울시 은평구 진흥로 68, 2층
전화 (02) 335-5494 팩스 (02) 335-5496
홈페이지 www.jisungsa.co.kr 이메일 jisungsa@hanmail.net

ⓒ 김용범, 2022

ISBN 978-89-7889-502-6 (03480)

견디고, 펼치고, 나누기까지
식물생리학자가 일상에서 포착한
식물의 생존 전략

식물의
전쟁

김용범 지음

지성사

몇 년 전쯤 여름이었던 것 같다. 설악산으로 여행을 다녀왔다. 첫날은 속초 선배님 댁에서 자고 백담사 계곡을 산책하듯 걷다가 돌아오는, 힘들 것 없는 무난한 일정이었다. 서울에서 선배님 두 분과 같이 차로 달렸다. 나는 운전을 안 하니 뒷좌석에 적당히 널브러져 있었다. 어디쯤 갔는지 알 수 없을 만큼의 시간이 흐르고, 점심을 먹을 때쯤 '새[鳥] 아빠' 성호 형을 만났다. 대학 선배님 이니 형이라 부른다. 점심 식사 후 다시 출발해야 하는데 차는 두 대였고 사람 은 네 명이었다. 나는 성호 형 차로 옮겼다. 혼자 운전하시라 하기에 미안했기 때문이다.

속초로 가던 중 차 안에서 성호 형이 지성사란 출판사를 설명하면서 책을 쓰라고 제안하셨다. 주제는 타감작용처럼 식물이 서로 싸우는 내용이었다. 좋은 제안이라 받아들이고 싶은 마음도 있었지만, 난 싸우거나 전쟁하는 것을 싫어한다. 게다가 서로 사랑하고 나누며 사는 세상을 만들자는 주장을 하며 이러한 방향으로의 사회개혁 전략과 함께 『논어』 「학이」편을 생물학적으로 해석해 사량(思量)이 필요하다는 책을 낸 적도 있다. 많이 팔리진 않았지만 추구하는 바가 그렇다. 그런데 난데없이 식물의 전쟁에 관한 책을 써보라니 마음속에서 살짝 꺼려지는 부분이 있었다. 하지만 내가 전공한 식물 생리 내용을 쓰는 것이라 솔깃한 부분이 더 컸다. 이런저런 이야기를 하면서 전쟁과 평화의 개념을 써도 좋다는 말을 듣고 책을 쓰겠다고 했다.

다음 날, 백담사를 향해 걸었다. 돌아올 시각을 정해놓고 갈 수 있는 만큼만 갔다가 다시 오는 코스다. 부담을 가질 이유가 없었다. 길을 따라 걸으면서 나는 차츰 뒤처졌다. 책을 쓰기로 결정한 뒤라 식물의 모습을 카메라에 담을 필요가 생겼기 때문이다. 무엇을 하고자 하느냐가 지금의 행동을 만든다. 당시 햇빛에 잎이 살짝 늘어진 철쭉 등 풀과 나무 모습들 하나하나가 새롭게 다가왔음은 분명하다.

식물을 관찰하며 길을 걷는데 앞서가시던 선배가 이 길이 만해 한용운이 다니던 길이라 말씀하셨다. 길바닥이 돌로 깔려 있던 길이었다. 순간 패자의 아픔이 느껴졌다. 추운 겨울, 만해가 걸어서 건넜다는 가평천에서의 차가운 고통도 엄습했다. 살을 에는 듯한 아픔이었을 것이다. 생태계에서 경쟁에 진 이에게 남는 것은 죽음뿐이다. 생존에 필요한 자원을 얻지 못하는 까닭이다. 단박에 죽어버리진 않을 테니, 가득한 고통 속에서 서서히 스러질 것이 틀림없다. 그런 고통이 돌을 딛고 선 발바닥에서부터 시간을 거슬러 전해져 왔다. 백담사 계곡물이 싱그러웠다. 그러나 그것은 전쟁의 시작이기도 했다. 산을 내려온 후 원고 작성이 시작되었기 때문이다.

기대 반 안타까움 반으로 초안을 만들었다. 출판사에 전달했으나 문제점들이 발견되었다. 논리 전개 방식 등을 고치면 좋겠다는 제안을 받았다. 부족한 것이 많아서였을 것이다. 새로운 논리 전개에 대한 제안이 왔으니 기존 원고의 틀을 바꾸어 다시 썼다. 그 후 순조롭게 계약이 이루어졌다. 그리고 지성사 대표님과 대화를 나눌 기회가 있었다. 식물과 관련해 출판 시장에 없는 내용에 관한 것이었다. 예를 들면 산수유는 조경수로 많이 쓰이지만, 생강나무는 그렇지 않은 이유가 무엇인가? 등과 같은 내용이었다. 일리 있는 말씀이라 생각했고, 숙고해 보겠다 마음먹었다. 나중에 한 관련자를 우연히 만나 생강나무를 조경수로 잘 쓰지 않는 이유를 물었지만, 그분도 잘 모르는 듯해서 지금도 이것에 대한 정확한 이유를 모른다.

시간이 맥없이 흘렀다. 원고를 고치고 수정해야 하지만 머리는 살짝 안개가 드리운 듯했다. 손에 잘 잡히지 않았다. 그러던 중 영화 하나를 봤다. 사막화 방지를 위해 노력하는 푸른 아시아란 NGO 단체에서 상영한 영화로 제목은 「숲의 호출(Call of the Forests)」, 부제는 '나무의 잊힌 현명함(The foggotten wisdom of trees)'이었다. 영화를 상영하는 내내 등장하는 한 여성의 모습에서 나무와 숲을 사랑하는 마음이 느껴졌다. 그리고 역으로, 그렇지 않은 내 모습이 보였다. 나는 식물생리학자다. 그러다 보니 식물은 내게 객관적 지식을 얻는 대상일 뿐이었다. 그 이상으로 식물을 생각해 본 적이 없었다.

영화에 등장했던 여성은 달랐다. 그녀가 나무와 숲을 사랑하는 마음이 전해졌다. 그런데 그녀의 마음이, 일상의 궁금함을 해결했으면 좋겠다는 대표님의 말씀과 어우러졌다. 마치 마음이 서로 통하는 '정' 같은 느낌이었다. 더 나아가 아파트 앞에 심어놓은 나무와 풀은 인간의 욕심이 빚은, 그들에게는 고통을 주는 것일지도 모른다는 생각마저 들었다. 죽음에 이르게 하는 고통 말이다. 만해 한용운의 고통과 같은 계통일 수도 있겠다 싶다. 어쨌거나 아파트 주변 길을 한 걸음 한 걸음 옮길 때마다 달라지는 나무와 풀들이 다른 관점으로 다가왔다. 사람의 마음이 한순간에 달라질 수도 있다는 생각이 들었다.

다시 대표님을 찾았다. 코로나 19가 한창임에도 불구하고 막무가내로 만날 것을 부탁했다. 그분이 생각하는 바를 듣고 싶었다. 두런두런 이야기하는 동안

틀에 박혔던 지식의 허물이 하나씩 하나씩 벗겨져 나가는 느낌이 들었다. 부족함도 메워져 갔다. 그러나 이러한 것들을 온전히 제대로 담아낼 수 있을지에 대한 두려움도 생겼다.

이 책을 만들면서 다른 사람과의 협력이 얼마나 중요한지를 다시 한번 깊이 깨닫는다. 어쨌거나 식물을 조금이라도 더 알게 해준 김성호 선배님과 대표님의 도움에 감사한다. 그리고 원고를 읽고 방향을 잡고 교정하는 등의 일에 관여하신 편집진의 노고가 있었다. 그분들도 자신의 영역에서 최선을 다하였기에 원고가 더 나아지고 책으로 만들어졌다. 이렇게 출간 때까지 도움을 준 분들에게 어떻게 고마움을 전해야 할지 모르겠다. '감사하다'는 한마디 말로 고마움을 표현하기에는 너무 부족한 듯하다.

길을 나서면 주변에서 여러 식물을 만난다. 자신만의 언어로 한껏 투쟁에 정신이 없을 그들이다. 전쟁이 한창인 곳이 늘 그렇듯 비명과 함성이 함께 들리는 것 같다. 그런데 그것만이 전부일까? 식물을 사랑하지 못한 미안함을 가슴에 담으니 그들이 속삭이는 소리가 들리는 듯하다. 거기에는 우리가 잘 몰랐던 식물의 생동감 넘치는 삶이 있었다. 그 속으로 손을 뻗어 식물의 삶을 피부로 직접 느껴보면 어떨까? 생태적 세계관이 필요한 세상에서, 다가올 미래를 어떻게 만들고 살아야 할지에 관한 통찰을 얻을 수 있을 테니….

김용범

1

전쟁의 이해 _모두의 손해

종간 또는 종내 경쟁으로 구분되는 경쟁은 생물의 상호작용 중 하나다.
종내 경쟁은 다시 쟁탈 경쟁과 간섭 경쟁으로 나뉜다. 식물의 간섭 경쟁에서는
크기 경쟁에 따른 자가 솎음질과 함께 독성물질을 분비하는 타감작용이 일어나는데
이는 다른 개체를 죽게 할 정도로 치열하다. 또한 쟁탈 경쟁으로 몸의 크기가 줄어든다.
결과적으로 모두에게 손해가 발생한다.

1 아파트를 나서며

입대를 앞둔 아들이 집에서 친구들과 놀겠다고 하여 어쩔 수 없이 아파트를 나섰다. 혼자서 무엇을 할지 생각하며 아파트 동 옆 벤치에 앉았다. 물끄러미 내려다본 땅바닥에는 이끼류가 잔뜩 자라고 있었다. 습한 날도 아니었다. 잔디나 질경이 같은 다른 풀도 좀 있었지만, 그곳의 대세는 이끼였다(그림 1-1 A). 우점종이 이끼라는 뜻이다. 근처로 고개를 돌리니 이끼가 보이지 않았다. 두 지점에서 자라는 식물의 우점종이 완전히 달랐다.

식물생리학자인 나는 식물종 이름을 많이 알지 못한다. 이끼류와 그렇지 않은 풀을 구별할 수 있는 사람보다 약간 더 아는 수준이다. 그러나 생리적 특징은 비교적 잘 안다. 햇빛이 있을 때 이끼류는 경쟁력이 있다고 보기 어렵다. 뿌리도 발달하지 않았으며, 키가 클 수도 없다. 땅 표면에 넓게 분포하는 정도다. 줄기도 없고 잎도 제대로 발달하지 않아 땅이 조금만 메말라도 성장을 못 하는 무력한 모습이다.

경쟁에 취약한 종이 다른 종보다 많이 분포(우점)하는 상황이 다소 의아해 이유를 살피려고 주위를 둘러봤다. 이끼가 많이 자란 곳은 아파트 건물에 가려 햇빛이 잘 들지 않았다. 아침 햇살이 들 수는 있으나 개나리가 자라고 있

어 햇빛을 충분히 받을 수 없었다. 게다가 12시가 지나면 아파트 건물 때문에 그늘이 져 땅이 축축했다. 풀들은 몇 미터쯤 떨어진 곳에 자라고 있었다. 그쪽은 햇볕도 좋고 땅도 말라 있었다. 군데군데 잔디가 보였다(그림 1-1 B). 아파트 건설 초기에는 전체에 잔디를 심었겠지만 지금은 다른 풀들로 가득했다.

이끼류가 많은 곳이든 풀이 많은 곳이든 이 두 곳은 처음엔 건설사의 조경 방침에 따라 잔디로 시작했을 것이다. 그러나 시간이 지나면서 풀과 이끼에 자리를 내주었다. 두 지역에서 종은 다르지만 환경에 더 적합한 종이 우점하는 현상이 일어나고 있었다. 이는 우연

그림 1-1_ 음지에서 우점종이 된 이끼와 양지에서 자라고 있는 풀의 모습(A: 음지 B: 양지)

히 환경이 그렇게 조성되었을 뿐 각각의 종이 가진 능력과는 아무런 상관이 없다.

특정 지역에 어떤 종의 식물이 자라는지는 환경에 의해 결정된다. 줄기를 만들고 잎을 발달시키고 키를 크게 하는 능력만으로 결정되는 것이 아니다. 이런 능력들이 부족해도 주변 여건에 적합하다면 경쟁에서 승리해 살아남을 수 있다. 한마디로 식물의 생존은 몇 가지 잣대로 평가할 수 없다.

아파트 주변에서 자라는 식물은 약간만 환경이 달라져도 전혀 다른 종류가 자랐다. 어떤 것은 환경에 잘 적응했고, 어떤 것은 다른 것과의 경쟁에서 이겼기 때문이다. 식물은 살아남기 위해 어떤 일을 벌이고 있을까?

2 종간 그리고 종내 전쟁

종간 경쟁

뜨거운 여름철, 열차를 타고 가다 보면 논에서 자라는 벼를 쉽게 본다. 처음에는 모판에서 모가 어느 정도 자란 후에 논으로 모를 옮겨 심는다. 모판의 벼는 간격이 촘촘한데, 이런 상태에서는 물, 공간, 영양 상태, 햇빛 등 쟁탈경쟁이 치열해 벼가 일정 크기 이상으로 자라지 못한다. 적당히 자란 모를 거리를 두고 심는다. 모내기다. 모는 땅에 뿌리를 내리면 토양에서 물과 영양분을 얻고, 햇빛을 이용해 성장하고 열매를 맺는다. 모내기는 벼의 종내 경쟁을 줄여 더 많은 열매를 맺도록 사람이 도와주는 과정이다.

논에 벼 외에 다른 잡초가 자라면 종간 경쟁이 일어난다. 논에는 흔히 물이 있어서 육상식물은 잘 자라지 못하지만 수생식물은 자랄 수 있다. 그런데 논에는 사람이 의도적으로 물을 넣었다 뺐다 할 수 있다. 논에 물을 빼고 어느 정도 시간이 지나면 육상식물이 자란다. 이 상태에서 다시 물을 넣어 두면 육상식물이 죽고 수생식물이 자란다. 이때 또다시 물을 빼면 수생식물이 생명력을 잃는다. 이런 식으로 잡초를 관리하는 농법도 있는데 이를 '태평농법'이라 한다. 물을 이용해 종간 경쟁을 막고 생산성을 높이는 방법이다.

종간 경쟁(interspecific competition)은 여러 종이 서로 경쟁하면서 다른 종을 밀어내는 현상이다. 밭작물을 키울 때도 생산성을 올리려면 종간 경쟁을 피해야 한다. 대표적으로 멀칭(mulching)재배를 들 수 있다. 먼저 이랑과 고랑을 만든 다음 이랑을 검은 비닐로 덮는다. 그 후 일정 간격으로 구멍을 뚫어 재배하려는 식물을 심는다. 검은 비닐은 햇빛을 막아 작물 주변에 잡초가 자라지 못하게 하여 종간 경쟁을 억제한다.

특정 종의 개체만 자라게 하면 토양의 영양물질, 햇빛 그리고 물에 대한 종간 경쟁이 줄어 농사에 유리하다. 멀칭재배는 비료 손실을 줄이고, 토양의 수분을 유지하며, 지온(地溫)을 높이는 장점이 있다. 제초제도 덜 쓰니 경제적으로 이점이 있고, 농약 오염도 줄인다. 그러나 단점도 있다. 비닐이 썩지 않아 환경 문제를 일으킨다.

밭에서 작물과 잡초의 종간 경쟁을 줄이는 전통적인 방법은 김매기였다. 사람이 쪼그리고 앉아 호미로 일일이 풀을 뽑는 방식이다. 허리는 구부러지고 무릎은 아팠을 것 같다. 환경 문제는 없었겠으나 삶이 힘들었다. 반대로 멀칭재배는 비닐로 종간 경쟁을 막아 편리성을 얻었으나 환경 오염이라는 부작용을 만든 측면이 있다.

종내 경쟁

백미터 달리기 라인에 선수들이 서 있다고 가정하자. 이들이 시작 총소리와 함께 힘껏 달려 승자를 가린다. 승자는 우사인 볼트처럼 영광을 얻고 패자는 기억 속에서 사라진다. 이런 과정이 바로 종내 경쟁(intraspecific competition)이다.

식물은 움직이지 않으니 종내 경쟁이 없을 것 같지만 절대 그렇지 않다.

햇빛을 가리거나 화학물질을 이용해 경쟁한다. 같은 종의 개체들이 밀집한 곳은 경쟁이 더하다. 같은 종끼리는 생존에 필요한 자원도 같아서 종내 경쟁이 종간 경쟁보다 더 치열하다. 심할 경우 상대방을 죽이기도 한다. 사람도 예외는 아니다.

경쟁은 개체들 또는 개체군들에 부정적 영향이 나타나는 상호작용이다. 경쟁이 심하면 식물의 성장 속도나 생산성은 떨어진다. 종간 경쟁과 종내 경쟁으로 나누어 보더라도 경쟁은 다른 개체가 죽거나 제대로 성장하지 못하게 한다. 한마디로 서로에게 도움이 되지 않는다.

일반적으로 경쟁에서 이겨야 잘 산다고 믿는다. 그러나 과학적 개념에서 경쟁은 모두의 손해다. 선뜻 이해되지 않는다. 당장 경쟁에서 이기면 더 많은 자원을 가지고 돈도 더 많이 벌 수 있을 텐데 말이다.

좀 더 길게 생각해 보면 사정은 달라진다. 항상 경쟁에서 이긴다는 보장이 없다. 누군가에게 계속 시달림을 당해야 한다. 고려 왕가는 경쟁에서 이긴 집안이다. 왕건이 왕이 된 후 오랫동안 번성했다. 그러나 끝은 좋지 않았다. 조선이 등장하면서 후손들이 죽었다. 오래 두고 보면 단기간에 벌어지는 경쟁에서 이기는 것이 생물학적 승리인 자손을 더 많이 남기는 데 유리하다고 말하기 어렵다.

누구나 영원히, 항상 승리만 할 수 없다. 경쟁에는 승자와 패자가 나오는데 패했을 때 그 피해가 회복 불능일 수 있다. 이런 상태가 되면 생명은 지속될 수 없다. 따라서 긴 시간을 생각하면 경쟁은 생존에 유리하지 않다. 오히려 불리한 것이 많다. 더구나 경쟁은 생존을 위한 스트레스를 높인다. 승자도 그것을 유지하기 위해 스트레스를 받는다. 인간의 경우, 뇌의 능력이 감퇴하고 창의성이 떨어진다. 결과적으로 경쟁은 더 잘 살 가능성을 낮춘다.

경쟁을 다르게 표현하면 '너 때문에 내가 잘 살지 못하고, 나 때문에 네가 잘 살지 못하는 현상'이다. 모두가 다 잘되지 않는 결과를 낳을 수 있다. 경쟁은 부정적인 수단을 쓰게 만들고 상대방을 헐뜯기도 한다. 각자의 장점만으로 겨루지 않는다. 결과적으로 자기 능력을 최대한 드러내지 못하는데, 경쟁이 심해지면 동물도 식물도 신체의 크기가 줄어든다.

3 쟁탈 경쟁과 간섭 경쟁

　중학교에 다닐 때였던 것 같다. 친구들과 공원에 가던 중에 깡패 같은 사람들을 만났다. 가지고 있던 돈 천 원을 빼앗겼다. 지금 생각하면 참 한심하지만, 공포 분위기를 조성하는 바람에 다른 방법이 없었다. 힘이 없어서 중요한 자원인 돈을 빼앗겼다. 이것도 자원에 대한 경쟁의 일종이다.

　쟁탈 경쟁은 공급이 부족한 자원을 두고 벌어지는 경쟁으로 동일종이나 다른 종 사이에서 일어난다. 일반적으로 경쟁을 서열이 있는 경쟁과 서열이 없는 경쟁으로 구분한다. 서열이 있는 경쟁을 간섭 경쟁(서열 경쟁), 서열이 없는 경쟁을 쟁탈 경쟁(무서열 경쟁)이라고도 한다.

　자연 상태에서는 모든 개체가 살아갈 수 있을 만큼 자원이 넉넉하지 않다. 그래서 더 뛰어난 능력을 가진 개체만 살아남는다. 이들은 먹이를 더 일찍 얻거나, 힘이나 기술로 남의 것을 빼앗거나 하는 방법으로 생존한다. 벌이 만든 꿀을 사람이 요령껏 빼앗아 먹는 것도 이와 같다. 이런 경쟁을 간섭 경쟁이라 하며, 다른 개체의 것을 빼앗는 과정에서 순위가 형성되어 서열 경쟁이라고도 한다. 이 경쟁은 자원 공급이 충분해도 나타난다. 유전자에 내재된 행동이라 자원 양과 무관하다.

사자는 자신의 영역에 먹을 것이 많아도 치타 새끼를 죽여서 치타의 수를 조절한다. 치타 개체수가 늘어 먹잇감이 줄어드는 일을 예방하는 행동이다. 이런 경쟁은 백미터 달리기처럼 승자와 패자가 분명히 존재한다.

간섭 경쟁은 같은 종 내에서 강하다. 제한된 지역의 개체수가 많아지면(개체군 밀도 증가) 당연히 종내 경쟁이 증가한다. 개체가 살아남을 가능성을 뜻하는 개체 적응도는 떨어진다. 사망률이 증가하고 출생률과 생장률은 떨어진다. 사망률이 출생률보다 높아진 우리나라 상황이 떠오른다.

간섭 경쟁이 치열해지면 동물은 다른 지역으로 이주한다. 하지만 새로 이주한 지역에서 어떤 문제가 발생할지 모르기 때문에 그 개체가 살아남을 가능성은 낮아진다. 간혹 멧돼지가 도심으로 내려올 때가 있는데, 그것은 간섭 경쟁이 심해서다. 도심에 나타난 멧돼지는 사람에게 포획되어 죽음을 맞기도 한다.

식물의 간섭 경쟁은 두 가지 방법으로 이루어진다. 하나는 자원을 얻을 영역을 선점해 다른 개체가 접근하는 것을 막는 수동적 방법이고, 다른 하나는 독성물질을 분비하거나 경쟁 대상을 공격해 자원을 빼앗는 능동적 방법이다.

수동적 방법으로 이루어지는 간섭 경쟁에서 우위를 결정하는 요소 중 대표적인 것이 경쟁자의 몸 크기다. 몸집이 클수록 강하다는 인식을 주어 경쟁자를 물리친다. 식물 같은 고착성 생물은 이동할 수 없기에 몸의 크기가 더욱 중요하다.

일정한 면적의 밭에 상추씨를 많이 뿌리면 상추 개체가 서로 경쟁한다. 처음에는 발아한 모든 상추에서 본잎이 나온다. 그러나 이들 중 성장 속도가 조금 빠른 소수의 큰 상추만 살아남는다. 큰 개체가 햇빛 같은 자원을 얻는 영역을 선점해 다른 개체가 자라지 못하게 막기 때문이다. 이를 '자가 솎음질'이라 한다. 이렇게 몸 크기가 큰 힘센 개체는 분명히 잘 살아남는다. 이때 우리는 살아남은 개체를 강하다고 표현하며, 강함은 어떤 측면에서 종내 경쟁에서 승리할 가능성을 높여준다.

능동적 간섭 경쟁의 사례로는 타감작용이 있다. 타감작용은 몸의 크기와는 별로 연관이 없는 특별한 능력이다. 식물의 타감작용으로 인해 특정 식물 주변은 다른 식물이 발아하지 못한다. 그 결과, 식물은 일정한 거리만큼 떨어져야 자랄 수 있고, 타감물질을 분비한 식물은 주변 자원을 독식한다.

경쟁이 없는 무서열 경쟁 또는 쟁탈 경쟁에서는 개체수가 늘어날 때 개체의 크기가 균일한 비율로 감소하는 현상이 나타난다. 경쟁자 모두 같은 양의 자원을 얻기 때문이다. 이러한 경쟁은 모든 개체가 동일한 영향을 받는다. 만일 필요한 자원이 부족하면 모두 죽는다. 승자와 패자가 없으나 개체수 변동이 커서 자원 부족에 의한 멸종 우려가 간섭 경쟁보다 높다.

소들이 들판에서 풀을 뜯거나, 여러 마리의 송충이가 한 나무에서 나뭇잎을 먹는 것과 같은 경쟁이 쟁탈 경쟁이다. 풀이나 나뭇잎이 줄어들면 소와 송충이는 비슷한 정도로 피해를 받는다. 성장에 한계가 생기고, 몸집이 작아진다. 그러다가 나뭇잎이나 풀이 완전히 사라지면 모두 이주하거나 사망한다.

쟁탈 경쟁의 유무는 몸의 중량 변화로 확인할 수 있다. 그림 1-2 그래프를 보면, 송어의 경우 100제곱미터(m^2)당 한 마리일 때는 100그램(g) 정도였으나 밀도가 늘면서 중량이 줄어든다. 아래쪽 체량의 단위가 한 눈금이 10배 차이가 난다. 식물도 마찬가지로 밀도가 증가하면 체량이 줄어드는 모습을 보인다.

개체군의 밀도가 증가함에 따라 개체 무게가 감소하는 관계식을 명아주에서 확인했다. 식물에서 개체당 평균 중량과 밀도의 관계는 기울기가 약 −3/2에 근접한다. 이것은 개체수가 두 배가 되면 개체당 무게는 약 1.37배

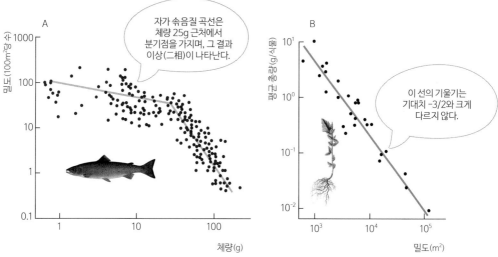

그림 1-2_ 경쟁에 따른 개체수 밀도와 평균 중량의 변화(A: 송어 B: 명아주)

줄어든다는 뜻이다. 다시 말해 특정 개체수일 때 1킬로그램의 식물이 있다면, 개체수가 두 배 증가함으로써 무게는 730그램으로 줄어든다.

식물뿐 아니라 동물의 경쟁도 모든 개체에 손해라면 인간의 경쟁도 이것을 벗어나기 어렵다. 인간도 동물이기 때문이다. 자원이 부족하다면 살아남을 가능성이 당연히 줄어든다. 경쟁은 어떤 사람을 죽음으로 몰아가기도 한다. 분명히 손해다.

어쨌거나 생물종은 쟁탈 경쟁이나 간섭 경쟁 중 하나를 택한다. 경쟁을 통해 지위에 차이가 생기면 간섭 경쟁을 하는 종이며, 인간의 경쟁도 여기에 속한다. 경쟁이 심한 사회가 된 지금, 식물의 경쟁도 우리 삶의 방향을 결정하는 데 중요한 함의(含意)를 줄 수 있을 것 같다. 식물은 경쟁에서 살아남기위해 어떤 전략을 취할까? 그들의 세계를 알아보자.

2

자원의 종류와 전쟁 전략

식물은 유기물을 스스로 합성하는 자가영양생물로서 생식, 기계적 안정성,
물과 영양소 그리고 햇빛이라는 요소가 필요하다. 그래서 중력이나 온도 등에
저항하는 견디기, 더 높은 곳으로 올라가는 세우기, 옆으로 퍼져 나가는 펼치기,
타감물질을 분비하는 끼치기, 자신이 합성한 유기물을 이용하는 나누기,
유전적 다양성을 만드는 달리하기라는 전략을 통해 생존을 이어간다.

1 생존을 위한 필수 요소

2000년 여름, 태풍 마이삭이 지나간 다음 날 아침에 나무가 통째로 뽑히거나 쓰러져 토막 난 장면을 뉴스에서 보았다. 지금까지 잘 살아오던 나무가 큰바람을 이겨내지 못한 채 죽음을 맞은 모습이었다. 기후변화에 따라 우리나라에 오는 태풍의 빈도가 잦아지고, 더욱 강력해졌다. 생물이 이러한 변화를 극복하지 못하면 변화를 이겨낸 개체와의 경쟁에서 탈락하고 만다.

식물이 환경에 적응하며 살아남기 위해서는 햇빛과 영양물질, 생식 능력이 필요하다. 이들은 식물의 생존에 필수적인 요소이며 동시에 경쟁의 대상이 되는 자원이다. 그러나 이것만으로는 부족하다. 한 가지가 더 필요하다. 바람 등의 환경 변화를 이겨낼 수 있는 기계적 안정성이다. 기계적 안정성은 이동이 불가능한 식물이 뿌리를 내려 영양물질을 흡수하고 가지를 뻗어 햇빛을 모을 수 있게 한다.

기계적 안정성은 초본(풀)과 목본(나무)이 다르다. 풀은 강하진 않지만 부드러움으로 승부하며 늘 바람에 휘날린다. 물론 대나무와 같이 강해도 풀에 속하는 것이 있다. 반대로 나무는 대체로 바람에 강하게 버티고 때론 부러지기도 한다. 이렇게 보면 풀이 더 나은 것 같기도 하지만, 풀은 키를 높게 키울

그림 2-1 식물의 삶에 필요한 요소; 생식, 햇빛, 기계적 안정성, 물과 영양소

수 없다.

대나무를 풀이라고 하면 와닿지 않는다. 나무로 보이는데 풀이라고 하기 때문이다. 풀과 나무를 구별하는 기준은 나무로부터 나온다. 나무에 속하는 기준이 있는지 확인하고, 한 가지라도 맞지 않으면 풀로 분류한다. 좀 어이없다고 할지 모르겠지만 사람에 맞는 기준을 정한 후 아닌 것은 다 동물이다 하는 식이다.

나무를 정하는 기준은 다섯 가지다. 목질화 유무, 형성층 유무, 겨울철 지상부의 유무, 겨울눈의 유무 그리고 나이테의 유무다. 대나무는 딱딱하게 목질화한 부분이 있으나 나이테가 없고, 부피생장을 하는 형성층(부름켜)이 없다. 죽순 때의 굵기가 세월이 흘러도 나무처럼 굵어지지 않고 그대로 유지되어 풀로 분류한다.

2 전쟁의 전리품 _자원의 종류

　사람은 생존을 위해 누구나 음식을 먹는다. 음식이 생명 유지를 위한 물질과 에너지 공급의 원천이기 때문이다. 사람이 먹는 음식은 입과 소화관에서 쪼개지고 분해된다. 그리고 생존에 필요한 단백질, 지방, 탄수화물, 핵산, 비타민을 제공한다. 흔히 말하는 '밥'에는 이 모든 것이 포함되어 있다.

　때때로 밥은 쌀밥만을 의미할 때가 있는데 밥의 주성분은 탄수화물이다. 탄수화물의 분자식은 $(CH_2O)_n$이고, 이는 탄소에 물이 결합해 있다는 뜻이다. 탄수화물은 종류가 다양하며, 대표적인 것이 $C_6H_{12}O_6$이라는 분자식으로 표현되는 포도당이다. 포도에서 제일 처음 발견되어 '포도당'이라는 이름이 붙었고, 밥에 있는 아밀라아제나 아밀로펙틴 그리고 감자전분, 식물의 세포벽 등 여러 분자가 결합한 고분자 탄수화물의 기본 단위다. 양은 적지만 육류에도 포도당 같은 탄수화물이 있다.

　공기 중에서 포도당에 불을 붙이면 연소하면서 불꽃이 생긴다. 불꽃은 물질이 산소를 만나 에너지를 내보내는 모습이다. 식물이나 인간의 몸체를 구성하는 세포는 탄수화물을 태워 생존에 필요한 에너지를 얻는다. 세포 안에서 탄수화물의 연소는 여러 단계로 나뉘어 진행되기 때문에 불꽃이 없다. 세포가 탄수화물에서 에너지를 얻는 과정에는 해당(解糖)작용, 전자전달계, TCA 회로 등으로 불리는 대사경로가 있고, 각 대사과정은 다시 여러 단계로 세분화된다. 이 과정을 세포호흡이라 한다.

포도당에서 나오는 에너지를 이용해 체온도 일정하게 유지하고, 근육도 움직이며, 기억이나 생각을 한다. 포도당은 삶을 지키기 위한 기본 자원이어서 동물은 반드시 이것을 섭취해야 한다. 이렇게 다른 유기물질을 먹어야 사는 생물을 타가영양생물이라 한다.

식물은 동물과 달리 햇빛을 이용해 물과 이산화탄소로부터 포도당을 직접 만드는 광합성이라는 대사 작용을 한다. 이렇게 생존을 위한 포도당 등의 유기물을 합성할 수 있는 생물을 자가영양생물이라 부른다.

햇빛은 깊은 물속이나 동굴 같은 곳이 아니라면 지구상 어디에나 있다. 높이 오르면 햇빛도 더 많이 받는다. 물도 사막 등의 건조지역을 제외하면 땅에 충분히 있다. 땅속으로 깊이 파고들거나 땅 표면에 넓게 퍼져 나간다면 물도 얻을 수 있다. 이산화탄소는 대기에 있다. 잎에 작은 구멍만 있으면 쉽게 이산화탄소를 얻을 수 있다. 한마디로 식물에 필요한 먹이 자원은 어디에나 있다.

광합성은 이산화탄소(CO_2)를 포도당($C_6H_{12}O_6$)으로 환원시키는 과정이다. 어떤 물질에 산소가 붙으면 산화이고, 수소가 붙으면 환원이다. 이러한 산화 환원은 모든 생물이 에너지를 얻거나 소모하는 과정과 연결된다. 이산화탄소는 탄소에 산소가 두 개 붙어 있다($O{=}C{=}O$). 여기에서 탄소에 수소가 붙고 산소가 줄어들어(($H_2{=}C{=}O)_6$) 포도당이 만들어진다. 수소가 붙으니 환원이다. 환원은 에너지가 높은 상태의 물질로 바뀌는 과정이다. 이산화탄소의 환원에 필요한 수소는 물에서 온다. 태양에너지를 이용해 물을 분해하고, 거기에서 나오는 수소 이온을 이산화탄소의 탄소에 붙이는 과정이 광합성이다. 태양에너지가 유기물 속으로 들어간 것이다.

아침에 일어나 식빵을 구워 버터를 발라 먹는다. 참 맛이 좋다. 국을 끓여 밥을 말아 먹어도 좋다. 식물이 태양에너지를 탄수화물(빵, 밥)에 저장했고, 인간은 그것을 먹어서 움직임에 필요한 에너지를 낸다. 인간의 생명 활동에 필요한 모든 것들이 태양으로부터 온다. 참 고마운 존재이고 중요한 자원이다. 더불어 물과 이산화탄소에도 감사한 마음이다.

생명체를 구성하는 유기물질을 합성하려면 이산화탄소, 물 그리고 태양에너지 외에도 무기영양물질이 필요하다. 초기 학자들도 식물에 어떤 종류의 무기물질이 필요한지 몰랐다. 오랜 연구 끝에 과학자들은 식물을 잘 자라게 하는 호글랜드(Hoagland) 용액을 만들었다. 이 용액의 성분들이 식물 생존에 필요한 무기영양물질이다. 특히 질소, 칼륨, 칼슘, 인, 황, 마그네슘 등이 다량으로 들어 있고, 미량원소로 염소, 붕소, 망간, 아연, 구리, 몰리브덴, 철이 알려졌다. 식물에 따라 선택적으로 필요한 원소는 니켈과 실리콘이다. 식물에는 중요한 음식이겠지만, 입맛이 다셔지지는 않는다. 누구라도 철을 씹어 먹고 싶지는 않을 테니 말이다.

무기염류는 대부분 토양에 있다. 뿌리는 토양이라는 물질 속으로 자신의 일부를 밀어 넣는다. 기능적으로 생각하면 뿌리는 토양을 잘게 부수어 헤집는다. 그런 다음 창자처럼 필요한 물질을 흡수한다. 뿌리는 사람으로 치면 입의 역할과 창자의 역할을 동시에 한다.

나무가 빽빽이 들어찬 숲의 땅속에서 뿌리들이 영양소를 흡수하려고 맹렬하게 경쟁한다. 여기서 승리하면 전리품으로 햇빛과 무기염류를 얻는다. 만일 식물이 서로 싸우는 과정에서 새빨간 피를 흘린다면 숲은 온통 피투성이 일 것이다. 어떤 화가가 숲을 빨간색으로 표시해도 이해할 수 있을 것 같다. 그러나 겉모습은 마냥 평화롭다.

식물이 전쟁에서 얻는 전리품 중 중요한 것이 하나 더 있다. 자손을 남기기 위한 배우자다. 번식을 위해 배우자가 항상 필요한 것은 아니지만, 배우자는 식물이 환경에 적응하며 살아남게 만드는 중요한 수단이다. 배우자를 얻기 위한 전쟁도 치열하다. 이 전쟁에서는 이제까지와는 차원이 다른 전략이 펼쳐진다. 꽃을 피워 곤충을 부르고, 달콤한 설탕을 나누어 주어 원하는 것을 얻는다. '나눔'이 강력한 생존 전략인 셈이다.

식물의 꽃도 강력한 전쟁 도구이자 무기다. 그러나 모두가 꽃이란 무기를 쓰는 것은 아니다. 홀씨도 있다. 홀씨가 보병이나 기병이라면 꽃은 아마도 탱크나 자주포쯤은 될 것 같다. 그만큼 강력하고 위력적이다. 그 덕분에 꽃을 피우는 현화식물(顯花植物)이 지구상에 번성했다. 그들은 아름다움을 무기로 전쟁한다. 단, 아름다움의 기준은 인간에게 맞추어져 있지 않다.

식물은 전쟁에서 이기기 위해 키를 키운다거나 넓게 퍼져 나간다거나 추위나 더위에 잘 견딘다거나 응달에서 버티는 등등 다양한 전략을 가진다. 승리해야 전리품을 더 많이 챙길 수 있으니 이러한 전략들은 생존을 위한 필수 요소다. 학자에 따라 식물의 생존 전략을 다양하게 나눌 수 있을 것이나 여기서는 견디기, 세우기, 펼치기, 끼치기, 나누기 그리고 달리하기로 구분하였다.

3 전쟁 전략

견디기

성공에 필요한 것 중 하나가 끈기라고 한다. 끈기는 그릿(grit)으로 표현되기도 한다. 끈질기게 오래 계속해서 무언가를 하면 성공한다는 '일만 시간의 법칙'도 있다. 이는 식물에도 그대로 적용된다. 환경 변화에 대응하기 위해 버텨야 하기 때문이다. 식물도 끈기 있게 생명의 끈을 붙들고 변화에 견디는 나름의 전략이 있다.

햇빛은 지표면 온도에 직접 영향을 주는데, 지표면이 고르지 않게 가열되면 기상 현상이 발생한다. 그리고 기상 현상은 물, 바람, 온도 변화 그리고 일조(日照) 시간의 차이를 만든다. 이런 기상 현상에 적응하려는 동물은 생존에 적합하게 행동을 바꾼다.

예를 들어 뱀은 온도가 낮으면 최대한 빨리 체온을 올리려고 양지로 이동해 햇볕을 쬔다. 낮은 온도에서는 그만큼 물질대사 속도가 느려져 움직임이 둔화하는 탓이다. 생물을 구성하는 기본 구조인 세포는 일반적으로 $Q_{10}=2$로 표현되는데 온도가 10도 달라지면 물질대사 속도는 두 배로 차이가 난다. 온도가 낮아 행동이 느려지면 천적에게 잡혀 죽을 수 있으니 체온을 올려야 한다.

어떤 동물은 추운 겨울에 겨울잠을 자면서 버티기도 한다. 바람이 불면 피하고 목이 마르면 샘을 찾아가서 물을 마신다. 때론 물을 구하지 못해 죽기도 하지만, 물을 찾아 먼 거리를 이동하는 모습은 아프리카 사바나에서는 쉽게 볼 수 있는 현상이다. 동물들은 물뿐 아니라 먹이와 배우자를 찾기 위해 이동하기도 한다.

식물은 동물처럼 이동해서 환경에 적응하기가 불가능하다. 고착되어 있어 온도, 바람, 수분과 영양물질이 풍부한 환경을 찾아다닐 수 없다. 지구화학적 환경 변화에 완전히 노출되어 있어 환경을 받아들이고 자신이 있는 곳의 변화를 견뎌야 한다. 버틸 수 없다면 다른 종 또는 같은 종끼리와의 전쟁은 꿈도 꿀 수 없다.

식물이 끈기 있게 버텨야 하는 환경 변화는 지상부와 지하부가 약간 다르다. 지상부는 주로 빛, 바람, 온도, 습도, 중력의 영향을 받고, 지하부는 흙과 암석의 영향을 받는다. 흙 입자 성분의 토양과 기체 입자 성분의 대기가 다르다는 점에서 입자의 이동 가능성에 차이가 있다.

바람이 불 때 식물의 형태는 기계적 영향을 받는다. 평창 선자령에 가면 태백산맥을 넘어 불어오는 바람 때문에 나뭇가지가 한쪽에만 있는 것을 쉽게 볼 수 있다. 제주 바닷가에서는 나무들이 육지 방향으로 휘어 있는 경우를 종종 본다. 미국 샌프란시스코 금문교 주변의 식물도 태평양에서 불어오는 바람의 영향을 받아 한쪽으로 치우쳐 있다. 한편, 바람은 식물의 기공 주변의 상대습도를 낮추어 건조 스트레스와 비슷한 현상을 일으킨다. 바람이 강하면 수증기가 잎에서 대기로 더 빨리 나오기 때문이다.

물은 적어도 문제지만 많아도 문제다. 비가 너무 와서 홍수로 식물이 물에 잠기면 숨쉬기 어려워진다. 그나마 다행인 것은 산소 농도가 2퍼센트 정도로 낮은 곳에서도 식물이 살 수 있다는 점이다. 식물은 숨을 안 쉬고 참고 견디는 능력이 있다. 그러나 산소가 부족해지면 알코올 발효를 하고, 생성된 알코올은 식물에서 에틸렌이란 노화 호르몬 생성을 촉진한다. 오랫동안 물에 잠겨 있으면 노화가 촉진되어 식물이 죽는다. 이러한 이유로 쌀 생산량이 중요했던 옛날에는 홍수가 나서 논이 물에 잠기면 물이 빠질 때 빨리, 잘 빠지게 하라고 뉴스에서 권고했다. 어느 정도 나이 든 사람은 기억할 수 있겠지만, 젊은이는 들어본 적 없는 내용일 수 있다.

온도도 식물의 생장에 영향을 준다. 여름철 푹푹 찌는 무더위가 지구온난화로 점점 거세지고 있다. 온도가 섭씨 1도만 올라가도 식생(植生, 어떤 일정한 장소에서 모여 사는 특유한 식물의 집단)의 분포는 100킬로미터가 올라간다. 사과 재배지가 옛날엔 대구에서 지금은 거의 인제까지 올라갔다. 앞으로 더 올라갈 것이고, 어쩌면 남한에서는 사과 재배를 못 할 수도 있다. 전 세계에서 무더위로 죽는 사람이 늘고 있을 정도니 식물도 그만큼 힘들 것이다. 단지 우리가 관심이 없거나 모를 뿐이다.

겨울에는 온도가 내려가면서 물이 얼고 이에 따라 부피가 팽창한다. 페트병에 물을 가득 채워 얼리면 페트병 뚜껑을 밀고 입구로 얼음이 나오기도 한다. 이와 마찬가지로 식물도 세포 안의 물이 얼면 조직이 찢어지고 죽을 수 있다. 겨울철에 물이 얼지 못하도록 막고 견뎌내야 봄에 꽃이나 잎을 피울 수 있다. 겨울나기도 고도의 능력이 필요하다.

온도나 바람은 그나마 대응하기 쉬운 환경 요소다. 공기는 질소, 산소 등의 가스로 구성된 비교적 간단한 물질의 혼합물이고, 온도는 대사 속도나 물과 관련된 요인이 있다. 흙은 상황이 다르다. 흙에는 고체, 액체, 기체가 공존하며 흙 입자는 전기를 띠고 있어 입자 자체가 물리화학적 특성을 가진다. 더구나 흙에서는 공기 중에서와 달리 뿌리가 다양한 무기영양물질을 흡수해야 한다. 이들은 흙 입자와 정전기적으로 결합해 있어 떼어내기가 결코 간단치 않다.

식물에서 온도와 기상 변화에 대한 저항이나 흙과의 싸움 등을 한마디로 요약하면 '끈기 있게 견디기'라 할 수 있다. 식물은 특정한 장소에 가만히 서서 사계절을 포함해 기후를 비롯한 환경 변화를 겪어낸다. 이런 것들을 버티지 못하면 살아남을 수 없으니 견디는 것이 먼저다.

식물이 환경 변화에 견디는 과정은 순응과 저항으로 나뉜다. 이 둘 모두 물리화학적 특성을 이용한다. 따라서 자연의 법칙에 어긋나는 것은 없다. 순응은 겉으로 보기에 환경 변화에 맞추는 과정이다. 환경 특성을 수용하는 것이다. 반대로 저항은 환경 요구에 역행하는 과정이다. 물이 중력을 거슬러 나무 꼭대기로 올라가는 것과 같은 현상이다. 이런 현상은 일반적 상식을 뒤집는다. 그러나 원리를 따져보면 자연법칙을 철저히 따른 것이다. 자신의 필요를 위해 물리화학적 특성을 이용할 뿐이지 어긋남은 없다. 어쨌거나 식물은 끈기 있게 견디어 결국 환경과의 전쟁에서 승리한다.

세우기

식물의 지상부는 햇빛과 이산화탄소를 얻고, 지하부는 물과 영양물질을 흡수한다. 각각 얻는 자원 종류가 다르다 보니 획득 방식도 서로 다르다. 지상부는 햇빛을 향해 위로 올라가고, 지하부는 지지하는 역할을 하고자 몸체가 곧추선다. 따라서 이 전략을 세우기 전략이라 했다.

세우기 전략이 지하부가 수직으로 곧게 내려간다는 것은 아니다. 무처럼 길이가 길지 않으면 곧게 내려가기도 하지만, 암석을 지나 깊은 곳까지 들어가려면 뿌리는 옆으로 뻗고 구부러진다. 더구나 뿌리가 땅에 넓게 퍼져야 지상부를 든든하게 떠받칠 수 있다. 따라서 세우기 전략에서는 지상부에서 줄기가 곧게 서기 위한 전략만 다루고자 한다. 지하부가 이리저리 뻗어 나가는 내용은 펼치기나 견디기 또는 나누기 전략 등으로 분산했다.

무엇인가를 세우기 위해서는 지탱하기 위한 골격이 필요하다. 문어와 같은 연체동물은 서기가 매우 힘들다. 근육 등을 이용해 일시적으로 몸을 세운다고 하지만 기간, 규모, 크기에 분명한 한계가 있다. 따라서 수직 또는 위아래로 서서 단단한 뼈 역할을 할 수 있도록 식물의 세포벽이 두꺼워진다. 식물은 세포벽을 두껍게 만들기 위해 1차벽을 2차벽으로 전환한다. 2차 벽은 매우 단단해서 지상부의 키를 높이 자라게 한다. 그 덕분에 열대지역 식물은 50미터쯤 자랄 수 있고, 다른 지역 식물 중에는 100미터까지 자라는 종도 있다.

온대지역 식물은 열대지역 식물보다 키가 작다. 우리나라 같은 온대지역에서 볼 수 있는 키가 큰 식물(교목)로는 일부 소나무 같은 나자식물(裸子植物)이 있고, 떡갈나무 같은 피자식물(被子植物)도 있다. 이들과 달리 키가 작지만 비슷한 형태로 자라는 개나리나 진달래 같은 관목도 있다. 많은 종류의 풀도 피자식물이다. 그러니 피자식물에서 뼈의 역할을 하는 지지조직을 이해할 필요가 있다.

피자식물은 종자가 씨방에 싸여 있어 피자식물이라 하지만, 이런 설명이 때론 이해하기 더 어렵게 만든다. 우리가 흔히 보는 대부분 식물을 피자식물이라 받아들이는 것이 더 쉽다. 소나무, 잣나무, 은행나무, 쇠뜨기, 이끼처럼 피자식물이 아닌 종을 찾는 것이 더 빠르기 때문이다.

식물이 서기 위한 지지조직 중 하나가 후각조직(厚角組織)이다. 피자식물은 쌍떡잎식물과 외떡잎식물로 나뉘며, 쌍떡잎식물은 후각조직이 잎맥과 잎자루, 줄기를 보호하고 지지한다. 그래서 쉽게 늘어지거나 접히지 않고 형태나 강도가 유지된다. 세포벽의 각진 부분이 두꺼워 후각조직이란 이름이 붙었다.

후각조직의 세포는 신장(伸長)하는 조직에서 살아 있는 상태로 발견된다. 또 1차 세포벽이 불규칙하게 두꺼워져 있으며, 광합성을 한다. 지지는 물의 유입으로 팽창하려는 힘(팽압)과 두꺼워진 세포막의 작용으로 이루어진다. 후각세포 중 어떤 것은 길이가 2밀리미터쯤 된다.

다른 지지조직으로 후벽조직(厚壁組織)이 있다. 이것은 세포의 편평한 부분이 두껍다는 의미다. 후벽조직의 세포는 목재 성분인 리그닌을 포함하며, 두꺼운 2차 세포벽이 있다. 성숙한 후벽세포는 길이생장을 멈춘 조직에서 죽은 상태로 발견된다. 이 세포는 건물의 철강 에이치(H)빔처럼 식물을 지지하는 역할을 한다. 벼처럼 잎이 가늘고 길게 자라는 풀 종류의 외떡잎식물은 후벽조직이 지지한다.

후벽조직에는 길고 가늘며 밧줄처럼 꼬인 섬유세포와 짧고 굵으며 불규칙적이고 딱딱한 2차 세포벽이 있는 보강세포가 있다. 섬유세포는 대마처럼 옷과 밧줄을 만드는 데 유용하다. 보강세포는 견과류의 껍질이나 배의 오톨도톨한 느낌을 주는 물질이다. 사각거리며 씹히는 것도 보강세포 덕분이다.

식물세포를 구성하는 것 중에는 1차 세포벽과 2차 세포벽이 있다. 1차 벽은 셀룰로오스, 헤미셀룰로오스, 리그닌 그리고 구조단백질로 이루어진다. 2차 벽은 매우 두껍다. 2차 벽은 전형적으로 리그닌이 많아지며, 페놀성 잔기(殘基, 거대 분자를 합성하는 데 필요한 작은 단위 물질)들이 결합한다. 페놀성 물질이 물을 싫어해서 2차 벽은 물을 내보내는 소수성(疏水性, 물을 멀리하는 성질)을 띤다. 리그닌은 셀룰로오스를 감싸거나 결합해서 전체 세포벽을 딱딱하게 만든다. 리그닌의 이런 역할은 병원체 가수분해효소가 작동하지 못하게 한다. 아울러 동물들의 소화력을 떨어뜨려 먹기 어렵게 만든다. 목질화되어 얻는 부수적인 효과다.

식물에는 두 종류의 생장이 있다. 하나는 뿌리나 줄기 끝에 있는 분열조직세포들이 분열해 뿌리나 줄기가 길어지는 것(1기 생장)이고, 다른 하나는 관다발 형성층과 코르크 형성층 분열을 통해 줄기가 굵어지는 것(2기 생장)이다 (그림 2-2). 2기 생장은 소나무 같은 침엽수와 상수리나무 같은 쌍떡잎식물의 활엽수에서만 일어난다. 벼나 옥수수 같은 외떡잎식물은 2기 생장이 없다. 2기 생장은 측생분열조직에 의해 두께가 굵어진다. 줄기의 부피가 팽창하는 것이다. 부피팽창을 하는 부위는 관다발 형성층과 코르크 형성층이다. 물관과 체관을 만드는 관다발 형성층은 한 개의 원통형 구조로 된 세포층이다. 이 층은 둘레가 증가하면서 안쪽에는 물관부, 바깥쪽에는 체관부를 만든다. 세포 개수도 늘어나서 해마다 지름이 커지고 뿌리와 줄기가 두꺼워진다.

온대지역 식물의 관다발 형성층은 겨울에 불활성이지만 봄에 생장을 회복한다. 봄에서 여름 동안 만들어지는 목질 부분인 춘재(春材)는 세포의 크기가 크며, 가을에 만들어지는 추재(秋材)는 세포의 크기가 작아 차이가 뚜렷하다. 이것이 나무에서는 고리로 나타나는데, 바로 식물의 나이를 확인하는 나이테다.

표피가 떨어져 나가면 주피(周皮)의 코르크 형성층 안쪽의 코르크 피층과 코르크 조직이 표피로 바뀐다. 코르크 조직은 곤충, 세균, 곰팡이의 침입을 막는 코르크 세포를 만든다. 코르크 세포에는 수베린이란 왁스가 들어 있어 물의 투과를 막는다. 주피와 수피(樹皮)를 혼동하는 경우가 많은데, 수피는 관다발 형성층 바깥쪽에 있는 모든 조직으로 주피를 포함한다.

주피에는 작고 튀어나온 부분이 있는데 이를 피목(皮目)이라 한다. 피목은 일년생 가지인 소지(小枝)에서 주로 볼 수 있으며, 살아 있는 세포들이 바깥쪽

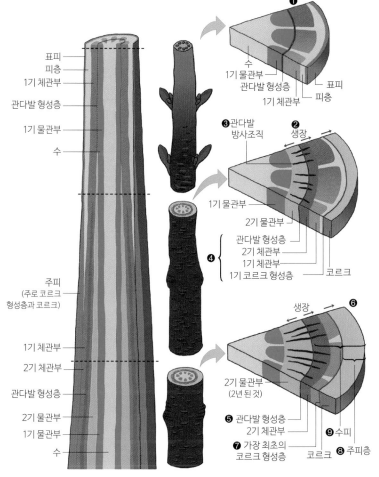

[위]

① 정단분열조직의 세포분열에 의해 1기 생장이 마무리되고 관다발 형성층(물관과 체관을 만드는 세포들)이 만들어지는 곳으로 표피세포에 엽록체가 존재한다.

[가운데]

② 2기 생장만 일어나며, 관다발 형성층이 2기 물관부 안쪽과 2기 체관부 바깥쪽에 형성되고 줄기가 두꺼워진다.

③ 관다발 형성층에 방사조직이 만들어진다.

④ 관다발 형성층의 두께가 두꺼워지지만 2기 체관부와 형성층 외부의 조직세포는 커지지 않으며, 표피를 포함한 조직들이 파열되고 측생분열조직인 코르크 형성층이 피층의 유세포로부터 발달한다.

[아래]

⑤ 2기 생장 후 관다발 형성층은 2기 물관부와 체관부를 추가하고 코르크 형성층은 코르크를 더 만든다.

⑥ 줄기 굵기(줄기 직경)가 굵어지고 코르크 형성층의 바깥쪽 조직은 파열되어 줄기에서 떨어져 나간다.

⑦ 코르크 형성층은 피층의 깊은 세포층에서 재생되지만 피층 세포가 사라지면 2기 체관부의 유세포에서 발달한다.

⑧ 각각의 코르크 형성층을 주피라 한다.

⑨ 수피는 관다발 형성층 바깥쪽의 모든 조직을 뜻한다.

[줄기의 1기와 2기 생장]

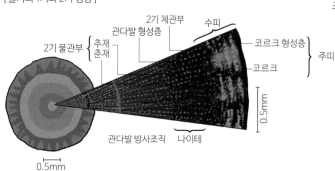

0.5mm

[3년 된 줄기의 횡단면]

그림 2-2_ 줄기의 생장과 횡단면

과 기체교환을 하는 통로다. 잎의 기공과 같은 역할을 한다. 소지는 겨울눈을 보호하느라 붙어 있던 비늘 흔적을 통해 확인할 수 있다.

앞에서 살펴본 것처럼 식물의 줄기를 세우는 전략은 리그닌 같은 단단한 유기물 축적으로부터 출발한다. 쌍떡잎식물에서 줄기는 후벽조직이 목본으로 발달해 다른 나뭇가지나 잎을 지지한다. 외떡잎식물도 후벽조직이 잎을 지지하기는 마찬가지다. 조직을 단단하게 만들면 강한 바람이 옆으로 불어도 잘 버틸 수 있다. 뿌리도 단단하고 넓게 퍼져 있어야 바람에 견딘다. 그러려면 많은 양의 리그닌을 합성해 목질화하여야 한다.

목질화를 바탕으로 하는 세우기 전략의 승리 요소는 탁월함이다. 다른 개체보다 더 빨리 성장할 수 있는 능력이 없다면 햇빛을 차지하지 못해 죽는다. 다른 개체가 햇빛을 선점하더라도 어떤 종은 선점한 개체의 잎 사이로 들어오는 잔여 햇빛으로 더 빨리 자라는 것이 가능하다. 더욱 효과적으로 광합성을 하기 때문인데, 이러한 능력을 뒷받침하는 구조가 넓은 잎이다. 신갈나무나 떡갈나무 같은 넓은 잎의 음수(陰樹)는 햇빛을 많이 받아 왕성한 광합성을 한다. 그 덕분에 소나무 같은 양수(陽樹)가 선점한 곳에서도 더 빨리 자라 나중에 그들을 물리치고 극상(極相, 천이에 의한 군집 조성이 변화하여 안정이 계속되는 군집의 모양)을 이룬다.

펼치기

식물이 만일 전봇대처럼 하나의 뿌리나 줄기만 자란다면 넓은 영역을 확보하기 어려울 것이다. 자신의 둘레 이상을 차지하기가 불가능하고, 성장에 필요한 자원을 얻을 기회를 놓친다. 그래서 식물은 위아래 성장 외에 옆으로 펼치는 성장을 한다.

펼치는 성장 방법 가운데 하나는 표면적을 늘리는 것이다. 이를 위해 식물의 지상부는 가지를 치고, 잎을 넓게 만들며, 잎의 수도 늘린다. 지하부인 뿌리도 세근(細根)을 만드는 등 비슷한 방식을 취한다. 지상부와 지하부 모두 표면적을 늘려 더 많은 햇빛과 이산화탄소를 얻거나 영양염류를 흡수한다.

표면적을 늘리는 가장 대표적인 예가 동물의 창자와 폐다. 창자에는 수많은 융털돌기가 있어서 분해된 영양물질을 흡수한다. 폐도 허파꽈리를 통해 표면적을 넓힌다. 폐포는 총 표면적이 100제곱미터로 약 30평짜리 집의 바닥면적에 해당할 정도로 넓다.

동물의 펼침은 몸 안에 들어가 있지만, 식물의 줄기와 뿌리의 펼침은 겉으로 드러나 있다. 줄기는 잎을 만들고 가지를 쳐서 옆으로 퍼진다. 잎과 잎 사이를 마디라고 하는데, 마디에서 새로운 가지가 나와 더 넓게 펼친다. 뿌리는 줄기의 잎처럼 간격이 일정하지 않아 마디로 구분하기는 쉽지 않지만 측근(側根)이 발생하는 마디가 있는 식물도 있다.

줄기는 잎이 나온 자리에 측아(곁눈)가 발달하고, 이것이 새 가지나 잎이 된다. 이런 반복을 통해 독특한 수형(樹形)이 만들어진다. 소나무를 상상할 때 떠오르는 전체적인 나무 모양과 참나무류를 생각할 때 떠오르는 나무 모양은 다르다. 수형은 주변 환경에 따라 다소 차이가 날 수 있다. 햇빛이 어느 한쪽에만 있거나 바람이 강할 때는 스트레스로 인해 그런 환경에 맞추어 수형이 달라진다. 수형은 잎과 함께 햇빛을 더 효율적으로 얻는 역할을 하며, 숲의 모양을 만드는 데 기여한다.

줄기도 독특한 구조로 펼칠 수 있다. 교목(喬木)처럼 줄기가 공중으로 퍼지는 것도 있지만, 지면과 접하거나 땅속에서 펼치는 수도 있다. 잔디는 포복경을 통해 옆으로 퍼진다. 포복경이란 지면과 붙어서 옆으로 자라는 줄기다. 대나무는 땅속줄기로 뻗는다. 땅속이나 땅 위를 기어가는 줄기라도 햇빛을 향해서 가는 도구로 기능한다. 위로 올라가는 방식에서 옆으로 움직이는 방식으로 바뀐 것이다.

표면적을 넓히기 위한 뿌리의 펼침은 주로 땅속의 세근(細根)에 의해 이루어진다. 영양물질의 흡수는 세근 끝부분 등 제한적인 곳에서 일어난다. 그렇다 하더라도 세근은 땅속에서 뻗어 나가면서 필요한 자원을 얻는다. 세근은 물이 충분하면 줄어들고 물이 부족하면 많아진다. 흙 속의 자원 양에 따라 뿌리의 표면적이 달라지는 셈이다. 뿌리와 잎, 줄기가 옆으로 퍼지는 형태 또는 표면적을 늘리는 형태는 각각 다르다. 이들은 특화된 기능에 맞춰 분업을 실행한다. 각자의 역할에 맞게 독특한 구조를 이루어 효율성을 높인다.

줄기와 뿌리는 저장 기능도 있다. 감자의 괴경(塊莖)은 줄기가 변형된 것이며, 고구마는 뿌리가 두꺼워진 것이다. 이들은 영양물질 흡수보다는 저장 기능을 담당한다. 이처럼 줄기나 뿌리는 고유한 기능의 변형을 통해 생존에 유리한 방향으로 진화했다.

식물들의 생존 모습을 보면 펼치기는 표면적을 늘리고 영토를 점령하는 전략이라고 생각된다. 키가 큰 나무들이 옆으로 가지를 치면 더 많은 자원을 자신이 소유할 수 있다. 이는 여전히 능력적 우월함이 경쟁에서 이기는 데 중요한 요소란 의미다.

모든 식물이 높이를 바탕으로 하는 우월성만으로 경쟁하지는 않는다. 옆으로 펼치는 식물 중에는 키가 작은 나무도 있다. 국수나무는 햇빛이 잘 들어오는 쪽으로 가지를 뻗어 이동한다. 진달래 같은 관목류는 상층의 키 큰 나무 사이로 들어오는 약한 햇빛에서 광합성 능력을 키워 생존한다. 높이 경쟁을 피하는 대신 틈새를 공략해 살아남았다. 키를 크게 하는 경쟁에서 이길 수 없을 때 다른 능력을 키워 자신의 삶을 찾았다는 뜻이다. 이것이 수많은 종류의 식물이 숲속에 사는 이유이기도 한데, 다양한 능력 펼치기라고 할 수 있을 것 같다.

끼치기

아프리카 초원에서 수사자는 암사자를 거느리고 영역을 돌보며 자신의 왕국을 지킨다. 그러다가 경쟁자가 들어오면 이빨을 드러내며 싸워 물리치거나 죽인다. 강력한 이빨과 발톱은 지키려는 자와 빼앗으려는 자 사이의 전쟁에서 위력을 발휘한다. 지키지 않으면 자원을 잃는다.

식물도 이와 마찬가지다. 식물은 먼저 세우기와 펼치기 전략으로 자신의 영역을 구축한다. 그러나 다른 식물의 성장을 억제하는 특화된 기능이 있는 식물이 침입하면, 두 가지 전략만으로 이들을 막을 방법이 없다. 방어를 위한 특별한 능력이 필요하다. 반대로 자신이 후발 주자일 때는 먼저 자원을 차지한 자들을 밀고 들어갈 무기가 있어야 한다. 사자가 사냥과 방어용으로 쓰던 발톱과 이빨을 공격용으로 쓰는 것과 같다. 마찬가지로 식물에서 방어용 능력은 공격용으로도 사용된다.

사자의 이빨이나 발톱처럼 다른 개체에 상처를 주는 것이 식물에도 있다. 다른 개체의 성장을 저해하는 화학물질이다. 이것은 공격과 방어에 모두 사용될 수 있고, 상대방이 힘을 쓰지 못하게 한다. 이를 타감물질이라 하며, 타감물질은 다른 개체의 성장을 억제하거나 개체를 죽일 수 있다. 이런 현상을 타감작용이라 한다.

타감작용이란 말은 1937년, 체코-오스트리아의 식물학자 몰리슈(Molisch, Hans)가 처음 사용했다. 영어로는 알렐로퍼시(Allelopathy)인데 그리스어에서 왔다. 'allelo(서로)'와 'pathy(해로운)'는 '서로 해를 줌'이란 뜻이다. 처음에는 같은 서식지에서 자라는 다른 식물의 성장을 억제하는 물질을 분비하는 현상으로 이해되었다.

역사적으로 타감 현상을 최초로 기록한 사람은 아리스토텔레스의 제자 테오프라스투스(Theophrastus, 기원전 372~기원전 287년)다. 그는 명아주가 알팔파 성장을 억제한다는 기록을 남겼다. 200~300년경에 편록된 중국의 『신농본초경』도 식물에 있는 살충 능력과 타감 잠재력을 설명했다.

타감작용을 목적으로 분비하는 물질이 항상 부정적 영향을 준다는 보장은 없다. 어떤 경우는 오히려 상대방의 성장을 촉진하기도 한다. 주변의 다른 식물의 성장을 억제해 자원 이용을 유리하게 하거나, 분비한 물질을 필요로 하는 종과 관계를 돈독하게 해줄 수도 있다.

한 가지 물질이 분비되면 여러 가지 현상이 나타난다. 예를 들면 식물이 분비하는 2차 대사산물을 인식해서 곤충이 숙주식물을 찾아 알을 낳기도 한다. 자신보다 다른 개체를 더 잘 살게 돕는 것인데, 공진화 결과로 추정된다. 이러한 이유로 1984년, 미국의 식물학자 라이스(Rice, Elroy Leon)는 한 식물이 미생물을 포함해 다른 개체의 성장을 촉진하거나 억제하는 현상을 타감작용이라 정의했고, 현재는 라이스의 정의를 보편적으로 받아들인다.

타감작용은 다양한 생물을 대상으로 하며 미생물과 식물, 식물과 식물 사이에도 존재한다. 미생물이 고등식물에 대항하기 위한 물질은 마라스민(marasmin), 식물이 다른 고등식물에 영향을 주는 물질은 콜린(Koline)이다. 때로는 자기 성장을 억제하는 물질을 스스로 만들기도 한다. 이것을 자가중독증이라 하는데 나중에 끼치기 전략에서 논의하겠다.

타감 능력은 식물이 주변에 있는 다른 식물의 성장 정도를 바꾸는 능력이며, 타감물질은 식물이 만드는 물질이라는 점에서 자원을 선점하는 세우기나 펼치기 그리고 환경 변화에 버티는 견디기와는 근본적으로 다르다. 물리적으로 떨어진 개체의 성장 등에 영향을 끼치기 때문에 끼치기 전략이라 했다. 타감작용은 자신의 능력을 드러냄으로써 다른 개체의 능력을 떨어뜨리거나 촉진한다. 이렇게 화학물질로 서로 교감하는 특성을 생각하면 인간관계에서 커뮤니케이션 또는 소통과 연결되는 것 같다.

부정의 소통은 상대방의 성장을 억제하지만, 긍정의 소통은 반대로 성장을 촉진한다. 부정의 소통을 피하고 긍정의 소통을 하는 것이 조직의 발전을 위해서는 좋다. 그러다 보니 숲에서는 다른 종과 긍정의 소통을 하는 종들이 어울릴 수밖에 없다. 부정의 소통을 하는 식물은 다른 종이 자라지 못하게 한다.

조직 생활을 하다 보면 어떤 사람이 옆에 있느냐에 따라 분위기가 달라지고, 가까이 가기 싫어지는 경험도 한다. 식물의 타감작용은 이와 비슷해서 특정한 타감물질에 취약한 식물은 그 물질을 내는 식물 주변에서 잘 자라지 못한다. 예를 들어 소나무 밑에서는 일반적으로 다른 식물이 자라지 못하는 현상과 목초지에서 선점한 식물이 나중에 들어온 종에 자리를 내주는 현상 등을 들 수 있다. 이렇게 타감작용은 주변 식물에 영향을 끼치므로 천이와도 밀접한 연관을 가지며, 부정적 작용과는 반대로 성장을 촉진하여 서로 도움이 되기도 한다. 식물의 전쟁이 주는 인간의 생활과 관련한 가르침은 식물 전쟁의 함의 부분에서 다루고자 한다.

나누기

유성생식(有性生殖)을 하는 생물에 중요한 자원 중 하나가 배우자다. 배우자는 자손을 남기는 데 반드시 있어야 한다. 동물은 자신의 배우자를 찾아다 닌다. 화학물질을 분비하거나 소리로 배우자를 유도한다. 개구리나 맹꽁이는 울음소리로 배우자를 이끈다. 누에나방은 11킬로미터 밖에서도 배우자가 분비하는 물질을 감지해 찾아오게 만든다.

식물은 동물처럼 배우자를 찾기 위한 이동 능력이 없다. 자신이 뿌리박은 자리에서 평생을 산다. 무성생식(無性生殖)으로 개체를 늘릴 수는 있으나, 질병이 창궐한다면 유전자가 똑같아 삽시간에 죽어버릴 수 있다. 종을 오래 유지하기 어렵게 되므로 배우자를 통한 유성생식이 필요하다.

이미 언급했듯이 식물은 서로 죽고 죽이는 전쟁을 벌이기 위한 다양한 능력을 갖추었다. 끈기, 우월감, 경쟁 회피, 소통 등이 그것이다. 이는 개체가 가진 능력이라고 할 수 있다. 그런데 이러한 식물의 경쟁 수단은 생존에는 필요한 것들이지만, 자신의 유전자를 다음 세대로 남기는 데는 유용한 방법이 아니다. 멀리 떨어져 있는 자신의 배우자에게 충분히 꽃가루를 날리거나, 또는 수정 후에 종자를 멀리 퍼뜨릴 방법이 없기 때문이다. 풍매화(風媒花)를 사용하는 종은 수정을 할 수는 있지만, 종자를 멀리 보내기는 어렵다. 이러한 부족함을 채우기 위해 식물은 자신에게는 없는 능력을 얻기 위한 새로운 전략을 필요로 하게 되는데 그것이 '나눔'이다.

나눔은 수많은 생물이 생존을 위해 쓰는 전략이다. 우리가 잘 모르는 나눔 가운데 하나가 사람과 미생물과의 공생이다. 사람은 장내 미생물에 먹이와 서식 환경을 제공하고 미생물로부터 비타민 등 이익을 얻는다. 장에 미생물이 없다면 융털이 만들어지지 않아 소화한 물질을 제대로 흡수하지 못한다. 또 피부는 미생물로 도배되어 있지 않으면 병에 걸릴 확률이 올라간다. 사람은 피부에 미생물이 좋아하는 물질을 분비해 그들의 생존 가능성을 높인다. 자신이 가진 자원을 나누어 협동하는 것이다.

지상부에서 배우자를 얻기 위한 나눔이 있다면, 지하부에서는 영양물질을 얻기 위한 나눔이 있다. 나중에 설명하겠지만 토양에는 인과 질소가 부족하다. 인과 질소가 충분해야 더 나은 성장을 할 수 있는데 말이다. 이를 위해 식물은 미생물과 균류와 공생하며 자신에게 필요한 물질을 얻는 대신, 탄소 화합물을 제공한다. 역시 자원의 나눔이다.

식물의 나눔은 이뿐만이 아니다. 충해를 예방하기 위한 나눔도 있고, 같은 종 안에서 또는 다른 종 사이에 서로의 성장을 돕기 위한 나눔도 있다. 죽고 죽여야 하는 전쟁의 대상인 개체들 사이에서도 나눔은 존재한다. 언뜻 들으면 상식적이지 않으나 거기에는 고도의 전략이 숨어 있다.

자원의 나눔은 상대방의 도움을 끌어낸다. 자신이 먼저 상대를 도와주고 그들의 도움을 얻는다. 식물은 꽃가루를 옮길 때 꽃을 피우고 향기를 풍겨 벌을 부른다. 날아온 벌에게 설탕을 제공해 머무르게 하는 동안 벌의 털에 꽃가루가 붙게 해 다른 꽃으로 옮겨 간다.

식물에 가치 있는 자원인 설탕을 벌에게 먼저 나누어 주었다. 벌은 꿀을 얻는 데 정신이 팔려 자신의 몸에 꽃가루가 묻는 것도 모른다. 안다고 하더라도 털어낼 능력이 없다. 한참 먹이를 먹고 난 벌은 다른 꽃을 찾아간다. 몸에 꽃가루를 묻힌 상태로 다른 꽃으로 이동해 아름다운 배우자의 암술에 꽃가루를 떨군다.

수꽃이라면 생존력이 강한 유전자가 있는 암컷을 만나고 싶을 것이다. 암컷도 마찬가지다. 그러나 식물은 배우자를 볼 수도 없고 만날 수도 없다. 어떻게 생존력이 강한 배우자를 만날 수 있는지 고민이 생길 수밖에 없다.

이 문제는 벌의 능력으로 대체되었다. 벌은 아름답고 자신의 눈에 잘 띄며 꿀을 많이 주는 꽃으로 간다. 그리고 거기서 꽃가루를 몸에 붙인다. 암꽃으로 날아가도 결과는 같다. 벌 덕분에 유전적으로 강한 배우자를 찾을 수 있게 된다. 어쨌거나 식물은 나눔을 통해 더 나은 경쟁력을 확보했고, 지구상 어디든 자손을 퍼뜨려 번성했다.

달리기

드넓은 대지에 식물이 딱 한 개체만 있다면 경쟁 없이 잘 살 수 있다. 주변에 아무것도 없으니 영양물질, 햇빛 확보에 걱정이 없다. 하늘에서 비가 오지 않는 경우가 아니라면 모든 자원은 그 식물의 것이다.

그러나 현실은 다르다. 숲까지 갈 필요가 없다. 종로를 걷다 보면 가로수 옆에 회양목이 있고, 사이사이로 잡초가 보인다. 어떤 곳은 빈틈이 없을 정도로 풀이 나 있다. 하나씩 그들의 이름을 찾아보면 알 수 있겠지만, 그렇게 하고 싶은 마음은 없다. 식물의 이름은 그들의 경쟁 이해에 중요한 요소는 아니다. 지금은 서로 형태가 다르다는 사실이 더 의미가 있다.

보도블록으로 가려지지 않고 땅이 드러난 곳이라면 머지않아 풀들로 뒤덮일 것이다. 밭을 갈아엎고 작물을 심은 후에도 잡초가 자라지 못하게 관리하지 않으면 작물 밭인지 잡초 밭인지 모르게 변한다. 씨앗이 어디서 날아오는지 몰라도 여러 종류의 식물이 뒤섞여 자란다.

식물뿐만이 아니다. 산이나 풀밭을 걷다 보면 메뚜기, 무당벌레와 같은 곤충을 포함해 장지뱀, 자벌레, 지네 같은 것을 볼 때가 있다. 멧돼지 흔적을 발견하기도 하고, 참새나 고라니를 만나기도 한다. 주변을 둘러보면 정말 다양한 종류의 생물이 살고 있다. 눈에 보이지 않는 미생물을 포함하면 그 수가 상상할 수 없을 정도다.

지구에 존재하는 생물종은 대략 1000만~2억 종으로 추정한다. 편차가 큰 것은 정확한 종 수를 잘 모른다는 뜻이기도 하다. 이렇게 많은 종을 하나하나 이해하기는 여간 어려운 것이 아니다. 좀 더 쉽게 알아보기 위해서 비슷한 특징을 가진 무리끼리 묶는다. 범주로 나누는 것이다.

종, 속, 과, 목, 강, 문, 계는 이렇게 나눈 범주다. 뒤로 갈수록 범위는 더 커진다. 이것은 마치 주소와 같다. 우리 집 도로명 주소는 대한민국, 경기도, 김포시, 중봉로 그리고 건물 번호로 되어 있다. 큰 단위에서 점점 작은 단위로 쪼개진다. 인간은 동물계, 척추동물문, 포유강, 영장목, 사람과(Hominidae), 사람(homo)속, 사람(sapiens)이란 종이다. 개념적으로 같다.

종 이름을 하나 부르려면 엄청 길다. 너무 효율이 떨어진다. 따라서 간단히 속명과 종명을 이어 부른다. 이런 명명법을 이명법이라 하며, 이것이 우리가 말하는 학명이다. 사람 학명은 *Homo sapiens*다.

벼 학명은 *Oryza sativa*, 옥수수는 *Zea may*, 수수는 *Sorghum bicolor*, 소나무는 *Pinus densiflora*다. 이명법에 따라 종을 표시할 경우는 모두 이탤릭체(*Pinus densiflora*)로 쓰거나 밑줄(Pinus densiflora)을 긋는다. 그리고 속명 첫 글자는 대문자로 쓴다. 속명과 종명은 라틴어에서 기원하는 경우가 많다. 소나무의 Pinus는 '산'을 뜻하는 pin에서 왔고, densiflora는 '꽃이 매우 빽빽하게 나다'란 뜻에서 왔다. 또한 벼의 oryza는 라틴어로 '쌀', sativa는 '재배'란 뜻으로 '재배하는 쌀'이 벼의 학명에 담긴 의미다. 학명만 보더라도 다양한 종이 있다는 것을 확인할 수 있다.

우리나라에만도 4만 5000여 종이 서식한다. 이렇게 많은 종의 존재는 유전적 다양성에 기인한다. 유전적 다양성을 만드는 전략은 오류 수용 전략이다. 오류가 있으면 안 될 것 같지만 생물은 오히려 오류를 수용해서 다양성을 만들어낸다. 유전자 복제 과정은 평균 100만분의 1의 확률로 오류가 발생한다. 이것을 돌연변이라고 하는데, 기능적으로 영향을 줄 수도 있고 그렇지 않을 수도 있다. 이런 돌연변이는 유성생식 때문에 개체군의 유전자 풀(pool)에 남게 된다. 그리고 돌연변이 중 어떤 것은 환경 변화나 기타 요인에 의해 생존에 유리해지면 위력을 발휘하고, 그 유전자를 가진 자손의 숫자가 늘어난다.

인간의 DNA는 약 30억 쌍의 염기로 되어 있으니 한 번 DNA를 복제할 때 약 3000개의 돌연변이가 생긴다. 인간의 전체 유전자 중 생명현상을 위해 발현되는 유전자는 전체 DNA의 약 1.5퍼센트다. 3000개의 돌연변이 중 1.5퍼센트인 약 45개는 발현될 수 있다는 뜻이다. 한 번 복제할 때마다 인간에게서 발현되는 유전자에 45개가량의 돌연변이가 발생한다. 이 변이는 생존에 유리할 수도 있고 불리할 수도 있다.

세대가 거듭되면서 다른 부분에 변이가 축적된다. 어떤 변이가 얼마나 축적될지 아무도 모른다. 그러나 축적된 변이는 주어진 환경에서 생존에 유리한 개체와 그렇지 않은 개체를 만든다. 어떤 개체는 살아남아 더 많은 자손을 남기고, 그렇지 않은 개체는 사라진다. 우리 몸을 구성하는 체세포가 분열하며 민감한 유전자에 돌연변이가 생기면 암이 된다. 이것은 주변 환경의 영향을 받는다. 누구도 알 수 없다.

어쨌거나 유전자는 변이를 수용해 다양성을 확보한다. 지구 환경이 항상 똑같지 않고 수시로 변하는 탓이다. 환경에 적응할 수 있는 유전자를 가진 생명체를 만들어놓지 않으면 종의 오랜 생존을 보장할 수 없다.

불확실한 미래에 대비해 우린 무엇을 하는지 생각해 보자. 미래를 모르니 이것저것 시도해 본다. 때때로 이러한 시도들이 더 빨리 죽는 원인이 될 수도 있다. 그래서 새로운 시도는 언제나 두렵지만, 그렇다고 아무것도 하지 않을 수는 없다. 어떤 시도는 분명히 더 잘 살게 할 가능성을 높인다. 따라서 누군가는 새로운 시도를 하고, 그로부터 성공을 만든다.

생물도 마찬가지다. 유전자 내의 오류를 통해 다양한 유전적 변이를 만들어 둔다. 그러다가 환경이 바뀌면 새로운 환경에 적합한 유전자를 가진 개체들이 살아남는다. 그들은 다시 자신의 유전자에 변이를 축적한다. 완벽하게 똑같이 복제하지 않고 조금 다르게 바뀐, 용기 있는 변이다. 그리고 이를 통해 생명을 이어간다. 이것은 특정 종이 오래 생존하려면 남다르고 다양한 개체가 많아야 한다는 뜻이기도 하다.

예를 들어 빙하기가 왔다고 하자. 변이가 없다면 움직일 수 없는 식물은 추위를 견디지 못하고 모두 죽을 것이다. 그러나 종의 유전자에 변이가 다양하게 이루어졌다면 이미 추위를 버티고 살 수 있는 개체가 있을 수 있다. 생식(生殖)으로 집단의 DNA 풀(pool) 내에 추위를 견디는 유전적 변이가 일어날 수 있기 때문이다. 이 경우, 빙하기에도 그 식물은 살아남는다.

환경 변화에 적응할 수 있는 유전적 변이는 염기 하나만 바뀌는 것(치환)만이 아니다. 새로운 염기가 추가(첨가)되기도 한다. 여러 개의 염기가 동시에 바뀌거나, 두 개가 되거나(중복), 유전자가 뒤집히기(역위)도 한다. 유전자 자체가 다른 염색체와 뒤바뀌거나 염색체에서 완전히 떨어지는 것(결실)도 있으며, 유전체 전체의 양이 두 배가 된 후 변이가 생기기도 한다. 돌연변이는 상상할 수 있는 것 이상으로 다양하다.

돌연변이란 DNA 염기서열의 어떤 변화를 말한다. 돌연변이는 염기 치환, 결실, 삽입, 중복 외에 다른 요인으로 발생할 수 있다. 돌연변이를 일으키는 것을 돌연변이원(突然變異原)이라 한다. 물리적 돌연변이원은 자외선, X선, 방사선 같은 것이 있다. 화학적 돌연변이원은 종류가 매우 많다. 이 가운데 가장 강력한 물질 중 하나가 벤젠이다. 이런 것들은 돌연변이가 너무 빈번하게 일어나게 만든다.

식물의 각 개체에서 일어나는 돌연변이는 동물과 다소 다르다. 하나의 나무에서 가지마다 다른 돌연변이가 일어나 꽃색이 달라지거나 꽃잎 개수가 달라질 수 있다. 일부는 꽃색이 사라지기도 한다. 식물의 성장을 위한 세포분열이 정단분열조직에서 일어나기 때문이다.

정단분열조직 세포 중 세포분열의 중심이 되는 세포에 돌연변이가 생기고, 그것이 표현형(表現型, 생물이 유전적으로 나타내는 형태적·생리적 성질)에 영향을 줄 수 있다. 이런 변이가 생기면 그 가지에서 나오는 것은 모두 변형된 표현형을 보인다. 결과적으로 하나의 식물은 모두 거의 같은 DNA 염기서열을 갖지만, 가지마다 조금씩 변이가 있는 모자이크 형태다. 이것이 같은 나무라도 가지에 따라 색깔이 다른 꽃이 피거나 꽃잎의 수가 달라지는 현상이 나타나는 까닭이다.

돌연변이가 가지마다 다르면서 빈번하게 나타난다면 생존에 위협을 받을 수도 있다. 변이는 일반적으로 생존에 불리한 경우가 더 많기 때문이다. 이를 막기 위해 식물의 정단분열조직은 세포들의 분열 속도를 늦춘다. 돌연변이에 의한 부정적 영향을 줄이려는 체계다.

이는 복제할 때 생기는 오류가 100만분의 1로 선택된 이유와도 같다. 이 비율은 동물, 식물, 미생물 할 것 없이 모든 생명체에 공통적이다. 아주 오래전에 진화적으로 선택된 비율이라는 의미다. 다시 말해 돌연변이 비율이 이것보다 더 높거나 낮은 생명체는 생존에 불리했고, 오래전에 사라졌다는 해석도 가능하다.

어쨌거나 갑자기 지구 환경이 바뀌면 많은 개체가 변화된 환경에 적응하지 못해 죽는다. 경쟁에 승리한 개체도 죽을 수 있다. 누가 살아남을지는 모른다. 환경이 바뀌기 전에는 그다지 생존에 유리하지 않은 유전형질을 가졌던 개체가 오히려 환경이 바뀌면 더 잘 살아남을 수도 있다.

대표적으로 공룡과 포유류가 있다. 둘 다 중생대에 살았다. 중생대에는 공룡이 우점했고 포유류는 형편없었다. 경쟁에서 포유류는 공룡에 밀렸다. 그러나 소행성 충돌로 지구 기온이 떨어지면서 공룡은 적응하지 못해 사라졌다. 급작스러운 환경 변화로 지구의 우점종도 달라졌다. 지금 우점종은 포유류다. 환경에 적합하지 않은 유전자를 가진 개체는 사라진다는 것을 보여주는 전형적인 사례다.

경쟁에서의 승리는 현재 환경의 생존에 적합하다는 뜻이다. 그런데 환경은 시간에 따라 가변적이다. 미래엔 어떤 유전적 특성을 가진 생명체가 생존에 유리할지 모른다. 긴 우주나 지구의 역사 속에서 특정 시기의 경쟁에서 얻은 승리는 생명체가 오랫동안 유전자를 남기며 생명현상을 유지하는 데에 그다지 중요하지 않다. 일시적이고, 언젠가는 사라질 수 있기 때문이다.

앞서 이야기했듯 생물에 유전적 변이가 축적되어 유전자 풀 내에 다양한 유전자가 존재하면 새로운 환경에서 특정 개체가 살아남을 확률이 높아진다. 새로운 기능이 생겨 생명현상이 장구한 세월 동안 이어질 수 있다. 이것이 38억 년간 생명체가 지구상에 존재한 전략이다. 그 덕분에 다양한 종이 지구상에 존재하게 되었고, 식물도 이러한 전략을 충실히 따르고 있다.

3

견디기 전략

식물은 토양 입자와 싸우며 뿌리 안으로 물을 흡수하는 능력, 흡수한 물을
지상 높은 곳으로 끌어 올리는 능력, 빗물의 충격에 견디는 능력, 물속에서 살아가는 능력,
중력을 견디는 능력, 기후와 온도에 적응하고 겨울철 물이 얼거나 바람과 가뭄 등
다양한 스트레스에 버틸 수 있는 능력 등을 갖추어야 한다.
그 외에 생존에 필요한 물질을 과다 흡수했을 때 일어나는 독작용 같은
환경 저항에도 견디는 능력이 있어야 살아갈 수 있다.

1 물과의 전쟁

뿌리의 물 흡수

상추가 시들었을 때 물을 뿌리고 잠시 기다리면 도로 싱싱해진다. 시든다는 것은 물이 빠져나갔다는 뜻이기도 하다. 상추를 싱싱해 보이도록 만드는 상추 잎세포의 물은 뿌리로부터 왔다. 식물은 물 분해로 얻은 수소를 이산화탄소에 결합하는 광합성을 한다. 이때 산소를 공기 중으로 내보낸다. 이런 작용 때문에 물이 없으면 식물도 죽는다.

식물에서는 잎이 있는 줄기 꼭대기까지 물이 올라가야 한다. 뿌리에서 물을 흡수해 잎이 있는 곳으로 보내는 것이다. 물은 중력을 거슬러 거꾸로 올라간다. 때때로 100미터 이상을 올라가기도 한다. 이는 중력에 대한 저항으로 물이 아래로 흐른다는 일반적 상식을 뒤집는다. 인간이 만든 가장 강력한 소방펌프로 쏟아내는 물줄기도 100미터를 올라가지 못한다.

중력은 사소한 것 같지만 엄청난 힘을 발휘한다. 인간도 예외가 아니어서, 중력이 없는 우주 공간으로 날아간다면 사람의 키가 커진다. 중력에 눌렸던 척추뼈의 간격이 늘어나기 때문이다. 피는 머리로 몰려서 얼굴이 붉어진다. 이 문제를 해결하기 위해 신장이 혈액 속 물을 제거한다. 피는 점성이 진해지고, 방광에는 물이 차 오줌이 마려워진다.

기린은 약 2미터 높이까지 중력을 거슬러 피를 보낸다. 심장 근육이 아주 강력한 힘으로 펌프질해서 피를 머리로 올린다. 이런 압력 탓에 기린은 장시간 누워 있으면 뇌출혈로 사망한다. 기린이 서서 잠을 자는 이유다. 2미터 가량의 차이도 이렇게 어마어마한 위력을 보이는데 식물은 20미터, 50미터, 100미터의 차이를 극복해야 한다.

그뿐 아니라 식물은 햇빛을 더 받으려고 잎이 달린 가지를 위로 뻗고 있다. 잎과 가지의 무게도 장난이 아니다. 버드나무처럼 일부는 가지를 늘어뜨리기도 하지만 대부분 중력을 거슬러 뻗어 있다. 가지를 뻗고 가만히 서 있는 것도 버거운데 거기에 물을 올리는 힘도 이겨내야 한다. 식물은 이처럼 중력과 눈물겨운 사투를 벌인다.

식물이 중력의 반대 방향으로 물을 올리는 것이 가능한 이유는 두 가지다. 하나는 삼투압이고, 다른 하나는 압력이다. 이 두 가지 변수의 합을 수분 퍼텐셜이라 한다. 물흐름을 설명하는 중요한 개념이다.

식물 뿌리에서 물의 이동 경로는 아포플라스트(apoplast)와 심플라스트(symplast)가 있다(그림 3-1). 아포플라스트는 세포벽, 세포간극, 죽은 세포 등 세포와 세포 사이 공간을 통해서 이동하는 경로다. 확산에 의해 물이 이동한다. 물관부 내의 용질 농도와 아포플라스트 내 용질 농도의 차이가 물의 이동속도를 조절하는데, 삼투압이 중요한 요소가 된다.

심플라스트는 세포 내로 물이 이동한 후 원형질 연락사(連絡絲)를 통해 물관으로 가는 경로다. 세포 안으로 물이 들어오는 정도, 세포 안 용질과 물관부 안의 용질 농도 차와 관련이 있는 삼투압 그리고 팽압이 물의 이동속도를 결정한다. 용질이 많은 곳으로 물이 들어오면 세포벽에 압력이 생기고, 이것

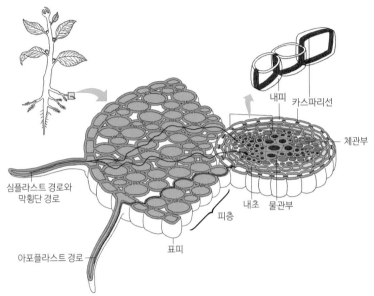

심플라스트 경로와
막횡단 경로

아포플라스트 경로

표피

피층

내초   물관부

내피   카스파리선

체관부

그림 3-1_ 토양에서 식물의 관다발조직으로 이어지는 물의 이동 경로

이 물을 다른 세포 쪽으로 밀어낸다. 세포 안으로 물이 들어오는 것은 막(膜)을 통한 단순 확산으로 가능하다. 그러나 물을 수송하는 단백질에 의해 촉진될 수도 있다.

그 밖에도 막을 횡단하는 방법이 있는데 이 방법은 아포플라스트와 심플라스트 경로를 모두 거친다. 세포를 통과해서 이동하기 때문이다. 어쨌거나세 가지 방법 모두 물관부 내의 용질 농도가 높아야 한다.

세 가지 경로를 지나던 물이 내피를 거쳐 물관부로 이동하려면 카스파리선(Caspary線)을 넘어가야 한다. 이 부위는 소수성(물을 밀리하는 성질)이라 물을통과시키지 않는다. 따라서 외피를 지나온 물이 내피로 넘어가려면 심플라스트 경로로만 이동이 가능하다. 뿌리가 이런 과정을 통해 흡수한 물이 잎으로 올라간 덕분에 상추 잎이 싱싱한 모습을 볼 수 있다. 물이 잎으로 올라갈 때는 증산작용이 관여하는데 이것은 나중에 견디기 전략에서 설명하겠다.

토양의 물 이동

메마른 대지에 봄비가 내리면 땅이 촉촉이 젖는다. 봄 가뭄에 빗물은 농부에게는 정말 고마운 선물이다. 비가 조금 오다 마는 경우도 많다. 토양의 표면은 빗물에 어느 정도 젖더라도 뿌리가 있는 곳까지 가려면 갈 길이 멀다. 이 경우에도 뿌리는 물을 흡수할 수 있다. 물이 토양에서 흐르기 때문이다. 보이지 않는 땅속을 알기란 쉽지 않지만, 과학은 변함없이 작동한다.

토양에서 물의 흐름을 알려면 토양 수분퍼텐셜을 알아야 한다. 토양 수분퍼텐셜은 삼투압, 정수압, 중력으로 나뉜다. 토양에는 세포막 같은 선택적 투과성을 가진 막이 없어 삼투압은 없다. 식물체 안에서는 중력은 같고, 세포 안의 물은 중력의 영향을 잘 받지 않는다.

토양의 물흐름에서는 중력과 정수압이 중요하게 작용한다. 정수압(靜水壓, 흐름이 멈춰 있는 물에 의해 생기는 압력)은 토양이 얼마나 건조한가에 따라 다르다. 수분퍼텐셜은 0에 가까워질수록 높고, 일반적으로 음의 값을 가진다. 토양이 충분하게 젖으면 정수압은 0에 근접한다. 물이 외부로 잘 흘러간다는 의미다. 건조해지면 음의 값이 커진다. 빗물에 젖은 윗부분은 정수압이 0에 가깝지만, 건조했던 아래쪽 토양은 그렇지 않다. 토양 표층의 물은 정수압이 높은 표면에서 중력의 영향이 더해져 지표 아래로 흐른다. 그 덕분에 약간만 비가 와도 식물이 토양 속 뿌리에서 물을 흡수할 수 있다.

건조해지면 반대의 현상이 나타난다. 토양의 물은 토양 입자에 붙어서 입자 사이에 존재하는데, 표면장력과 부착력의 영향을 받는다. 물이 대기와 접축하는 면을 최소화하려는 강력한 힘을 표면장력이라 하고, 입자의 표면에 붙으려는 힘을 부착력이라 한다. 토양이 건조해지면 토양 입자 사이에 있는 물의 양은 점점 줄어든다. 건조가 더 심해지면 입자 사이에 빈 공간이 생긴다. 빈 공간이 늘어나면 공극률(孔隙率, 빈 공간이 차지하는 비율)이 커지며, 이때 토양 입자와 물이 붙어 있는 경계면의 반지름은 작아진다. 정수압은 낮아지고 물의 흐름은 억제된다.

복숭아를 물이 부착된 토양 입자라고 가정해 보자. 단단한 복숭아씨는 토양 입자이고, 우리가 먹는 과육 부위는 물에 해당할 것이다. 물-공기 계면은 복숭아의 바깥쪽 껍질과 공기가 만나는 둥근 곡면이 된다. 물이 많으면 우리가 먹는 과육 부위가 두꺼워지는 것이므로 중심에서 반지름은 커진다. 그러나 물이 적으면 과육 부위가 얇아지는 것이어서 반지름이 작아진다. 반지름이 작아지면 수분퍼텐셜이 낮아져 식물이 토양에 있는 물을 끌어당길 수 없다.

토양의 물은 토양 입자에 붙어 있다. 토양 입자는 무기질과 유기질로 구분되는데, 유기질 토양 입자는 카르복실산과 페놀 작용기 때문에 음전하를 띤다. 무기질 토양 입자는 알루미늄 이온이나 실리콘 이온이 다른 이온으로 대체되면서 음이온 입자가 된다. 토양 입자의 이 같은 전기적 특성으로 극성(極性)을 띤 물 분자는 토양에 잘 붙는다.

물 분자가 극성을 띠는 이유는 산소가 수소보다 전자를 끌어당기는 능력이 강해서다. 그 덕분에 물의 수소 원소 쪽은 양전하 기운이 강하고, 산소는 음전하 기운이 강하다. 분자의 전자는 당연히 산소에 많아서 극성이 생기는 것이다. 이런 성질은 이온과 물 분자가 전기적 힘으로 강력하게 결합하도록 만든다. 음이온인 토양 입자에서 물을 떼어내기가 몹시 힘들어진다. 극심하게 건조한 상태에서는 토양 입자에 붙은 일부 물을 식물이 절대로 떼어내지 못한다.

식물이 토양 입자에 붙은 물 분자를 떼어낼 때는 세포 내 삼투압을 올린다. 용질의 농도를 높여 물이 식물 쪽으로 이동할 수 있는 여건을 만드는 것이다. 이렇게 가뭄과 같은 건조함을 견디는 식물의 힘은 극한 상황을 제어할 수 있는 고도의 전문적 능력이라 할 수 있다.

식물이 토양에서 물을 흡수하기 위해서는 건조함만 극복하면 해결되는 것이 아니다. 물을 아래로 흐르게 하는 중력을 이겨내야 한다. 만일 중력에 의해 물이 계속 아래로 내려간다면 식물의 뿌리 주변에는 물이 없게 된다. 일부 물이 남더라도 토양 입자에 강력히 붙어 있어 식물이 이용할 수 없다. 이런 상태에서 식물은 토양 속에서 이동하는 물의 물리화학적 특성을 활용한다.

토양 속의 물은 입자 사이의 공기가 적은 공간에서 많은 공간으로 확산을 통해 이동한다. 함수량(含水量)이 높은 곳에서 낮은 곳으로 이동한다는 뜻이다. 지표면이 건조해져 토양 입자 사이가 공기로 채워지고, 위쪽에는 물기가 없어도 더 아랫부분에 물기가 있으면 일부가 기화되어 아래에서 위로 올라온다. 따라서 식물이 다소 건조한 환경에서 살 때는 뿌리털이 있는 부분의 물 흡수만으로도 부족함을 채울 수 있다. 식물 뿌리가 물을 흡수해서 그 주변의 함수량이 떨어지면 다른 곳의 물이 그쪽으로 이동한다. 이는 뿌리가 모든 토양에 골고루 퍼져 있지 않아도 수분을 흡수할 수 있게 해준다.

특히 토양의 습도는 건조한 지역에서 중요한 역할을 한다. 물을 더 많이 흡수하기 위해 식물은 뿌리를 깊게 내리거나(심근성, 深根性) 옆으로 넓게 뻗어 나간다(淺根性, 천근성). 이는 천근성의 종이 어느 정도 건조한 지역에서 견딜 수 있는 것과도 관련이 있다.

물을 올리는 원동력

오래전 전남 보성에 있는 녹차밭을 갔다가 그곳에 있는 메타세쿼이아의 웅장한 자태에 감탄사를 연발한 적이 있다. 이렇게 수목의 덩치에 탄복하는 경우는 많다. 그러나 나무줄기가 왜 그렇게 굵어야 하는지에는 별 관심이 없다. 늘 보다 보니 익숙해져서 그럴지도 모르겠다. 나무줄기가 굵고 단단해져야 하는 데는 매우 중요한 식물의 생존 원리가 숨어 있다.

물은 토양에서 식물 뿌리로 이동한 후 응집력, 근압, 모세관현상, 증산작용 등에 의해 잎으로 옮겨 간다. 그 후 기공을 통해 공기 중으로 날아간다. 물이 날아가는 속도는 대기 중 습도에 의해 결정된다. 대기 중 상대습도는 지역, 당일 날씨 등에 따라 다르지만 100퍼센트가 되지 않는다. 습도가 낮으면 더 빨리 날아간다.

잎의 기공 주변의 상대습도는 거의 100퍼센트고, 멀어질수록 낮아진다. 습기는 습도가 높은 곳에서 낮은 곳으로 이동한다. 대기는 상대습도가 100퍼센트가 되지 않기에 잎 안에서 대기로 습기가 빠져나온다. 이것이 바로 증산작용이다.

증산작용으로 인해 대기 중으로 자꾸 물이 빠져나오면 잎에 물이 부족해진다. 식물은 물을 보충하기 위해 뿌리에서 물을 끌어당겨 채운다. 이때 물의 응집력이 중요한 역할을 한다. 물 분자는 다른 분자들보다 응집력이 강해 이웃한 물 분자를 끌어당긴다. 기공 주변의 물 분자는 잎맥의 물 분자를 끌어당기고, 다시 물관에 있는 물 분자를 끌어당긴다. 이렇게 당기는 힘을 장력이라 하는데, 이 과정을 통해 뿌리의 물관으로 들어온 물이 잎으로 이동한다. 곧 증산작용에서 물을 끌어 올리는 원리는 장력이다.

식물에는 장력 외에 물을 잎으로 올려 보내는 몇 가지 힘이 있다. 뿌리의 물 흡수에 중요한 역할을 하는 삼투압은 뿌리 물관에 물이 많이 모이게 한다. 이렇게 모인 물은 세포벽을 밀어내며 팽압을 만들고, 결국 뿌리압을 형성하기에 이른다. 이 같은 힘들은 모세관현상과 함께 물을 위로 올리는 작용을 한다. 이 때문에 이른 아침 잎끝에 물방울이 맺히는 일액현상이 나타난다.

이러한 힘들은 물을 100미터 높이까지 올리지 못한다. 수십 미터를 끌어올리려면 앞에서 말한 장력이 필요하다. 100미터 끌어 올리는 힘의 세기를 계산해 보니 약 2메가파스칼(MPa)로 조사되었다. 대기압이 약 0.1메가파스칼이니 대기압의 20배 정도다. 이렇게 엄청난 힘을 식물 줄기가 견뎌야 한다. 장력을 견디지 못하면 세포가 뭉그러지고 줄기 성장이 불가능해진다. 다시 말해 식물의 줄기나 뿌리는 장력을 견디기 위해서 굵고 단단하게 목질화한다. 웅장한 메타세쿼이아에는 우리가 상상하기도 어려운 큰 힘을 견디는 나름의 능력이 숨어 있다.

강수와 식물

어렸을 때 장마철 참외는 맛이 없다는 말을 많이 들었던 기억이 있다. 장마철에는 광합성을 제대로 못 해서 당도가 떨어지는 것이라 믿었다. 그런데 단맛만 없는 것이 아니라 육질도 뻣뻣해서 씹는 맛이 좋지 않았다. 햇빛이 없다는 것과 육질이 뻣뻣해지는 것과 관련이 있을 것 같지 않았는데, 강수라는 분명한 이유가 있었다.

하늘에서 우박이 떨어진다면 그 무게로 잎이 찢어지거나 구멍이 뚫어져 식물 생육이 어렵다는 것을 쉽게 알 수 있다. 우박과 같이 빗방울이 떨어질 때도 빗방울의 무게가 있다. 빗방울의 속도는 대략 9~10m/s로 빠르진 않다. 사람에게 충격을 줄 정도는 아니다. 그러나 이것이 나뭇잎에 떨어지면 잎이 흔들리고 작지만 충격이 있다. 이 충격이 빈번하게 일어난다면 나뭇잎의 성장에 영향을 미친다.

강수량에 따라 잎의 성분과 광합성이 어떻게 달라지는지 조사했다. 강수량이 증가하면 잎의 질소 성분과 광합성이 감소한다. 그리고 떨어지는 빗방울에 버티기 위해 잎 두께가 증가한다. 잎이 두꺼워진다는 것은 세포벽 성분이 증가해 섬유질이 많아진다는 의미다.

섬유소/질소 비율이 높아지면 잎이 단단하고 뻣뻣해진다. 마치 쇠를 담금질하는 것과 비슷하다. 게다가 강수량이 많으면 햇빛양이 감소해 광합성이 줄어드니 탄수화물의 합성률이 낮다. 잎의 영양물질 양이 적어질 수밖에 없어 맛이 떨어진다. 다른 채소나 과일도 마찬가지라 참외의 육질도 나빠질 수 있다.

강수량은 잎의 크기와 면적에 영향을 줄 수 있으나 그 영향은 종에 따라 다르다. 어떤 종은 강수량이 많으면 잎의 크기가 커지지만 다른 종은 작아진다. 둘 중 어느 것이 더 좋다는 말을 하기는 어렵다.

잎의 크기는 광합성에 의한 열 배출에 변화를 일으킨다. 잎이 커지면 체표면적/체적의 비가 작아진다. 그리고 광합성으로부터 생기는 열의 발산이 어려워져 더 많은 열을 보유한다. 이때 단위면적당 기공 개수가 늘어나면 증산작용이 활발해져 잎에서 생기는 열을 식힐 수 있다. 반대로 잎이 작아지면 기공 개수는 줄어든다. 하지만 체표면적/체적의 비가 커져 열을 잘 방출한다. 증산작용은 줄더라도 잎이 구조적으로 열을 더 잘 내보내게 된다.

잎이 커지든 작아지든 광합성 효율은 안정적으로 유지된다. 따라서 강수량에 의한 잎의 크기 변화는 어느 것이 더 좋은 능력이라고 말하기 어렵다. 식물은 생존에 유리하다면 어떤 능력도 모두 받아들인다.

비는 잎이 아닌 꽃에도 영향을 준다. 빗물이 직접 꽃에 떨어질 때 꽃가루와 암술의 기능이 영향을 받을 수 있다. 수매화(水媒花) 식물의 꽃가루는 물에 강하지만, 그 외에는 물에 약한 종이 많다. 담수가 꽃가루에 닿으면 삼투압에 의해 물이 꽃가루 안으로 들어와 터져버릴 수 있다. 꽃가루가 망가지면 수분(受粉)이 되어도 수정이 안 된다.

암술머리도 빗물에 취약하다. 물과 접촉하면 꽃가루에 붙는 점착력이 떨어진다. 비 맞은 암술은 꽃가루가 암술머리에 잘 붙지 않아서 수정률이 낮아진다. 빗물은 꽃꿀의 당 농도를 희석하며, 이것이 곤충이 잘 오지 않는 원인으로 작용한다. 이 점도 수정률을 낮게 만든다.

이러한 특성들로 식물의 꽃은 물을 피하기 위한 다양한 수단을 찾아냈다. 꽃잎이 일시적으로 닫혀서 비가 들어오지 못하게 만들기도 하고, 개화기 동안 꽃대가 휘어서 방어하는 꽃들도 있다. 일부는 꽃에 소수성 물질을 포함하고 있어 빗물이 들어오지 못하게 한다. 꽃이 피는 기간을 길게 하는 종도 있고, 꽃가루를 오랜 시간 동안 만드는 종도 있다. 어쨌거나 빗물이 식물의 생존과 번식에 방해 요소가 될 수도 있어 식물은 이를 견디기 위한 여러 능력을 개발했다.

수생식물

수생식물 중에 부들과 애기부들이 있다. 마치 핫도그 모양으로 꽃이 피는 식물인데 확연하게 차이 나는 부분이 꽃이다. 위쪽에 있는 수꽃이 아래쪽 암꽃과 서로 붙어 있으면 부들이고, 떨어져 있으면 애기부들이라고

그림 3-2_ 부들의 꽃 모습(A: 부들, B: 애기부들). 아래 소시지 같은 부분이 암꽃이고 위가 수꽃이다.

흔히 말한다. 애기부들이라 불리는 이유는 암수가 떨어져 합방을 못 해서라는 재미있는 일화가 있다. 그리고 부들이란 이름은 꽃가루받이(수분)를 할 때 부들부들 떤다고 해서 붙었다고 한다.

진화적으로 식물은 물속에서 출발했으나 육상에 적응한 종이 다시 물로 돌아가기란 쉽지 않다. 호흡을 위해 산소가 필요하기 때문이다. 식물은 약 2퍼센트의 낮은 농도의 산소에서도 살 수 있기는 하지만, 물이 많으면 산소 공급이 어려워진다. 이미 말했듯이 산소가 부족하면 식물이 알코올 발효를 한다. 식물체에 알코올이 축적되면 에틸렌이라는, 노화를 일으키는 식물호르몬 발생을 촉진한다. 결국 조직이 물러지면서 죽게 된다. 따라서 물속에서 사는 것은 어려운 일이다.

그런데도 물속에서 살아가는 수생식물이 많다. 물이 갖는 한계를 극복하고 물이 차단하는 산소 공급 문제를 해결하며 물에 적응했기 때문이다. 물속이라 뿌리 부분의 공기 접촉이 부족하지만, 나름대로 잘 사는 방법을 개발했다. 바로 모든 수생생물에 있다는 통기조직이다.

수생식물도 통기조직이 발달해 있어 산소 부족을 견딜 수 있었다. 통기조직은 형태에 따라 이생 통기조직(離生通氣組織; schizogenous aerenchyma)과 파생 통기조직(破生通氣組織; lysigenous aerenchyma)으로 나뉜다. 전자는 유조직 세포의 벌집 구조 배열을 나타내고, 후자는 피층 세포의 사멸을 통해 발달한다. 식물종에 따라서는 둘 다 있는 것도 있다.

통기조직의 공극(비어 있는 틈)이 차지하는 비율은 수생식물 체적의 30~60퍼센트에 이른다. 이것은 식물의 종류, 기관 크기 그리고 성숙 정도에 따라 달라진다. 수생식물의 한 종인 마름(*Trapa japonica*)은 통기조직이 주로 엽병에 있다. 마름의 공극률은 잎이 24.9퍼센트, 엽병이 62.7퍼센트, 줄기가 20.0퍼센

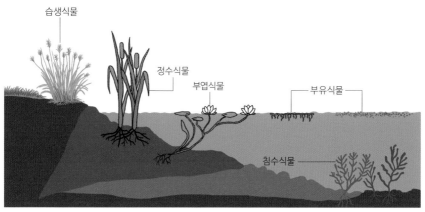

그림 3-3_ 수생식물의 구분과 서식지

트, 침수근이 13.9퍼센트, 지근이 15.1퍼센트이며, 종자근이 10퍼센트다. 통기
조직은 개체 내 공기의 순환과 함께 잎이 수면 위로 뜨게 한다.

수생식물은 물과의 관계에 따라 습생식물, 정수식물, 부엽식물, 부유식물,
침수식물로 나뉜다. 각각의 식물마다 서식지에 차이가 있다. 습생식물은 습지
와 하천 주변에 분포하는 갈대와 물억새 등이다. 부들 등의 정수식물은 잎이
수면 위로 많이 나오지만, 부엽식물은 잎이 물에 떠 있다. 노랑어리연 같은 부
엽식물은 서울의 올림픽공원 등에서 볼 수 있다. 침수식물은 물속에 잠긴 채
자라며, 부유식물은 물에 떠다니는 식물이다.

물속에서 살더라도 광합성을 해야 하기에 기공이 필요한데 연꽃 같은 부
엽식물은 잎 윗면에만 기공이 있다. 일반 식물과는 대표적으로 차이 나는 구
조다. 내부에서 물을 수송하거나 강수에 저항하는 것 말고, 물속에서 투쟁하
며 적응한 방법이다. 이들의 방법을 굳이 말하면 발상의 전환이 아닐까 싶다.
땅을 피함으로써 다른 종과의 경쟁을 줄였고, 살기 힘든 물속에서 견딜 수
있도록 파격적인 구조 변경을 했기 때문이다.

2 중력에 대한 투쟁

필요 없는 증산작용

햇볕이 쨍쨍 내리쬐는 날, 산길을 걷다가 숲이 우거진 곳에 들어가면 시원한 느낌이 든다. 숲의 꼭대기에 있는 수관(樹冠)이 햇빛을 가리고 그늘을 만들어서라고 생각하겠지만 이것은 커다란 착각이다. 숲은 광합성을 위해 햇빛을 더 많이 흡수하고, 이 과정에서 일부 빛에너지가 열로 방출된다. 이론적으로는 숲이 더 더워야 한다. 양지에 놓인 검은색 종이와 흰색 종이 중 햇빛을 많이 흡수하는 검은색 종이가 더 온도가 높은 이유와 같다. 그러나 이런 상식을 깨고 숲은 햇볕이 내리쬐는 맨땅보다 시원하다.

숲이 햇빛을 더 많이 흡수함에도 시원한 이유는 증산작용 때문이다. 물이 증발할 때 열을 엄청나게 가져가는데 잎의 광합성 과정에서 방출되는 열까지 가져간다. 식물의 증산작용에 대해서는 많이 배웠고 들었다. 그러나 증산작용을 하는 이유를 들어본 적은 없을 것이다. 이유는 의외로 간단한데, 논쟁이 있어 가르칠 수 없었다.

증산작용으로 열을 식힐 수 있으니 우선 이 가능성을 생각해 볼 수 있다. 증산작용이 일어나지 않도록 상대습도 100퍼센트에서 식물을 키웠다. 외부의 상대습도가 100퍼센트가 되면 잎 안과 농도차가 만들어지지 않아 기공으로 수증기가 나오지 않는다. 다시 말해 증산작용을 인위적으로 억제한 환경을 조성했다. 이런 조건에서는 광합성으로 생기는 열을 식히지 못한다. 만일 열을 식히는 작용이 중요하다면 식물에 이상이 생겨야 하지만 아무런 문제가 없었다. 증산작용으로 온도를 낮추는 것은 식물의 생존과 무관하다는 뜻이다.

다른 이유가 있을 수 있다. 그중 하나가 영양물질 분배를 돕는 것이다. 증산작용이 활발하면 물관액의 이동을 촉진한다. 뿌리에서 흡수하는 무기영양물질의 이동과 분배가 유리해진다. 만일 이것이 증산작용을 하는 이유라면 증산이 없을 때 영양물질 이동도 없어야 한다. 그런데 증산작용이 없어도 무기영양물질이 식물체 안에서 잘 순환한다. 방사성 동위원소로 확인했다. 이와 함께 뿌리가 영양물질을 흡수하는 속도가 영양물질의 분배와 이동에 더 결정적이라는 결과도 얻었다. 무기영양물질의 이동을 돕기 위해 증산작용을 하는 것은 아니란 의미다.

증산작용은 오히려 식물의 높이를 올리는 것에 부정적 영향을 미친다. 이산화탄소 농도나 햇빛은 지표면이나 지상 100미터 위나 비슷하다. 그런데 고도가 100미터 올라갈 때마다 온도는 섭씨 0.5도쯤 떨어진다. 이런 차이는 광합성 효율에 큰 영향을 미치지 않는다. 식물체 중간에 잎이 없어서 증산작용이 없다면 물은 100미터까지 잘 올라간다. 그러나 중간에 잎이 있어서 증산작용을 한다면 물이 위로 올라가는 힘이 점점 약해져 높은 곳까지 고르게 올라가지 못한다. 호스 중간에 구멍이 뚫리면 끝에서 나오는 물의 양이 줄어드는 것처럼 중간에 있는 잎의 기공이 호스의 구멍 역할을 한다. 식물이 더 높이 올라가는 것을 방해한다.

증산작용이 물의 이동속도를 높이지만 생존에 유리하다는 증거는 아니다. 오히려 자신이 필요한 물보다 더 많은 물을 잃는다. 외부 대기가 매우 건조할 경우 건조 스트레스를 받는다. 증산으로 얻어지는 이익은 적고 손해만 커진다. 이런 것들 때문에 증산이 필요악이라는 주장도 있다.

기공을 통해 증산작용을 하는 주요 목적은 이산화탄소 흡수다. 이산화탄소를 흡수하려면 어딘가 숨구멍이 필요하다. 어쩔 수 없이 이산화탄소를 흡수하는 기공이 발달했고, 불가피하게 증산이 일어나 물을 잃어버렸다는 주장이다.

이런 주장이 타당하다면 최근에 화석연료 사용 증가로 지구 대기의 이산화탄소 농도가 증가하고 있는 조건에서 식물의 기공 개수에 변화가 생길 수 있다. 농도가 높아지면 굳이 기공을 많이 만들 필요가 없다. 많은 양의 이산화탄소가 기공으로 들어오기 때문이다. 이러한 가능성을 식물 표본의 기공 개수로 확인했다. 수십 년간 사초과 식물의 표본을 분석한 결과, 현재로 올수록 단위면적당 기공 개수가 줄어들었다고 한다.

이 결과는 기공 개수가 줄어도 광합성에 필요한 이산화탄소를 충분히 흡수할 수 있으니 단위면적당 기공 개수가 줄어들고 있는 것이라 해석할 수 있다. 동시에 이 같은 식물의 변화는 기공의 주 기능이 증산작용이 아니라 이산화탄소 획득이라는 것을 암시한다.

더구나 증산작용을 하지 않아도 광합성이 가능하다. 대표적으로 사막에 사는 CAM(Crassulacean Acid Metabolism) 식물이 있다. CAM 식물은 낮에 기공을 닫고도 얼마든지 광합성을 한다. 이산화탄소는 밤에 흡수해서 저장한다. 이들의 존재는 증산작용이 기공으로 이산화탄소를 흡수하기 위한, 어쩔 수 없이 발생한 효과라는 학자들의 추정에 힘을 실어준다.

필요에 따라 무엇인가를 만든다고 해도 그것이 부작용을 일으키는 사례는 많다. 모두 다 좋을 수만은 없다. 이렇게 생각하면 기공이 물의 증산작용을 초래했다고도 할 수 있다. 식물은 생존 경쟁의 문제를 헤쳐 나갈 수 있도록 장점을 잘 살린 존재란 생각이 든다. 생물이 새로운 기능을 획득했을 때 장점과 단점이 발생하는데, 장점으로 단점을 견뎌낼 수 있어야 생존이 가능하다는 말이다. 우리의 장점은 단점을 극복하는지 문득 궁금해진다.

식물의 높이와 잎의 크기

정상을 향해 열심히 산을 오르다 보면 나무들의 키나 잎이 점점 작아지는 것을 알 수 있다. 줄기도 가늘어진다. 산 아래쪽에서 살아가는 식물과 같은 종이어도 마찬가지다. 소나무도 산꼭대기로 가면 키가 작다. 같은 굵기라면 산 아래 나무보다 더 긴 세월을 살았다. 한번은 지름이 17센티미터쯤으로 그다지 굵지 않은 소나무의 나이가 170년이 된 것을 보고 깜짝 놀란 적이 있다. 아래쪽의 소나무 생육이 좋은 곳에서는 지름이 50센티미터쯤 되는 소나무의 나이가 40년에서 50년쯤이었기 때문이다. 모든 지역에서 수령(樹齡)이 똑같지는 않겠지만, 산꼭대기와 산 아래쪽은 편차가 컸다.

산꼭대기에서 식물의 키가 잘 자라지 않는 이유는 물과 밀접한 관련이 있다. 식물세포가 커지려면 팽압이 중요하다. 적정 수준의 팽압을 유지해야 식물이 잘 성장하는데 이때 물이 충분히 공급되어야 한다. 물이 부족해 팽압이 떨어지면 식물이 제대로 신장(伸長)할 수 없어 세포 크기가 작아진다. 그런데 정상 쪽은 증발과 중력에 의한 물흐름으로 토양 내 물이 빨리 아래로 사라진다. 건조한 상태로 더 오래 노출되니 아무래도 잘 자라지 못한다.

키가 큰 나무에서도 이런 비슷한 현상이 발생할 수 있다. 증산작용으로 아래쪽에서 물이 빠져나가면 위쪽으로 충분한 물이 공급되지 못해 꼭대기에 달린 잎은 세포신장이 제대로 일어나기 어렵다. 따라서 꼭대기의 잎은 크기가 줄어들 수 있다. 이 가정의 타당성은 나뭇잎 크기를 조사하면 확인할 수 있다.

우리나라에 서식하는 나무 중 가장 큰 나무로 꼽히는 것은 용문사 은행나무다. 사람 가슴 높이께의 둘레는 약 15미터, 키는 약 42미터다. 1100여 년의 나이를 먹은 대단한 거목으로 천연기념물 제30호로 지정되었다. 이 나무의 높이에 따른 잎 크기를 비교하면 좋겠지만, 불행히 자료가 없었다.

용문사 은행나무와 같은 몇몇 나무를 제외하면 우리나라 나무는 대체로 높지 않은 편이다. 속리산 정이품송의 높이는 약 15미터다. 참나무류 중 하나인 상수리나무와 갈참나무는 수고(樹高)가 20~25미터가량 자란다. 온대지역의 나무는 대략 20미터를 넘지 않는다. 이들이 더 높이 자라지 않도록 진화한 이유는 물 수송 능력이나 광합성을 하는 잎의 면적과 관련이 있을 수 있다.

나무의 키가 크다고 반드시 좋은 것이 아니다. 앞에서 설명했지만 물을 중력에 거슬러 높게 올려야 하고, 이를 위해 엄청난 장력에 버틸 수 있도록 구조를 든든하게 만들어야 한다. 더 많은 용질을 흡수해 삼투압을 높여야 할 수도 있다. 영양물질이 많이 필요하거나, 광합성과 상관없는 증산작용이 늘어 손실이 커질 수도 있다.

주변 개체에 비해 키가 크면 햇빛을 더 많이 받더라도 바람과 같은 다른 스트레스에 저항하기 위해 에너지를 써야 한다. 바람은 증산작용을 늘리고 수분 스트레스를 준다. 뒤에서 다시 설명하겠지만 나무는 성장하면서 주변 개체와 키를 맞춘다. 햇빛을 많이 받는 것과 함께 스트레스를 줄이는 것 사이의 균형을 이루는 것이다. 따라서 키가 큰 높은 나무가 반드시 생존에 유리하다고 말하기 어렵다. 서식 환경에 적정한 수준이어야 한다는 의미다.

외국의 나무지만 나무의 높이가 100미터 이상 되는 종으로 레드우드(미국삼나무)가 있다. 세계적으로도 키가 큰 대표적인 나무다. 이 나무의 잎 크기를 비교해 보면 앞의 가설을 확인할 수 있다. 그림에서 숫자는 나뭇잎을 채취한 높이다. 고도가 올라갈수록 잎 크기가 현저히 줄었다.

그림 3-4 _ 레드우드의 높이에 따른 잎 크기 변화
(숫자 단위: m, 눈금 단위: ㎝)

산을 다니다 보면 비슷한 지역에서 자라는 나무의 높이가 일정 수준 이상으로 올라가지 않는 것을 확인할 수 있다. 뒤에 설명하겠지만 나무의 성장 정도와 주변 나무들과의 관계로 보아 서로 소통한 결과일 가능성이 있다. 이와 더불어 물 수송 그리고 여기에 영향을 주는 중력도 큰 영향을 미칠 수 있다. 이렇게 여러 요소의 조화를 통해 나오는 결과가 나무의 키다. 키조차 대충 아무렇게나 자라는 것이 아니고 경쟁에 최적화된 모습이라 생각해야 한다. 아울러 사소해 보이는 현상이라도 생존을 위해선 절대 사소하지 않다.

중력의 영향

중력은 매우 중요한 현상이지만 일상에서 크게 생각할 일은 없다. 중력을 느낄 때가 언제인지를 물어보면 대부분 많은 생각을 한다. 막내딸은 이 질문에 한참을 생각하더니 몸무게를 잴 때라 답했다. 이유는 중력이 조금이라도 작으면 몸무게가 낮게 나올 것이기 때문이란다. 어쨌거나 묻지 않으면 생각하지 않을 정도로 사람들은 생활 속에서 중력을 깨닫지 못한다.

어디에나 존재하고, 평상시 느끼지 못하는 중력의 특징 탓에 식물의 성장 속도나 가지 형태에 중력이 영향을 줄 것이라 생각하기 쉽지 않다. 중력이 달라지는 환경을 접하기 어려우니 더욱 그렇다. 그러나 최근에는 화성에 가자고도 하고 우주 개발에 관심이 높아지면서, 중력이 식물에 미치는 영향에 관한 관심도 과거보다는 많아졌다.

대표적 모델 식물(긴 시간에 걸쳐 다수의 학자들에 의해 널리 연구된 식물종)인 애기장대(*Arabidopsis thaliana*)를 우주에서 키웠다. 그 결과, 꽃은 잘 피었으나 열매가 불임이었다. 이러한 현상이 발생하는 것은 아마도 우주선(宇宙線, cosmic ray)이나 중력의 영향일 가능성이 있다. 이를 확인하기 위해서 중력의 변화가 있는 시스템을 구축해 식물을 키웠더니 중력이 식물 성장에 영향을 주었다.

중력이 영향을 준 현상 중 하나가 잎의 온도다. 실험 결과, 식물 잎의 온도는 중력과 역상관(逆相關) 관계였다. 중력이 작아지면 올라가고, 중력이 커지면 내려갔다. 중력에 의한 식물 잎의 온도 상승은 증산작용 억제와 관련이 있었다. 중력이 작아지면 잎에서 나오는 공기의 속도가 줄었기 때문이다.

중력과 증산작용의 관계는 중력과 공기 저항의 관계로 설명된다. 공기 저항은 입자의 속도에 따라 변한다. 입자 속도가 빨라지면 공기 저항이 크다. 그런데 공기 저항은 무한정 커지는 것이 아니라 중력과 같아질 때까지 증가한다. 따라서 공기 입자의 속도는 중력의 영향을 받는다. 이런 원리에 따라 중력이 작으면 공기 저항이 줄면서 공기 이동속도도 감소한다. 공기 입자의 낮은 속도는 증산작용을 줄이고, 기화열로 빼앗기는 열을 감소시켜 대기와 잎에서 제대로 열교환이 일어나지 않게 한다. 이것이 중력이 작은 곳에서 잎의 온도가 올라간 이유다.

중력은 꽃가루관의 성장에도 영향을 줄 수 있는데, 중력이 커지면 꽃가루관의 성장이 촉진된다. 이것은 중력이 작아지면 꽃가루관의 성장이 억제될 수 있음을 의미한다. 우주는 무중력에 가까우니 꽃가루관 성장이 억제되면서 수분(꽃가루받이)이 일어나지 않을 수도 있다. 어쨌거나 우주 공간에서 식물의 불임이 증가하는 원인은 연구가 더 필요하다.

지구상에서 중력이 커지거나 작아지는 일이 일어날 가능성은 별로 없다. 중력이 커지려면 지구가 갑자기 커져야 한다. 중력이 작아지는 경우는 어느 정도 구현이 가능하다. 우주 공간이 무중력 상태라 거기서 만들어낼 수 있다. 만일 우주 공간에서 농사를 짓는다면 이 같은 지식이 필요할 것이다. 어쨌거나 식물은 중력을 견디며 살고 있다.

이외에도 중력은 지금 우리가 보는 식물의 형태를 만드는 데 중대하게 영향을 주었다. 나뭇가지가 늘어지거나, 하늘을 향해 올라가는 가지들이 적당한 각도로 내뻗는 것도 마찬가지다. 콩나물을 눕혀 놓으면 뿌리는 땅으로 가고 줄기는 위로 향하는 것도 중력 덕분이다. 어디에나 있지만 잘 느끼지 못하는 무형의 힘이 식물의 모습을 결정하고, 식물은 그에 따른 자신만의 독특한 특징을 드러내며 자기답게 산다.

3 기후와 온도 적응

최적 온도

몇 년 전, 강화에서 고구마를 심었던 적이 있다. 일정 길이로 자란 순을 키워서 끝이 갈라진 막대기 같은 것으로 순을 땅에 꽂아 넣는다. 심는 시기는 대략 5월 중순이다. 5월 중순에 심으면 그런가 보다 한다. 그러나 심는 시기에는 매우 중요한 비밀이 숨어 있다.

고구마 뿌리는 영양물질을 흡수하는 흡수근과 탄수화물을 저장하는 저장근으로 구분된다. 이 두 뿌리의 생성은 토양 온도에 따라 달라진다. 토양이 저온일 때 심으면 흡수근이 많이 발생한다. 이는 수확량 감소로 이어진다. 따라서 고구마는 토양 온도가 충분히 높아 섭씨 15도 이상일 때 심는다. 고구마는 열대지방에서 일본을 거쳐 우리나라에 온 작물이기 때문이다.

이처럼 식물 성장에는 최적의 온도가 있다. 이것보다 높거나 낮으면 식물 성장이 줄면서 멈춘다. 잘 알려진 사례 중 하나가 잔디의 성장이다. 토양 온도는 잔디가 자라는 속도에 크게 영향을 준다. 따뜻할수록 잔디는 더 잘 자란다. 온도가 높으면 화학반응이 촉진되어 식물이 보다 빠르고 효율적으로 성장할 수 있다. 잔디가 광합성을 통해 필요한 유기물을 만들어 더 빨리 자라는 것이다.

토양의 온도와 풀이 자라는 속도는 직접적 상관관계가 있다. 토양이 너무 차거나 얼면 물이 잔디로 쉽게 이동할 수 없어 성장이 느려지거나 멈춘다. 반대로 토양이 너무 따뜻하면 증발로 물이 급격히 손실되어 건조 스트레스가 발생한다. 이것도 식물 성장 속도가 느려지는 원인으로 작용한다.

잔디가 성장하는 데 최적의 토양 온도 범위는 섭씨 18~24도다. 사람 체온처럼 36도나 37도가 아니다. 이만큼 온도가 올라가면 오히려 광합성량이 줄어든다. 표 3-1은 잔디가 잘 자라는 토양의 온도와 성장의 상관관계를 보여준다. 토양 온도는 공기 온도와 다르다. 대기보다는 에너지를 천천히 흡수하고 방출한다. 봄철엔 공기는 따뜻해도 토양은 가열되는 데 시간이 걸려 다소 차갑다. 이렇게 봄에는 토양이 충분히 데워지지 않아 씨가 빨리 발아하지 않거나 잔디 성장이 느려지기도 한다.

표 3-1 | 토양 온도와 잔디 성장

토양 온도	잔디 성장	영향
1 ℃	뿌리 성장 멈춤	저온 스트레스
5 ℃	지상부 성장 멈춤	저온 스트레스
18–20 ℃	뿌리 성장의 최적 온도	이상적 온도
15–24 ℃	지상부 성장의 최적 온도	이상적 온도
25 ℃	뿌리 성장 멈춤	고온 스트레스
32 ℃	지상부 성장 멈춤	고온 스트레스

(출처: https://thelawnman.co.uk/soil-temperature-grass-growth/)

표 3-1에서 보는 것처럼 잔디는 고온에서 스트레스를 받는다. 유심히 관찰했다면 여름철에 잔디가 다소 잘 자라지 못하는 느낌을 받았을 것이다. 바로 고온 스트레스 탓이다. 식물뿐만 아니라 모든 생물의 성장에는 최적 조건

이 있다. 이것이 잘 맞을 때 잘 자라고, 적정 수준을 넘어가면 역효과가 난다. 과유불급이다.

식물의 온도 적응

몇 년 전, 아주 엄청나게 더운 여름을 보낸 적이 있다. 온도가 거의 섭씨 40도 근처까지 갔었다. 이렇게 날이 무더운 여름철에는 식물이 더 잘 자랄 것 같은데 실상은 전혀 그렇지 않다. 예를 들어 배추는 여름에 심지 않고 고랭지에서 여름 배추를 재배한다. 서늘해야 잘 자라기 때문에 배추는 가을에 심는다. 여름 배추는 성장 속도가 느려 크기도 작고, 병도 많다.

이런 현상이 발생하는 생리적 이유로 생각해 볼 것이 있다. 온대식물은 고온에서 광합성률 저하가 빠르게 일어난다. 이들은 섭씨 25도 부근에서 광합성률이 가장 높다. 대략 햇빛양의 5퍼센트가 탄수화물로 바뀐다. 온도가 섭씨 30~40도쯤 올라간다고 해서 단백질이 망가지는 것은 아니다. 그러나 엽록체 안의 구조물인 틸라코이드 막을 구성하는 분자들의 운동성이 커지고, 이것은 마치 늘어난 양말처럼 막을 헐렁하게 만들어 광합성에 필요한 ATP 생성을 막고 환원력을 축소한다. 따라서 높은 온도에서는 광합성률이 빠르게 떨어진다. 아프리카와 같이 온도가 높은 지역에서는 그 지역에 적합한 식물이 따로 진화하였다.

고온에서 광합성률을 낮추는 다른 한 가지는 광호흡이다. 광호흡은 빛을 받아 산소를 사용하면서 이산화탄소를 내보내는 작용이다. 이때는 탄수화물 합성이 전혀 일어나지 않는다. 광호흡은 루비스코 효소의 작용에서 기인한다. 광합성의 첫 단계를 촉매하는 이 효소는 기질(基質)로 사용하는 RuBP(리불로오스 1,5-이인산)에 이산화탄소와 산소를 각각 결합할 수 있다.

루비스코가 이산화탄소와 RuBP를 결합하면 2분자의 3-인산글리세르산(PGA, 3-phosphoglyceric acid)이라는, 탄소가 세 개인 물질이 만들어져 포도당 합성과정으로 들어간다. 이런 경로를 가진 식물을 C3 식물이라 한다. C3 식물의 루비스코가 산소와 결합하면 전혀 다른 대사경로를 거친다. RuBP는 탄소가 두 개인 글리옥실산과 PGA로 나뉜다. 글리옥실산은 퍼옥시좀, 미토콘드리아를 통과하면서 이산화탄소를 내보낸다. 이 과정이 광호흡이며, 이산화탄소를 당으로 환원하지 않고 거꾸로 내보낸다.

만들어지는 화학물질 이름도 그렇고, 대사과정이나 세포소기관의 이름 등도 복잡하다. 이런 낯선 명칭들을 굳이 알 필요가 없다. 고온에서는 빛을 받아도 광합성을 하지 않고, 호흡처럼 이산화탄소를 내보내는 경로가 활발해진다고 생각하면 충분하다. 광호흡을 하면 열심히 고정한 이산화탄소를 배출하니 당연히 광합성이 줄어든다. 온도가 올라갔을 때 온대식물의 광합성률이 떨어지는 중요한 이유다. 따라서 C3 온대식물은 여름이라고 해서 더 빨리, 더 잘 자라지 않는다. 그들도 무더운 여름은 힘들다.

적도지역의 연평균 기온은 26.3도다. 온대지역(여름 평균 기온 20~27℃, 겨울 평균 기온 5~10℃)과 비교할 때 확연히 높다. 열대지역 식물이 온대지역 식물과 같은 대사를 한다면 광호흡 때문에 광합성 능력이 떨어진다. 온도가 높아도 성장 속도가 낮아진다는 뜻이다. 이러한 환경을 극복하기 위해 세포 안에 이산화탄소를 농축하는 방법이 발달했다. 이 방법은 약 2000만 년 전에 진화했다고 한다.

열대식물은 잎에 이산화탄소를 농축하기 위해 포스포에놀피루브산(PEP, phosphoenolpyruvic acid)이라는 물질을 이용한다. 엽육세포에서 PEP가 이산화탄소를 결합하면 옥살산이 생긴다. 이 물질은 탄소가 네 개인 유기산이다. 옥살

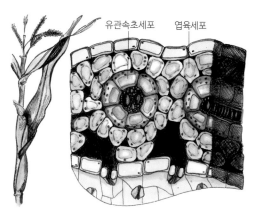

유관속초세포　　엽육세포

그림 3-5　C4 식물인 옥수수 잎의 단면 구조 모식도

산은 말산으로 바뀌어 관다발초세포(유관속초세포)로 이동하고 이산화탄소를
내놓는다. PEP는 엽육세포로 돌아가서 사이클을 반복한다. 관다발초세포로
이동한 이산화탄소는 식물 광합성에 사용된다. 이때부터는 C3 식물의 경로
와 같다.

　이산화탄소를 농축하는 과정을 하나 더 추가해 루비스코의 산소 결합을
억제한 식물을 C4 식물이라 한다. 주로 열대식물에 많고, 우리가 주변에서
흔히 보는 식물 중에는 옥수수가 있다(그림 3-5). C4 식물의 광합성 최적 온도
는 섭씨 45도 이상 50도 이하다. 정말 무더웠던 몇 년 전의 여름이 다시 온다
면 옥수수는 신이 날 것이다.

　C4 식물은 고온에서 광호흡을 줄이고 광합성률을 올리도록 적응했다. 이
들은 상대적으로 낮은 온도인 섭씨 15도에서 광합성률이 C3 식물보다 낮지
만, 온도가 올라가면 달라진다. 섭씨 30~40도에서 C3 식물의 광합성률은 감
소하나 C4 식물은 계속 증가한다. C3 식물의 광합성률보다 더 높아진다. 따

라서 C4 식물은 열대지역에서 자라고, 온대지역에는 C3 식물이 더 많다. 그러나 이러한 차이는 외부로는 잘 보이지 않는다. 어쨌거나 식물원에 가서 열대식물을 보았다면 그들은 거의 C4 식물이다.

사람도 더운 지역에서 살고자 하면 힘들다. 인내하고 견뎌야 하기 때문이다. 식물도 마찬가지다. C4 식물은 대사과정의 단점을 극복하고 자신의 특성 변화를 통해 얻은 능력으로 더위를 극복했다. 육지 면적의 8퍼센트에 불과한 열대지역에 살지만, 세계 생물량의 40퍼센트를 차지하는 커다란 성공을 이루었다. 가끔 지나가다 옥수수를 만날 때면 인내와 변화로서 어려움을 극복해야 성공할 수 있다는 메시지를 전하는 것 같다. 인내만 하고 변화에 게으르다면 죽음의 그림자만 짙어질 것이다.

동결과의 사투

추운 겨울, 눈 덮인 한라산을 오른다고 하자. 정확한 온도는 모르겠지만 영하 10도 이하이고, 바람도 살을 에어낼 듯하다. 겨울 등산복을 입고 조끼를 걸치는 등 여러 겹으로 무장해서 간신히 추위를 버틴다. 이렇게 춥고 바람부는 겨울을 나무들은 어떻게 버티는지 궁금할 때가 있었다. 그러나 지금은 그런 궁금함보다는 식물이 살아가는 방식이 대단하다는 느낌을 받는다. 자연을 잘 이해하고 그것을 활용하고 있다는 생각이 들어서다.

물은 일반적으로 섭씨 0도에서 언다. 식물이 영하의 날씨에 서 있다고 하면 식물세포의 물은 얼 수밖에 없다. 하지만 이런 조건들을 극복하고 봄이 되면 영락없이 파릇파릇 새싹을 올린다. 엄동설한의 세찬 눈보라를 맞고도 어김없이 푸른 눈을 드러낸다. 대단하다는 말 말고는 다른 말로 표현하기가 어렵다.

식물은 털도 없다. 주피(周皮)가 죽은 조직이니 체온이 뺏기는 것을 줄일 수 있다. 그렇지만 세포 속의 물이나, 물관의 물이 얼지 않는다고 장담할 수 없다. 바깥과 가까이 있기 때문이다. 겨울철 추운 날씨에 동파하는 수도관을 생각해 보면 식물체 내의 물이 얼지 않게 하는 것은 생명체 유지에 매우 중요한 일임을 알 수 있다. 얼면 물 부피가 늘어나 터진다.

추위에도 얼지 않게 하는 한 가지 방법은 용질의 양을 늘리는 것이다. 어는점이 내려가서(몰 내림) 영하의 온도에도 얼지 않는다. 소주와 맥주를 냉동실에 넣으면 소주는 잘 얼지 않지만 맥주는 쉽게 언다. 이것은 알코올이 용질처럼 작용해서 물이 더 낮은 온도에서 얼게 하는 현상에 의해 생긴다. 소주의 알코올 농도는 맥주보다 훨씬 더 높다. 자동차 부동액이 얼지 않는 것도 같은 이치다.

식물도 이런 방법을 이용한다. 식물세포가 추위 스트레스를 받으면 아미노산 중의 하나인 프롤린이나 당의 양을 늘린다. 이것 외에 다른 방법도 있는데 세포에서 물을 부분적으로 제거하고 불포화지방산을 늘리며 지방 조성을 바꾸는 한편, 항산화제 양도 늘린다. 불포화지방산은 세포막의 유동성을 늘리는 것이고, 항산화제는 저온에서 더 많이 용해되는 산소에 대한 방어작용일 것이다. 어쨌거나 세포는 이런 방법으로 추위를 견딘다.

세포 외에도 수도관처럼 물을 내보내는 물관이 있다. 이것은 죽은 조직이라 식물세포처럼 물관의 물이 용질의 몰(mole) 내림 효과를 낼 수 없다. 불포화지방산도 만들 수 없으며, 항산화제는 더욱더 불가능하다. 당연히 물을 일부 빼내는 것도 못 한다. 그러니 물관 안에서 물이 언다면 수도관이 터지듯 물관 조직이 터질 수 있다. 물관이 얼지 않게 하는 방법이 필요하다.

상상할 수 있는 한 가지는 결빙 방지 단백질이다. 남극 경골어류에서

1969년, 동물학자 드브리스(DeVries, Arthur)가 발견했다. 이 단백질은 영하에서 몸속에 얼음이 생성되는 것을 막는다. 북극대구와 남극빙어 등에서 알려졌다. 알라닌-알라닌-트레오닌이란 아미노산이 수차례 또는 수십 차례까지 반복되는 형태다. 얼음 결정이 생기면 단백질이 결정 표면에 붙어 얼음 성장을 억제하며, 얼음이 아주 작은 상태로 존재한다. 얼음 결정이 작으면 액체의 유동성이 유지되어 생명 활동이 가능하다.

물속에 사는 생물은 영하로 내려가면 살기가 정말 힘들다. 물은 섭씨 4도일 때 비중이 가장 커서 고체 상태의 얼음은 위로 올라가고, 액체 상태의 물은 아래로 내려간다. 물속은 아무래도 땅 위의 대기층보다 더 따뜻하다. 바닷물 속의 경골어류는 결빙 방지 단백질을 형성할 수 있다. 그러나 식물은 더 추운 환경에서 버텨야 한다. 더구나 물관은 불행히 단백질 합성을 못 한다. 따라서 이 방법으로 가능하지 않은 것 같고, 식물성 결빙 방지 단백질에 대한 연구도 못 봤다.

물을 계속 흘려주는 방법도 생각해 볼 수 있다. 이는 수도관 동파 방지 방법과 같다. 가능한 방법이기는 하지만 이를 위해선 증산작용이 필수다. 잎이 있는 소나무의 경우는 다를 수 있으나, 잎이 다 떨어진 나무에서 증산작용은 약할 수밖에 없다. 일년생 가지에 있는 피목(皮目)을 통해 아주 낮은 수준의 증산작용이 가능하기는 하다. 그러나 왕성한 물흐름을 만들기는 어렵다. 아주 작은 흐름이라도 있다면 동결 방지에 긍정적 영향을 줄 것이다. 만약 이 방법이 물을 얼지 않게 하는 데 중요하다면 수목이 자랄 수 없는 한계선이 없어야 할지 모른다. 하지만 매우 추운 지역에서는 수목이 자랄 수 없는 수목한계선이 있어 물 동결 방지를 위한 설명으로 타당하지 않다.

물관이 얼지 않도록 하는 또 다른 방법은 과냉각이다. 순수한 물에 가까

울수록 섭씨 0도 이하로 내려가도 얼지 않는다. 영하 48.3도까지 액체 상태로 존재할 수 있다. 피목 등에 증산작용이 있다면 물이 흐를 수 있다는 의미이기도 하다. 이 방법을 식물이 사용한다면 과냉각 이하의 온도에서는 다년생 식물이 살 수 없다. 물이 얼어서 물관이 기능하지 못하기 때문이다.

그런데 다년생 수목이 성장할 수 있는 상한선은 물이 과냉각될 때 액체로 존재할 수 있는 대기 온도와 비슷한 지역에 만들어진다. 따라서 과냉각 방법을 이용해 식물이 겨울철 영하의 온도를 이겨낸다고 할 수 있다.

남산 위 소나무는 겨울 추위를 인내하고 버틴다. 애국가 가사에서는 철갑을 두른 것 같다고 설명하나 이런 말은 단지 수사일 뿐이다. 식물이 정말 철갑을 두른다면 냉기가 더 잘 전달되어 죽을 가능성이 오히려 커진다. 겨울에 철은 더 차갑게 느껴진다. 소나무는 철갑이 아니라 과냉각되는 물 덕분에 살아간다. 과학에 바탕을 두지 않은 막연한 상상은 현실과 다르며, 엄청난 오류를 부를 수 있다.

어쨌거나 그들은 살을 에는 듯한 눈과 바람을 동반한 추위를 참고 견디며 새로운 봄을 기다린다. 그리고 봄이 오면 싹을 틔우고 꽃을 피운다. 별 것 아닌 것 같은 과냉각 현상을 이용해 식물이 살아간다는 것에 깊은 경외감을 느낀다.

4 건조와의 전투

건조 영향

충남 태안의 신두리 해안사구는 우리나라 최대 규모의 모래 언덕이다. 옆은 유원지지만 해안사구는 생태계 보전지역이 되었다. 이곳을 개발할 수 없게 된 소유자들과 갈등이 많을 때 갔었다. 자세한 내용을 모르고 가면 평범한 모래밭처럼 보이는 언덕이다. 거기엔 통보리사초, 순비기나무 등 해안사구에서 자라는 식물들이 있다. 다른 곳과 식생이 다르다.

모래밭은 아무래도 물이 잘 빠진다. 비가 자주 와도 금방 아래로 흘러가 윗부분은 물이 충분하지 않은 경우가 많다. 뿌리가 물을 마음껏 흡수하지 못하면 건조 스트레스가 생긴다. 그러면 세포 원형질의 부피가 줄어들고, 세포막과 세포질을 포함한 원형질체가 세포벽에서 떨어져 나오는 원형질분리가 일어난다. 잎이나 식물 조직이 시들며, 대사 장애가 생긴다.

건조 스트레스는 식물세포에 여러 부작용을 일으킨다(그림 3-6). 우선 세포막(이중막) 변화로 인한 막단백질 활성과 세포 내 구획 기능에 장애가 생긴다. 세포 내 물질이 농축되며, 막단백질의 안정성이 떨어지고, 심한 경우 단백질의 변성으로 활성을 잃을 수 있다. 세포막이 정상적으로 작동하지 못하게 되

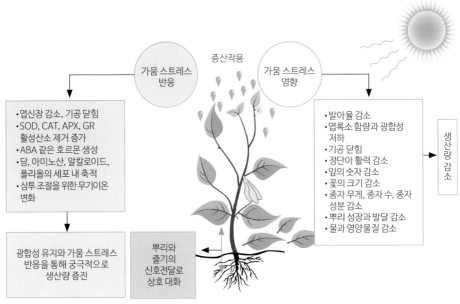

가뭄 스트레스 반응

증산작용

가뭄 스트레스 영향

- 엽신장 감소, 기공 닫힘
- SOD, CAT, APX, GR 활성산소 제거 증가
- ABA 같은 호르몬 생성
- 당, 아미노산, 알칼로이드, 폴리올의 세포 내 축적
- 삼투 조절을 위한 무기이온 변화

광합성 유지와 가뭄 스트레스 반응을 통해 궁극적으로 생산량 증진

뿌리와 줄기의 신호전달로 상호 대화

- 발아율 감소
- 엽록소 함량과 광합성 저하
- 기공 닫힘
- 정단아 활력 감소
- 잎의 숫자 감소
- 꽃의 크기 감소
- 종자 무게, 종자 수, 종자 성분 감소
- 뿌리 성장과 발달 감소
- 물과 영양물질 감소

생산량 감소

그림 3-6 건조(가뭄) 스트레스의 반응과 영향

는 것이다. 심해지면 개체가 죽음을 맞을 수 있다.

건조 스트레스 환경에서는 활성산소를 줄이는 효소들이 증가하고, 아브시스산(ABA, abscisic acid)이란 호르몬이 분비된다. 이것이 기공을 닫거나 그 밖에 잎의 변화를 유도하는 역할을 한다. 아울러 세포는 당, 아미노산 등을 축적하고 무기이온을 늘려 삼투압을 조절한다. 물을 더 많이 흡수하기 위해서다.

식물은 물이 부족하면 팽압이 낮아져 세포신장이 줄어든다. 꽃이나 종자도 작아지고, 생산성도 떨어진다. 줄기나 뿌리 성장 또한 감소한다. 따라서 해안사구와 같은 건조한 지역에서 자라는 식물종은 달라질 수밖에 없다.

건조 스트레스로 인해 식물체에 나타나는 문제는 한두 가지가 아니다. 건조 스트레스는 식물의 다양한 작용에 영향을 미친다. 이것을 극복하려면 식물이 물을 잃지 않거나 얻어야 한다. 그 방법은 식물의 종에 따라 다르다. 해안사구의 어떤 식물은 뿌리를 깊게 내린다. 물이 사구 아래쪽 깊숙한 곳에 있기 때문이다. 다른 종은 물의 흡수 능력을 늘리기도 한다.

고사리와 기공

십수 년 전, 친구로부터 우리가 먹는 고사리가 잎이 피기 전 상태의 고사리라는 것을 배웠다. 그 후 산에 올라가면 간혹 먹을 수 있는 상태의 고사리가 있는지 살펴본다. 고사리는 햇빛이 잘 드는 곳이나 뙤약볕에서는 찾기 어렵다. 주로 응달과 습한 곳에서 많이 살기 때문이다. 어떤 생물의 서식지가 한정되어 있다는 것은 다른 지역에서는 살 수 없는 이유가 있다는 뜻이기도 하다.

고사리 같은 양치식물이 음지에서 자라는 것은 서식지 경쟁과 관련이 있다. 다양성의 한 차원이다. 양치식물은 종자식물과의 서식지 경쟁에서 패배했다. 양치식물의 기공은 종자식물의 기공과 다르다. 기공의 공변세포는 광합성을 한다. 햇빛이 있으면 광합성 산물이 많아져 삼투압이 증가한다. 그러면 물이 공변세포로 들어와 기공이 열리고 물이 날아간다. 통상 이산화탄소 1분자를 흡수할 때 물 분자 400개가 날아간다.

수분이 부족한 상태에서 기공을 열면 수분이 빨리 빠져나가고, 잎은 건조 스트레스를 받는다. 가뭄 스트레스와 같은 증상이 생겨 타격을 입는다. 이를 막기 위해 종자식물은 건조하면 아브시스산이라는 식물호르몬을 분비해 기공을 닫는다. 이러한 기능 때문에 종자식물은 육상 대부분 지역에서 자랄 수 있다. 기공을 닫는 능력의 중요성을 쉽게 느끼기 어려우나 이것이 양치식물과 종자식물의 운명을 갈랐다.

양치식물은 건조한 상황에서 기공을 닫는 기능이 없다. 햇빛이 있으면 공변세포의 광합성이 늘어 계속 기공이 열린 채로 있게 된다. 수분이 많이 빠져나갈 수밖에 없고, 가뭄 스트레스가 발생해 생존이 불가능해진다. 물이 충분하지 않으면 살 수 없다. 이것이 양치식물이 음지에서 자라는 이유다.

경쟁에서 이기면 더 많은 지역에서 서식할 수 있다. 생존력이 높아지는 것이다. 하지만 경쟁에서 진 양치식물도 나름의 삶을 이어간다. 이겨야만 사는 것은 아니다. 종자식물보다 기공 개폐 능력은 부족해도 다른 방식으로 삶을 지속한다. 이는 키 작은 종자식물에서도 보인다. 그러나 종자식물이 새로운 능력으로 서식지를 넓힌 것처럼 양치식물도 그렇게 했다. 땅을 벗어나 나무 위에 사는 일엽초 등이 대표적이다. 그러니 경쟁의 승패와 관계없이 새로운 능력은 필요하다.

목마르면 잎을 내려

토양오염물질을 제거할 때 식물을 이용할 수 있다. 중금속이나 난분해성 유해화학물질이 주요 제거 대상이다. 식물을 이용한 토양오염 제거는 사람들이 볼 때 쾌적성이나 심미성에서 좋다. 관리 비용이 적게 드는 장점도 있어 2000년대 초에 연구를 많이 했다. 버클리에 박사후연구원으로 있을 때 난분해성 유해화학물질을 식물이 잘 분해하는지를 알아보는 연구를 했었다.

인위적으로 난분해성 유해화학물질로 토양을 오염시킨 뒤 거기에다 식물을 키웠다. 보리(barley), 알팔파(alfalfa), 톨페스큐(tall fescue), 오처드그라스(orchard grass)라는 네 가지 종이었다. 보리를 제외하면 익숙하지 않은 식물들이다.

그런데 키우면서 자동으로 물을 주는 장치를 생각하지 못해 매일 온실에 가서 물을 주어야 했다. 그때 일정한 간격으로 반복적으로 해야 하는 일이 결코 간단치 않은 것임을 뼈저리게 느꼈다. 어쨌거나 매일 물을 주었고, 화분에서 흘러나오는 물은 화분 밑에 깔때기를 두어 모았다.

처음에는 식물이 크지 않아 물을 자주 주지 않았다. 흙이 물을 오래도록 머금고 있었다. 하지만 시간이 지남에 따라 식물이 자꾸 커지자 증산작용이 활발해져 토양이 빨리 건조해졌다. 화분에 심었기 때문에 다른 토양의 물을 끌어 올 방법이 없었다.

어느 주말 금요일, 깜박해서 물 공급을 잊은 적이 있었다. 월요일에 와보니 다른 식물은 큰 차이가 없었으나 알팔파는 확연히 다른 모습이었다. 잎이 모두 접혀서 지면과 수직으로 있었다. 완전히 차렷 자세였다. 햇빛을 최대한 적게 받으려는 형상이었고, 건조 스트레스에 의한 광억제를 피하겠다는 뜻이었다. 이렇게 건조할 때 잎을 내리는 모습은 분꽃 등에서도 쉽게 확인할 수 있다(그림 3-7).

어쨌거나 알팔파에 물을 주니 다음 날, 잎은 다시 멀쩡하게 원래의 각도로 펴졌다. 이런 움직임은 엽신(잎사귀 몸체)과 **엽병**(잎자루) 사이에 있는 엽침에 의해서 조절된다. 잎은 언제 바닥을 향했었냐는 듯 회복되었다. 그러나 잎이 쫙 펴져도 스트레스 이전과 완전히 똑같지는 않았다. 스트레스를 받았을 때 세포막은 찌그러지고 단백질은 망가졌다. 물이 없으면 생명체는 갈증으로 고통스럽다. 식물은 인간보다 더 심한 변형이

그림 3-7 건조(가뭄) 스트레스에 따른 분꽃의 잎 늘어짐 현상

일어난다.

식물이 어떤 문제를 해결하고자 할 때는 수동적으로 견디기만 하는 것이 아니다. 가만히 있는 것 같지만 주변 환경의 변화를 감지하고 능동적으로 자신의 형태를 바꾸어 대응한다. 같은 종류의 스트레스에 대한 반응 방식도 다양하다.

CAM 식물

선인장을 키우다 보면 거의 일 년 내내 물을 주지 않아도 사는 것을 볼 수 있다. 물 없이 어떻게 견디는지 신기할 뿐이다. 사막은 사람이 살기에도 힘든 곳이다. 연평균 강수량이 150밀리미터 이하인 지역을 사막이라 하는데, 물은 없고 모래만 날린다. 이런 곳에 식물이 살다니 생각할수록 신기하다.

선인장의 기공이 빛이 있으면 열리는 양치식물처럼 작동했다면 선인장은 건조 스트레스로 사막에서 살아남지 못했을 것이다. 그러나 선인장은 스스로를 바꾸었다. 잎의 크기를 줄이고, 기공도 낮에 닫고 밤에 열며, 부풀어 오른 줄기 한가운데에 물을 모았다. 이렇게 수분 손실을 막고 저장도 함으로써 선인장은 물이 별로 없는 사막에서도 생존한다.

선인장처럼 건조에 견디는 능력을 진화적으로 획득한 식물을 CAM 식물이라 한다. CAM 식물은 낮에 기공을 열면 증산작용으로 수분이 날아가 말라 죽는 것을 아는지 인고의 시간을 보내면서도 기공을 열지 않는다. 기공을 열지 않으면 이산화탄소 흡수가 불가능하다. 햇빛으로 에너지를 얻을 수는 있지만, 유기물 환원을 하지 못해 광합성을 할 수 없다. 그런데 밤에 기공을 열어 이산화탄소를 흡수함으로써 이 문제를 해결했다. 시간의 한계를 뛰어넘는 발상의 전환이다.

밤에 기공을 열어 이산화탄소를 흡수한 CAM 식물은 말산을 만들어 이를 액포에 저장한다. 그리고 낮이 되면 기공을 닫은 후 말산에서 이산화탄소를 떼어내고 햇빛에서 ATP와 환원력을 얻어 광합성을 한다. 광합성의 명반응과 이산화탄소 흡수를 밤과 낮으로 분리한 것이다. 선인장과 같은 식물은 온도와 가뭄에 적응하는 방법으로 일반 식물과는 다른 유전적 능력을 얻었다. 그리고 사막에서 살아남았다.

생명체가 척박한 환경에서 살아남는 방법은 다양하다. 옳고 그름이나 방향이 있다고 말하기 어렵다. 살아남았으면 그것으로 충분한 것 같다. 공통점이 하나 느껴진다. 어렵고 힘든 환경을 인내하며 자기 변화를 꾀하고, 달라진 모습으로 환경에 적응했다는 사실이다.

5 바람과의 사투

바람의 영향

2020년 세 개의 태풍이 연달아 올라왔다. 그 덕분에 나무들은 엄청 바람을 맞았다(?). 아마도 지구온난화로 인한 기상의 변화로 연달아 세 개의 태풍이 온 것 같다. 바람은 태양에 의한 불균등 가열로 생겨난다. 지구 표면은 물과 대륙으로 되어 있어 태양에너지를 흡수하는 정도가 다르다. 게다가 자전축이 23.5도 기울어져 있다. 똑같이 햇빛을 받아도 불균등한 가열이 발생한다. 이것이 대기에 움직임을 만들어 바람을 일으킨다. 정의하자면 대기의 압력 차에 따른, 지표면에 대한 공기의 상대적 움직임이 바람이다.

바람의 방향은 압력 차이와 코리올리 힘(Coriolis force)으로 설명한다. 코리올리 힘은 지구와 같은 회전체의 표면 위에 작용하는 관성력 또는 전향력을 말한다. 이 힘은 북반구에서는 오른쪽으로 작용하고, 남반구에서는 왼쪽으로 작용한다. 이것이 북반구에서 편서풍을 만드는 이유가 된다.

바람이 불면 식물이 영향을 받는다. 압력과 수분 증발이 생기기 때문이다. 여기에는 긍정적 영향과 부정적 영향이 있다. 긍정적 영향은 공기를 뒤섞어 이산화탄소 농도를 일정하게 유지해 주고, 오염물질 제거에도 도움을 준다. 고온에서 기온을 낮추고, 저온에서 서리 피해를 줄여준다. 1.1~1.7m/s 세기로 부는 바람은 양분 흡수, 광합성 그리고 증산작용을 촉진하며 병해를 줄인다.

부정적 영향은 바람이 강해지면 나타난다. 잎의 기공을 통해 수증기를 빨리 빼앗기게 되어 식물이 건조해지고 식물체 온도가 내려간다. 온도가 떨어지면 대사 속도가 줄고, 수증기를 빼앗기면 건조 스트레스와 비슷한 증상이 생긴다. 식물은 이에 대응하기 위해 기공을 닫아 이산화탄소의 흡수를 막는다. 그러니 광합성능이 떨어질 수밖에 없다. 강한 바람이 부는 지역에서는 식물이 잘 자라기 어렵다.

바람이 아주 강하면 가지나 잎의 일부가 떨어진다. 더 심할 경우, 가지가 부러지고 나무가 뿌리째 뽑혀 나간다. 생존에 위협을 받아 나중에는 천이의 변화를 일으키기도 한다. 바람의 영향이 간단치만은 않다.

바람은 식물의 성장 시기에 따라 영향을 다르게 미친다. 개화기 때 바람은 꽃가루받이(수분)와 수정에 부정적 영향을 주어 과실이 달리는 착과율을 떨어뜨린다. 종자가 덜 생기는 것이다. 어린잎에 부는 강한 바람은 잎에 상처를 입혀 생육을 늦춘다.

우리나라는 태풍이 연평균 약 2.1회 온다. 기후변화로 점점 더 강한 태풍이 더 자주 온다. 강한 태풍은 주로 9월쯤에 오는 경우가 많아 낙과로 인한 과수 농가 피해가 크다. 과수는 바람으로 가지가 떨어져 나가면 저장할 수 있는 영양물질이 부족해져서 내한성이 낮아지기도 한다. 겨울에 쉽게 얼어 죽을 수 있다는 뜻이다.

바람은 일반적으로 겨울에 강하다. 북서 계절풍이 부는 우리나라는 겨울철에 강한 바람을 타고 중국에서 미세먼지가 날아와 골머리를 앓는다. 겨울에 부는 바람은 식물에도 나쁜 영향을 준다. 사람의 체감온도를 떨구듯 식물

그림 3-8_봄에 활짝 핀 미선나무꽃

채 주변 온도를 낮추기 때문이다. 그러나 이런 바람을 견뎌내야 봄에 잎이 나고 꽃도 핀다. 새삼 봄에 피는 꽃이 아름답게 다가온다(그림 3-8).

바람과 꽃가루받이

봄이 채 오기 전에 제주도에 간 적이 있다. 아직 추위는 사라지지 않았지만 유채가 있었다. 차에서 내리니 유채 향이 흠뻑 콧속으로 밀려들었다. 그냥 지나칠 수 없어 밭으로 들어갔다. 벌도 향기에 취했는지 꽃 주변을 날아다녔다. 바람이 제법 있었고, 꽃은 사뭇 흔들렸다. 그런 상태에서도 벌은 이 꽃 저 꽃을 다니며 꿀을 따고 있었다. 바람이 불어 벌은 오래 꽃에 앉아 있지 못했다. 꿀을 제대로 못 딸 것이란 생각이 들었다. 한참 뒤에야 실제는 전혀 그렇지 않다는 것을 알게 되었다.

꿀벌은 식물의 꽃가루받이, 곧 수분(受粉)에 중요한 매개 곤충이다. 아몬드 등을 포함해 인간이 먹는 많은 음식이 충매화를 통해 생기는 식물의 열매다. 세계 농작물 생산의 1/3 이상이 꿀벌의 수분으로 이루어진다고 한다. 기후변화로 꿀벌이 줄어들고 있다는데, 꿀벌이 사라지면 수분이 이루어지지 않아 굶어 죽는 사람들이 많아질 것이다.

방화곤충(訪花昆蟲)이란 용어가 있다. 화재를 일으키는 곤충이 아니라 꽃가루를 운반하는 곤충이란 뜻이다. 벌 같은 곤충을 일컫는다. 이들은 일정한 리듬을 가진 방화 활동을 한다. 습도, 온도, 풍속, 광도가 꿀벌의 방화 활동과 상관이 있으며, 꽃가루 양과 꽃꿀의 양에도 영향을 미친다. 특히 바람은 꿀벌의 비행과 생존에 직접적인 영향을 준다.

우리나라의 평균 풍속은 겨울이 좀 높다. 이때는 벌도 없고, 수분에 미치는 영향이 거의 없다. 일반적으로 12월, 1월, 2월은 평균 풍속이 2.3m/s, 2.5m/s, 2.7m/s다. 봄철에는 꽃이 많이 피고 수분에 영향을 준다. 3월, 4월, 5월은 평균 풍속이 2.9~2.6m/s다. 여름철(6월부터 9월까지) 평균 풍속은 2.3~1.9m/s이며, 가을철(10월, 11월) 평균 풍속은 2.0~2.3m/s다. 연평균 풍속인 2.4m/s보다 낮은 편이다.

한 연구자가, 평균보다 다소 강한 바람이 불 때 벌의 꿀 따기와 수분과의 관계를 찾아보았다. 4.5m/s 세기의 바람이 있으면 벌의 먹이 섭취 시간은 33초로, 바람이 없을 때 38초 걸렸던 것보다 짧았다. 꽃에 머무는 시간이 줄면 꽃가루가 벌에 들러붙을 가능성도 줄어든다.

벌의 꽃 체류 시간과 달리 먹이 섭취량은 바람이 있을 때 오히려 더 많았다. 바람이 없을 때 실험 그룹의 섭취량은 약 24.04밀리그램(mg)이었고, 바람이 4.5m/s의 세기일 때 실험 그룹의 섭취량은 약 30.25밀리그램이었다. 바람 때문에 짧은 시간 동안 먹이를 먹어야 했지만 더 많은 양을 섭취했다.

바람이 강해지면 식물이 꿀벌에 더 많은 자원을 제공해야 하니 비용이 늘어난다. 반대로 수분 가능성은 줄어들어 다음 세대로 유전자를 남길 확률이 감소한다. 게다가 바람이 아주 세게 불면 벌은 아예 꽃에 오지 못할 수도 있다. 바람

그림 3-9_ 유채에서 꿀을 따는 꿀벌

이 별 것 아니라고 생각하겠지만 식물의 생존과 관련해서는 다양한 영역에 영향을 미친다. 손해가 이만저만이 아니다.

바람은 긍정적 영향을 미치기도 한다. 그중 하나가 옥잠화다. 대체로 충매화 식물은 수술이 먼저 나오고 나서 암술이 나온다. 그러나 옥잠화는 암술이 먼저 나온 후 수술이 나온다. 더구나 밤에만 개화해서 곤충 활동 시간과도 맞지 않는다. 풍뎅이가 날아와 앉았다가도 금방 떠나간다. 개화하면서 나오는 냄새는 오히려 곤충 기피제 역할을 한다. 따라서 옥잠화가 곤충에 의해 수분이 이루어지기는 어렵다. 이들은 풍매화 식물이다. 향기라고 다 같은 향기가 아니다. 기능이 완전히 다르다.

풍매화 식물에서 바람은 종자 생산율을 높인다. 바람이 없을 때보다 약 2m/s 세기로 바람이 불 때 종자 생산이 늘었다. 바람이 수분을 도왔다는 의미이기도 하다. 바람은 풍매화 식물에 고마운 존재이므로 모든 식물의 수분

에 부정적인 영향을 주는 것은 아니다.

　같은 현상도 식물에 미치는 기능과 능력은 다를 수 있다. 각각의 종에 있는 기능이나 각 개체의 유전적 능력에 따라 다른 영향이 나타날 수 있다. 바람의 역할이나 꽃의 향기가 종에 따라서 그 역할이 달라지는 것을 보면 단지 한 가지 현상이나 사실로 다른 것을 재단해서는 안 되는 것 같다.

바람과 피톤치드

　울산, 밀양, 양산, 청도, 경주 등 우리나라 5개 시군에 걸쳐 있는 '영남 알프스'에 가지산 삼림욕장이 있다. 이곳에 가면 나무에서 나오는 피톤치드 (Phytoncide)가 가득해 몸에 좋다고 한다. 피톤치드는 그리스어로 식물이란 뜻의 'Phyton'과 살해자란 의미의 'Cide'가 합쳐진 말이다. 곧 '식물이 분비하는 살균 물질'로 산림향 그 자체다. 이 용어는 1930년, 레닌그라드대학 토킨 (Tokin) 교수의 실험으로 알려졌다. 그는 마늘, 양파, 소나무 등에서 발산하는 냄새 물질이 세균(결핵균, 장티푸스균, 이질균)과 원생동물(아메바 등)을 죽일 수 있다는 사실을 발견한 후 '피톤치드'라 명명했다.

　피톤치드는 광범위한 항균 효과를 보이는 한편, 다른 작용도 한다. 식물의 생장 저해 작용, 곤충이나 동물의 섭식 저해 작용, 곤충과 미생물의 기피·유인·살충 작용 그리고 병원균에 대한 살균작용 등을 한다. 간단히 표현하면 인간의 항체처럼 식물이 자신을 지키는 기능이다.

　피톤치드는 테르펜(terpene) 계열이 주성분인 휘발성 유기화학물질이다. 식물에서 발견된 피톤치드는 테르펜 외에도 알칼로이드(alkaloid), 아세토제닌 (acetogenin), 페놀화합물(phenolics), 페닐프로판(phenylpropene), 스테로이드(steroid), 테르페노이드(terpenoid) 등의 성분이 들어 있다. 활엽수보다는 낙엽송, 소나무,

잣나무, 편백나무, 화백나무 같은 침엽수에서 많이 나온다.

수목에서 나오는 천연 휘발성 유기화학물질(NVOC, Natural Volatile Organic Compound)은 합성 휘발성 유기화학물질(AVOC, Anthropogenic Volatile Organic Compound)보다 다량이다. 전 지구적인 천연 휘발성 유기화학물질 배출량이 1150TgC/년(C는 탄소, T는 10^{12}인 테라를 의미) 정도라고 한다.

천연 휘발성 유기화학물질과 달리 자연식생에서 배출되는 유기화학물질을 생물기원 휘발성 유기화학물질(BVOC, Biogenic Volatile Organic Compound)이라 하며, 배출 추정량이 약 820TgC/년이다. 생물기원 휘발성 유기화학물질은 잎 구조와 기공 개폐에 따른 식물체 동화작용의 영향으로 배출된다. 따라서 이 생물기원 휘발성 유기화학물질의 배출량은 바람의 영향을 받는다. 잣나무 숲의 피톤치드 중 알파피넨(α-Pinene), 캄펜(Camphene), 베타피넨(β-Pinene), 벤즈 알데하이드(Benzaldehyde)는 약한 바람에서 검출량이 증가하고, 강한 바람에서 줄어든다. 바람이 많이 부는 날은 삼림욕 효과가 줄어들 수도 있다는 뜻이다.

피톤치드 중에는 바이러스를 죽이는 물질도 있다. 심지어 코로나 바이러스를 죽일 수 있는 물질도 있다고 한다. 국내 어떤 기업은 피톤치드 물질로 소독했을 때 코로나 바이러스가 죽는 것을 확인했다. 숲은 코로나 바이러스에 대응하는 인간의 면역 능력을 강화하기도 한다. 코로나를 예방하려면 숲이 울창한 곳으로 가는 것도 방법이 될 수 있다.

어쨌거나 식물이 분비하는 물질은 보호와 생장에 필요한 것들인데 바람이 날려버린다. 이로 인해 대기 중 농도가 낮아지면 식물은 이런 물질을 더 만들어야 한다. 자신들의 생존을 위해서다. 하지만 물질을 더 만들어내려면 더 많은 에너지가 필요하므로 성장에는 부정적일 수 있다.

숲과 바람

바람이 숲을 지나갈 때는 평지일 때와는 다른 모습으로 지나간다. 숲이 바람길을 방해하고 마찰을 높여 저항하듯 작용하기 때문이다. 바람이 불어오는 방향의 가장자리에 서 있는 나무들이 바람에 직접 부딪힌다. 바람이 늘 같은 방향에서 불어온다면 수형은 바뀐다. 바닷가에 사는 나무들은 육지 쪽으로 휘어진 형태가 된다. 바람이 바다에서 육지로 강하게 불어 그렇다.

숲에 바람이 불 때 바람은 나무와 부딪치면서 세력을 잃는다. 그리고 일부는 위로 올라간다. 이런 변화로 돌풍이 부는 지역이 생긴다. 이 지역을 벗어나면 바람은 숲의 상층 부위를 스치듯 지나간다. 바람이 불어오는 방향과 멀어질수록 나무는 바람의 영향을 덜 받는다(그림 3-10).

바람은 숲속의 나무를 흔들기도 한다. 이렇게 되면 나뭇가지 사이로 햇빛이 더 많이 아래로 들어온다. 하층부에 살던 아교목, 관목 그리고 초본이 더 많은 햇빛을 받는다. 이들의 광합성률이 좀 더 올라갈 수 있다. 동시에 교목

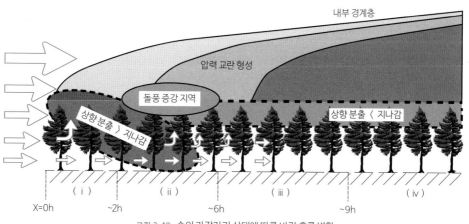

그림 3-10_ 숲의 가장자리 상태에 따른 바람 흐름 변화

들이 바람을 막아 바람의 영향을 덜 받게 한다. 생존에 유리한 상태가 되는 셈이다. 그러나 이런 경우가 자주 있는 것은 아니다.

어쨌거나 바람은 나무나 숲의 형태에 중대한 영향을 미친다. 바람이 가끔 분다거나 풍속이 낮다면 이렇게까지 영향을 미치지 못한다. 그러나 바람이 강하고 빈번하면 확연히 달라진다. 앞에서도 언급했지만 평창 선자령에 가면 나뭇가지가 한쪽에만 있는 모습을 볼 수 있다. 태백산맥을 넘어 동해 쪽에서 불어오는 바람으로 인해 수형이 바뀐 것이다.

제주도를 포함해 해안가 나무들의 형태를 보면 바람의 위력을 쉽게 확인할 수 있다. 바람에 수형이 바뀐 나무들을 보면 애처로움도 있으나 강인함도 느껴진다. 나무 형태를 바꿀 수 있을 만큼 강한 바람에도 꿋꿋하게 견디며 서 있기 때문이다.

6 영양소 작용과 한계

무기영양소 종류

사람처럼 유기물을 먹어야 하는 생명체를 타가영양체라 한다고 앞에서 설명한 바 있다. 사자, 호랑이 등 동물은 모두 여기에 속한다. 동물과 달리 식물은 생명체에 필요한 모든 유기물을 스스로 합성한다. 이런 생명체를 자가영양체라 하는데, 필요한 원소는 대부분 토양에 있어서 뿌리로 흡수한다. 이때 원소 자체가 아닌, 염의 형태인 것을 흡수한다. 물에 녹아 있어야 흡수되기 때문이다. 식물의 영양물질 가운데 물에 녹아 있는 염의 형태는 표 3-2에 나타난 바와 같다.

몰리브덴의 상대적 원자 수를 보면 식물에는 수소, 탄소, 산소가 가장 많이 존재한다. 이 원소들은 유기물의 구성성분이다. 이것들을 제외하면 대량으로 필요한 원소와 미량으로 필요한 원소로 구분할 수 있으며, 식물은 이들을 토양에서 얻는다. 미량영양물질 중에서 철은 이온 상태로 잘 흡수되지 않는다. 산화되어 불용성 물질로 바뀌기 쉬운 탓이다. 이것을 막으려면 철 이온이 유기물과 결합한 킬레이트(chelate)라는 착화합물을 형성해야 한다. 착화합물이란 고차 화합물 중의 하나인데 이러한 용어를 통해 구조나 내용을 이해하

표 3-2 | 식물의 영양소와 비율, 존재 형태

원소	기호	이온 또는 분자	몰리브덴에 대한 상대적 원자 수
물 또는 이산화탄소에서 얻는 것			
수소(Hydrogen)	H	H^+, HOH (물)	60,000,000
탄소(Carbon)	C	CO_2 (대부분 잎을 통해 흡수)	30,000,000
산소(Oxygen)	O	O_2^-, OH^-, CO_3^{2-}, SO_4^{2-}, CO_2	30,000,000
토양에서 얻는 것으로 대량 영양소			
질소(Nitrogen)	N	NH_4^+, NO_3^- (암모늄 이온, 질산염)	1,000,000
칼륨(Potassium)	K	K^+	250,000
칼슘(Calcium)	Ca	Ca^{2+}	125,000
마그네슘(Magnesium)	Mg	Mg^{2+}	80,000
인(Phosphorus)	P	$H_2PO_4^-$, HPO_4^{2-} (인산)	60,000
황(Sulfur)	S	SO_4^{2-} (황산염)	30,000
규소(Silicate)	Si	SiO_4^{2-}	30,000
토양에서 얻는 것으로 미량영양소			
염소(Chlorine)	Cl	Cl^- (염소 이온)	3,000
철(Iron)	Fe	Fe^{2+}, Fe^{3+} (ferrous, ferric)	2,000
붕소(Boron)	B	H_3BO_3, $H2BO_3^-$, $B(OH)_4^-$	2,000
망간(Manganese)	Mn	Mn^{2+}	1,000
나트륨(Sodium)	Na	Na^+	400
아연(Zinc)	Zn	Zn^{2+}	300
구리(Copper)	Cu	Cu^{2+}	100
니켈(Nikel)	Ni	Ni^+	2
몰리브덴(Molybdenum)	Mo	MoO_4^{2-} (몰리브산염)	1

(출처: Taiz 식물생리학 5판, p104, 라이프사이언스, 전방욱, 문병용 옮김)

는 것은 쉽지 않다. 간단히 유기물로 산화 방지 보호막을 형성해야 한다는 정도로 이해하면 무난하다.

무기이온의 기능과 흡수 부위

식물이 흡수하는 무기영양소는 생물체 내 생화학 반응에 관여한다. 탄소화합물의 일부인 영양소, 에너지 저장이나 구조 유지와 관련된 영양소, 이온 형태로만 존재하는 영양소, 산화환원반응에 참여하는 영양소 등으로 나뉜다 (표 3-3).

표 3-3 | 무기영양소의 종류별 생화학적 기능

무기영양소	기능
그룹1	탄소화합물의 일부인 영양소들
N	아미노산, 아미드, 단백질, 핵산, 뉴클레오티드, 조효소 등의 성분
S	시스테인, 시스틴, 메티오닌, 리포산, 조효소 A, 티아민, 피로인산, 비오틴 등의 성분
그룹2	에너지 저장 또는 구조 유지에 중요한 영양소들
P	•당 인산, 핵산, 뉴클레오티드, 조효소, 인지질 등의 성분 •ATP를 포함하는 반응에서 핵심 역할 수행
Si	•세포벽에 무정형의 실리카 형태로 침적 •견고성, 탄성을 포함해 세포벽의 기계적 성질에 기여
B	•만니톨, 만난, 폴리만뉴론산, 세포벽의 기타 성분과 복합체 형성 •세포신장과 핵산 대사에 참여
그룹3	이온 형태로 존재하는 영양소들
K	•40종 이상의 효소에서 보조인자로 참여 •세포의 팽압을 형성하고 세포의 전기적 중성을 유지하는 중요 양이온
Ca	•세포벽 중간 박막층의 성분, 신호전달 등 대사조절 시 2차 전달자 역할 수행 •ATP와 인지질의 가수분해에 참여하는 일부 효소들의 보조인자로 작용
Mg	•인산기 전달 반응에 참여하는 효소들을 많이 필요로 함 •엽록소 분자의 성분
Cl	산소 발생에 관여하는 광합성 반응에 필요
Mn	•일부 탈수소효소, 탈탄산효소, 키나아제, 산화효소, 퍼옥시다아제 활성에 필요 •양이온에 의해 활성화되는 다른 효소들과 산소 발생에 필요
Na	•C4 식물과 CAM 식물의 포스포에놀피루브산 재생성에 참여 •일부 기능으로 칼륨을 대체
그룹4	산화환원반응에 참여하는 영양소들
Fe	광합성, 질소고정
Zn	알코올 탈수소효소, 글루탐산 탈수소효소, 무수탄산효소 등의 성분
Cu	아스코르빈산 산화효소, 티로시나아제, 모노아민 산화효소, 요산 분해효소, 시토크롬 산화효소, 페놀라아제, 라카아제, 플라스토시아닌의 성분
Ni	요소 분해효소, 질소고정세균의 히드로게나아제의 성분
Mo	니트로게나제, 질산환원효소, 크산틴 탈수소효소의 성분

(출처: Taiz 식물생리학 5판, p105, 라이프사이언스, 전방욱, 문병용 옮김)

이온이나 염 상태로 흡수하지 않는 영양소는 이산화탄소와 물이다. 이산화탄소는 기체 상태로 흡수하고, 물은 뿌리에서 액체 상태로 흡수한다. 식물은 아무리 적은 양의 영양소라도 어느 것 하나가 부족하면 성장이 어렵다. 표 3-3에 제시한 것처럼 물질대사를 할 수 없기 때문이다. 일반적으로 토양에는 비료의 3원소(질소, 인산, 칼륨)를 제외하고 식물에 필요한 원소가 대부분 충분히 들어 있다. 이는 토양에 부족한 3원소를 비료로 준다는 말이다. 비료의 3원소에 대해서는 나중에 펼치기 전략에서 다루기로 하겠다.

식물의 영양소 흡수는 뿌리가 맡고 있다. 그런데 뿌리의 부위가 어디냐에 따라 흡수 정도가 다르다. 세포가 한참 분열하는 조직에서는 무기영양소를 흡수하지 않는다. 그 위의 물관이나 체관이 형성되는 곳에서 흡수가 시작된다. 이온 등을 흡수해 물관 내 이온 농도가 높아지면 물이 그쪽으로 흐르게된다. 세포가 더 늙어 목질화하면 이온이나 물 흡수를 잘 하지 않는다. 세포의 나이가 흡수에 영향을 미친다.

식물이 영양소 흡수를 효과적으로 하려면 계속 새로운 조직을 만들어야 한다. 이것이 세포의 노화로 인한 기능 저하를 해결하는 방법이라 생각할 수도 있다. 새로 나온 뿌리는 젊다. 그것이 늙으면 다시 새 뿌리가 나와 대체한다. 하나의 개체에서 끊임없이 새로운 조직이 만들어진다.

뿌리의 무기이온 흡수는 측근 정단부에서 주로 일어난다. 일부는 뿌리 표면 전체에서 일어나기도 한다. 몇 가지 사례를 살펴보자. 보리는 칼슘과 철을 정단 부위에서 흡수하고, 옥수수는 뿌리 전체에서 흡수한다. 흡수 부위의 차이는 식물의 종에 따라 다른 것 같다.

칼륨, 질산염, 암모늄, 인산염은 뿌리 표면의 모든 위치에서 흡수된다. 흡수 속도는 뿌리 부위에 따라 다를 수 있다. 옥수수는 신장대 부분의 칼륨 축적과 인산염 흡수 속도가 최대다. 옥수수와 벼 그리고 습지 종은 뿌리 정단 부분에서 암모늄을 더 빨리 흡수한다. 인산염은 뿌리털에서 가장 활발하게 흡수한다.

정단 부위는 세포분열과 길이생장을 한다. 세포분열을 하려면 DNA, 세포막, 단백질 등 세포 구성 물질을 더 만들어야 하고, 따라서 영양물질이 많이 필요하다. 세포신장에는 물이 있어야 하기에 세포는 삼투압을 올린다. 이를 위해 칼륨, 염소, 질산염과 같은 용질을 축적한다. 절실하니 흡수율이 높다. 영양소 흡수율이 뿌리 정단에서 높을 수밖에 없는 이유다.

앞에서도 언급했지만 식물 뿌리는 성장을 통해 다른 곳으로 이동하는 것을 흉내 낸다. 그리고 이동한 곳에 있는 영양물질을 흡수한다. 이것은 식물의 무기이온 획득 능력이 근계(根系) 발전 능력과 밀접하다는 뜻이다. 영양이 충분한 상태가 되려면 뿌리 성장이 잘 이루어져야 한다.

자연에서는 일반적으로 뿌리 생장이 지상부 생장을 능가한다. 사막의 메스키트라는 콩과 식물은 뿌리가 땅속 50미터까지 내려가 지하수를 얻는다. 톨페스큐도 초본이지만 뿌리가 10미터까지 내려가기도 한다. 우리가 흔히 보는 풀들의 뿌리가 상상 이상으로 깊이 땅속으로 들어갈 수 있다.

일년생 작물은 보통 0.1~2미터 깊이로 자라며, 옆으로는 0.3~1.0미터쯤 자란다. 과수원에서 일 미터 간격으로 식재한 나무는 뿌리가 한 그루당 12~18킬로미터쯤 된다고 한다. 뿌리가 충분히 자라지 않으면 성장이 늦어진다. 제대로 성장하려면 영양소를 많이 취해야 하니 당연한 일이다. 이런 영양소는 특정 지역에 자라는 식물의 종을 결정하기도 한다.

우리나라에 '푸른아시아'라는 기후변화대응 국제 NGO가 있다. 이 단체는 몽골에서 사막화 방지를 위해 나무를 십수 년간 심었다. 포플러, 차차르

간 등 다양한 나무를 식재했고 관리했다. 이러한 노력으로 사막화방지협약(UNCCD)에서 수여하는 '생명의 토지상'이라는 대상을 받기도 했다. 그들이 경험한 내용을 보면 나무를 심고 나서 지상부는 2~3년간 잘 자라지 않는다. 여름이 짧고 물이 적은 땅에서는 뿌리가 활착할 때까지 시간이 필요하기 때문이라고 한다. 양쪽 사이에 균형이 있어야 식물이 성장할 수 있다.

땅속 영양물질의 함유량은 특정 지역에 서식하는 식물의 종에 영향을 미친다. 일반적으로 활엽수는 봄에 잎이 나고 가을에 잎이 떨어지는데, 새로운 잎이 돋아날 때 많은 영양소가 필요하다. 만일 땅이 척박하다면 활엽수는 봄철에 충분한 영양물질을 흡수할 수 없어 자라지 않는다. 그러니 활엽수보다는 침엽수가 척박한 토양에서 성장에 유리하다. 이것이 활엽수인 음수보다 침엽수인 양수가 천이 과정에서 먼저 자라는 이유다. 토양의 상태와 종의 특성이 어떤 식물종이 자랄지를 결정하는 것이다.

그만큼 토양 환경과 뿌리의 역할이 중요하지만, 대체로 지상부에만 주로 관심을 둔다. 땅속에서 벌어지는 일을 눈으로 확인하기가 어려운 탓이다. 흔히 정이품송처럼 멋지게 자란 소나무를 보고 감탄하는데, 이는 우아하게 헤엄치는 '백조의 발짓'이 있었기에 가능한 일이다.

영양물질 과다와 중금속

식물을 잘 키운다고 열심히 돌보지만 오히려 죽이는 경우가 있다. 비료를 뿌린 후 이런 경험을 하기도 하는데 비료가 독작용을 일으킨 탓이다. 이는 영양소가 너무 많아 생기는 현상으로 토양에 무기영양소가 많아 뿌리가 염분 스트레스를 받은 것이다. 이와 비슷한 현상은 염분이 많은 지역에서도 관찰된다. 예를 들어 인천경제자유구역 송도국제도시처럼 갯벌을 매립한 지역 등이다.

갯벌 매립 지역의 저층에는 염분이 있다. 비가 오면 지하로 흘러가는 물을 따라 염분이 거꾸로 위로 올라올 수 있다. 염분이 올라오면 토양의 삼투압이 낮아진다. 그러면 수분퍼텐셜이 낮아져 식물이 물을 흡수하지 못한다. 간척지를 만들어도 바로 농사를 짓지 못하는 이유가 여기에 있다. 벼농사를 짓기 위해 물을 대면 염분이 물을 따라 토양 저층에서부터 올라와 벼의 생육을 방해한다. 오랜 기간 물을 흘려서 흙의 염분을 빼야 농사를 지을 수 있다.

토양에 염분이 많으면 건조지역이나 반건조지대에서 식물 성장이 부정적 영향을 받는다. 물이 충분하지 않으면 염분 때문에 물이 토양 입자에서 떨어지지 않는다. 사막에서 이런 현상이 발생한다. 농사를 지으며 물을 공급해도 물속의 염분이 토양에 축적되어 생육이 저해될 수 있다.

농사용 물은 일톤당 약 100~1000그램의 무기염류가 있다. 식물이 필요로 하는 물은 일에이커(1224평)당 약 4톤이다. 따라서 관개를 하는 것은 400~4000그램의 무기염류를 논에 뿌리는 것과 같다. 오랫동안 이러한 농사가 반복되면 토양에 염류가 축적되어 식물 생육을 방해한다. 2018년 우리나라 시설하우스 55퍼센트가 염류집적 피해를 보고 있다고 한다. 인위적인 관개와 비료 등을 투여하기 때문이다.

이와 더불어 심각한 문제를 초래하는 무기염류로 중금속이 있다. 중금속은 물보다 5배 이상 무거운 금속으로 중금속이 축적되면 식물뿐 아니라 사람에게도 독작용이 나타난다. 코발트, 니켈, 수은, 납, 카드뮴, 은, 크롬 등이다. 식물은 이런 중금속들에 대해 종마다 다르지만 어느 정도 저항성을 갖는다. 중금속이 있는 토양에 뿌리를 내린 식물은 단백질, 글루타티온(Glutathione, GSH) 등과 같이 중금속을 붙들 수 있는 물질을 합성해 자신을 보호한다.

산에 오르며 주변을 돌아보면 푸른 나무와 풀들이 제각각 멋을 뽐낸다.

숲의 아름다운 풍광도 알고 보면 뿌리가 땅과 보이지 않는 사투를 벌인 덕분이다. 아무런 노력도 하지 않고 견디는 것은 사실상 없다. 오직 생존을 위한 끊임없는 노력만이 아름다운 조화를 만들어낸다.

4

세우기 전략

식물은 더 많은 햇빛을 얻기 위해 키 경쟁을 벌이지만 키가 크다고 반드시 좋은
것은 아니다. 여러 복합적 요소의 총합이 경쟁에 영향을 미치기에 적당히 타협도 한다.
아울러 키가 크면 양지에 적응하고 키가 작으면 음지에 적응하는 경쟁 회피를 통해
자신의 능력에 맞게 살아간다. 이렇게 환경에 적응하는 식물들은 자신이 뒤처지면
분발하고, 여력이 있으면 다른 능력을 강화하면서 주변 식물과 보조를 맞춘다.

1 떡잎의 기능

콩나물

시루는 시루떡을 해 먹을 때 쓰는 그릇으로 밑에 구멍이 뚫려 있다. 옛날엔 시루 아래에 광목 같은 천을 깔고 콩(대두)을 한 층 올린 다음 물을 주면서 콩나물을 길러 먹었다. 매일 반복적으로 물을 주는데 물을 주는 초기에 썩은 콩을 골라내는 게 중요하다. 그렇지 않으면 주변의 콩도 같이 썩어서 냄새도 심해진다.

처음에 콩이 발아해 뿌리가 나올 때는 어느 정도 속도 차이가 있다. 그래서 개체에 따라 빨리 자라거나 천천히 자란다. 종자에서 제일 처음 나온 하배축(下胚軸)과 뿌리 길이의 경우 제법 차이가 난다. 이들이 점점 자라면서 시장에서 파는 콩나물처럼 된다. 콩나물은 혼자서는 절대 설 수 없다. 그러나 서로를 의지하면 꼿꼿하게 일어선다. 콩나물은 하나가 일어서려면 옆에 다른 콩나물도 일어서게 한다. 콩이 충분히 많을 때는 서로 의지해 일어선다. 하지만 콩이 별로 없으면 하배축과 뿌리는 이리 꼬부라지고 저리 뒤틀린다. 모양이 좋지 않은 콩나물로 자라는 것이다. 키도 작아지는 듯하다.

콩나물이 구부러져 있다고 콩을 바꾸는 사람은 없다. 오히려 콩의 밀도나 광 조건, 물의 양 같은 환경에 변화를 준다. 아무리 콩을 바꾸어도 밀도가 충분하지 않으면 구부러질 수밖에 없기 때문이다. 어둠 속에서 콩나물은 빛을 만날 때까지 계속 자란다. 떡잎에 있는 모든 영양분을 다 소진할 때까지 말이다. 그 후에 더 자랄 수 없으면 죽음을 맞는다.

생명체의 변화는 늘 이렇다. 기본적으로 타고난 유전적 능력의 범위 안에서 환경을 바꾸어야 달라진다. 이것은 사람도 마찬가지다. 생물을 조금이라도 안다면 사람을 바꾸려는 접근은 효과도 별로 없는 매우 비상식적인 행동이다. 구부러진 콩나물이 콩의 잘못이 아니듯 사람의 잘못도 사람 탓만은 아니다. 좋은 조건과 환경을 만들어주면 반듯한 콩나물이 되는 것처럼 사람도 같은 이치인데 이것을 모르는 것 같다.

콩나물은 발아하면 공기 중에서 자란다. 그러나 흙 속에서 발아해 올라올 때는 공기 중과는 다른 상황을 만난다. 예를 들면 돌 같은 것이다. 아무리 작아도 식물에는 돌의 무게가 버겁다. 따라서 식물은 이런 상황에 반응을 보일 수밖에 없다. 그렇지 않으면 햇빛을 볼 수 없다. 무엇인가가 위에서 짓누를 때 식물이 보이는 반응을 삼중반응이라 한다.

삼중반응은 1901년, 러시아의 과학자 넬류보프(Neljubow, Dmitry)가 발견했다. 식물의 호르몬 중 하나인 에틸렌에 의해서 나타나는 세 가지 반응이 삼중반응이다. 에틸렌을 처리하면 완두의 줄기는 신장이 억제되고 비대해지며, 수평으로 자란다. 그 결과, 굵은 줄기가 돌을 밀어 올린다거나 아니면 옆으로 피해 땅으로 싹이 나온다. 식물체 자신의 형태와 움직임을 바꾸어 난관을 뚫는 것이다. 식물은 어떤 어려움이 있어도 그것을 이겨내고 비로소 햇빛을 만나 광합성을 하며 더 크게 성장한다.

떡잎의 역할

대두, 녹두, 배추, 무 등은 떡잎이 땅 위로 올라와 광합성을 하고 영양분을 공급한다. 콩나물, 무순 등을 보면 떡잎이 하배축 제일 위에 있어 쉽게 확인이 가능하다. 그러나 완두는 이들과는 다르게 떡잎이 땅 위로 올라오지 않는다. 떡잎은 땅속에 있고 상배축을 올려 보내 잎을 만든다.

석사과정 때 완두를 이용해서 광호흡 실험을 한 적이 있다. 처음에 약간 싹을 틔워 하배축과 뿌리가 나오면 길이가 비슷한 것을 심어 잎을 얻었다. 그때문에 크기는 일정한 편이었다. 다른 실험실의 친구는 녹두로 실험했다. 녹두도 여러 개를 한꺼번에 키워보면 대부분 키가 서로 비슷하게 자란다. 당시엔 이것이 식물이 서로 경쟁해서 나타난 현상인지 몰랐다.

녹두와 대두가 싹이 나서 일정 길이만큼 자라면 우리가 잘 아는 숙주나물과 콩나물이 된다. 흔히 먹는 무순도 마찬가지다. 이들은 떡잎이 광합성을 한다. 숙주나물과 콩나물은 어둠 속에서 키워 싹이 누렇다. 그러나 햇빛에서 키우면 파래진다. 완두는 이와 반대다. 떡잎이 지상으로 올라오지 않는다. 아울러 아무리 햇빛을 받아도 파래지지 않는다. 녹두·대두와 완두는 싹의 성장방식이 완전히 다르다(그림 4-1).

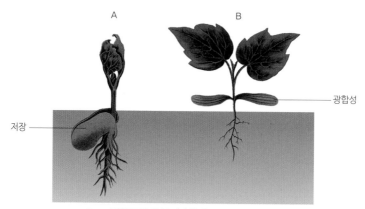

그림 4-1_ 자엽(떡잎)의 두 가지 형태(A: 저장형, B: 광합성형)

완두가 녹색인 것도 있으니 광합성을 하지 않느냐고 물을 수 있다. 멘델이 실험한 녹색 완두와 노란색 완두를 배웠을 테니 말이다. 그런데 녹색 완두는 노화가 일어나는 유전자의 돌연변이로 생겨 엽록소가 충분히 분해되지 않아서 나타나는 현상이다. 완두 표면의 조직에 든 엽록소가 완전히 사라지지 않아 녹색을 띠더라도 엽록체 구조 등이 파괴되어 광합성을 할 수 있는 떡잎이 결코 아니다.

빛이 없으면 식물은 죽는다. 식물이 빛을 얼마나 잘 받을 수 있는지는 주변 상황에 영향을 받는다. 이웃한 식물이 절대적이다. 이웃한 식물의 키가 크면 그늘이 생긴다. 이런 조건에서 새로 싹을 내는 식물은 광합성률, 생장률, 생존률이 떨어진다.

커다란 나무숲 아래에 도달하는 빛의 양은 나무숲 꼭대기에 도달하는 빛의 약 일 퍼센트에 불과하다. 이렇게 햇빛을 쉽게 받을 수 없는 음지에서 발아해 자라는 식물은 광합성률이 낮다. 성장 속도도 당연히 늦고. 때때로 죽기도 한다.

그리고 음지 환경에 적응해 사는 종의 종자는 일반적으로 땅 위로 빨리 올라올 필요가 없다. 아울러 이런 종은 발아 후 비교적 천천히 자라는 특성이 있다. 종자에 저장된 영양물질을 보수적으로 사용하는 것이다. 이와 같은 것들을 내음성(耐陰性) 종자라 한다.

반대로 햇빛이 비교적 많은 경우에는 햇빛을 이용하는 것이 유리하다. 종자가 발아해 빨리 성장한 후 떡잎이 광합성을 해서 추가로 영양물질을 만들어 보내준다. 따라서 종자가 작으며, 땅 위로 올라와 광합성을 한다. 떡잎은 광합성형이다. 비내음성(非耐陰性) 종자들이다.

이러한 생태적 정보는, 대두와 녹두의 떡잎은 땅 위로 올라오지만 완두는 올라오지 않는 이유를 설명한다. 더구나 완두는 덩굴손이 있다. 무엇인가를 타고 올라간다. 이것은 음지에서 자라면서 옆의 다른 식물에 기대어 햇빛을 찾아가는 종이란 뜻이다. 음지에서 발아할 때 음지 성장이 더 유리한 종자 조건을 가졌다.

대두와 녹두는 완두와 달리 덩굴손 없이 독자적으로 성장한다. 햇빛을 받으며 자라는 종이라서 빨리 떡잎이 땅 위로 나와 광합성을 하고 새잎이 자라게 한다. 배추나 무도 이들과 비슷한 종이라 할 수 있다. 햇빛이 많은 곳에서 자라는 것이 유리하다. 자신의 키를 빨리 키워 광합성을 해야 한다. 이처럼 타고난 유전자는 이미 식물의 서식지 특징을 어느 정도 결정한다. 이것을 바꿀 다른 방법은 사실상 없다고 해도 과언이 아니다.

2 줄기 발달

포식 저항과 식물의 높이

식물은 동물을 죽일 수 있는 독극물을 만들기도 한다. 식물을 먹는 생명체를 죽게 함으로써 자신을 보호하는 전략이다. 그런 독극물 가운데 하나가 청산(CN)이다. 청산은 미토콘드리아의 전자전달 과정을 억제해 동물이 호흡하지 못하게 만든다. 간단히 청산가리(KCN)라고 생각하면 이해가 쉽다. 가장잘 알려진 것으로 아프리카 사람들의 주요 식량인 카사바(cassava)를 들 수 있다. 청산이 들어 있어 물에 잘 우려내어 먹지 않으면 청산 중독 등 심각한 문제가 발생한다.

식물이 체내에 청산을 축적할 수 있는 이유는 독특한 미토콘드리아 전자전달계 때문이다. 식물은 청산이 있어도 호흡을 할 수 있는 대체경로가 있다. 대체경로를 이용하면 ATP는 하나 덜 생기지만 생존할 수 있다. 그 덕분에 청산에 노출되어도 죽지 않는다. 일반적으로 식물에 해를 주지 않는 청산 배당체(예: 아미그달린) 형태로 들어 있고, 세포가 파괴되었을 때는 청산이 떨어져나온다.

이런 현상은 포식에 대한 저항이다. 식물이 자신의 몸집을 키우기 위해서는 포식 저항이 중요한 요소가 된다. 예를 들면 키가 큰 개체는 햇빛을 더 받아 광합성을 잘할 수 있다. 그러나 이런 개체는 포식자에게 좋은 먹이가 된다. 따라서 포식자에 대한 저항이 없다면 햇빛을 더 많이 받아 빠르게 성장해도 개체수를 늘리기 어려울 수 있다. 식물은 키를 키우면서도 포식자에게 저항할 방법이 필요했다.

잎은 그 구성요소가 탁엽, 엽병, 엽신이다. 탁엽(托葉)은 잎자루 아래에 있는 작은 잎으로 완두에서 볼 수 있는데, 없는 종도 많다. 이런 잎은 키를 늘리기에 한계가 있다. 잎 하나를 키워 높이를 올린, 형태가 비슷한 고사리를 보면 알 수 있다. 고사리는 잎이 펴지기 전에는 돌돌 말린 채 키만 쑥 올라온다. 마치 잎의 잎자루만 자란 모양이다. 이후에 말린 부분이 젖혀지면서 넓게 펴진다.

동물이 잎을 먹으면 식물은 잎의 전체 표면적이 줄어 광합성량이 감소한다. 이는 종자 생산에 영향을 미칠 수 있다. 따라서 잎을 초식동물에게 먹히지 않을 새로운 방법을 찾아야 했다. 이것이 앞에서 말한 것처럼 청산 같은 독극물을 함유하는 방법이다. 다른 방법으로는 생식을 막는 피토에스트로겐(phytoestrogen) 같은 물질을 만드는 것이다. 이 물질이 들어 있는 식물을 동물이 먹으면 그 개체는 자손을 낳지 못하게 된다.

독극물 같은 화학적 방법이 아니라 물리적 방법으로 동물의 포식을 피할 수도 있다. 그중 하나가 줄기를 키우고 단단하게 하는 방법이다. 갈라파고스 제도에 가면 키 큰 선인장이 있다. 선인장의 키가 커진 것은 선인장을 먹는 이구아나 때문이다. 선인장의 아랫부분은 매우 단단해서 이구아나가 이 부분을 먹을 도리는 없다. 이렇게 선인장은 이구아나의 먹이가 되는 것을 피했다.

갈라파고스의 선인장과 이구아나의 공진화는 식물이 줄기를 통해 키가 커진 이유를 다시 생각하게 한다. 햇빛만이 식물의 키를 늘리는 원인이 아닐 수도 있다. 만일 고생대에도 양치식물이 자라는 곳에 그것을 먹는 포식자가 있었다면 양치식물은 이들을 피해야 했을 것이다. 목본 고사리는 중생대 트라이아스기에 등장했는데, 갈라파고스 사례를 빌면 이러한 현상은 햇빛 경쟁과 함께 포식자와의 공진화 때문일지도 모른다는 가설을 설정해 볼 수 있다. 어쨌거나 현재 열대우림지역에는 키가 25미터나 자랄 수 있는 나무고사리 종이 있다.

줄기의 관다발과 분열조직

나무는 키를 키워 광합성을 하는 잎을 높이 올린다. 햇빛을 더 많이 얻어 광합성을 잘하려는 것이다. 이렇게 하려면 영양물질과 물을 위로 보내야 한다. 이외에 광합성으로 얻은 물질도 몸 전체에 골고루 보내야 한다. 이 문제는 물관과 체관으로 구성된 관다발조직으로 해결했다. 물관은 일종의 빨대 같은 것으로 죽은 조직이다. 체관은 적혈구처럼 핵이 없지만 살아 있는 조직이다. 옆에 붙은 반세포가 원형질 연락사를 통해 필요한 단백질 등을 공급한다.

식물의 줄기는 단순히 한 가지 요인에 의해 진화했다고 보기 어렵다. 물, 햇빛, 포식, 대응 수단 등 다양한 요소가 결합한 결과로 보는 것이 타당하다. 물론 이러한 식물 진화의 해석에는 논쟁이 있을 수 있다. 그러나 경쟁에서 살아남으려면 여러 가지 요소를 복합적으로 고려하지 않을 수 없다.

식물이 자라는 방법은 두 가지다. 하나는 세포가 분열해서 세포의 숫자를 늘리는 것이고, 다른 하나는 세포 자체의 크기를 키우는 것이다. 세포가 분열만 하고 크기가 커지지 않으면 전체 크기는 같다. 이때 세포 크기는 분열할수록 작아진다. 흔히 수정란의 난할에서 볼 수 있으며, 부피생장이 일어나지 않는다. 식물이 성장하기 위해서는 세포분열과 크기 신장이 모두 필요하다.

줄기의 세포분열은 정단분열조직에서 일어난다. 줄기의 꼭대기 끝이다. 이 조직에서 분열한 세포들이 잎이나 꽃을 만든다. 정단분열조직에서 좀 더 아래쪽으로 내려오면 신장이 일어난다. 이곳이 길이생장에 중요한 부위다. 길이생장에는 물과 삼투압이 큰 역할을 한다. 삼투압에 의해 세포 안으로 들어온 물이 팽압을 만들고, 이 압력이 세포벽을 밀면서 성장이 이루어지기 때문이다.

세포막은 선택적 투과성을 가지는 삼투막이다. 이온은 세포막을 통과하지 못하지만 물은 통과한다. 삼투압은 용질 농도가 높을수록 낮아지는데, 삼투막을 사이에 두고 용질 농도가 높은 곳에서 낮은 곳으로 물이 이동한다. 세포질은 용질 농도가 외부보다 높아 물이 세포 밖에서 안으로 들어온다. 이 물이 세포벽을 밀면 세포벽이 늘어나면서 원래의 형태로 돌아가려는 압력이 생긴다. 이것이 팽압으로 식물세포는 팽압을 적절히 이용해 신장한다.

세포벽 신장에는 여러 가지 호르몬이 작용한다. 그중 하나가 지베렐린으로 세포벽 신장을 촉진한다. 지베렐라 후지쿠로이(*Gibberella fujikuroi*)라는 곰팡이로부터 알려졌다. 이 곰팡이에 감염된 벼는 이상하게 웃자라 줄기가 지탱하지 못하고 쓰러져 죽었다. 이 원인을 밝히는 과정에서 지베렐린을 확인했는데 지베렐린은 '바보병'이란 뜻의 일본말에서 유래했다.

줄기는 성장과 지지 사이의 조화가 중요하다. 이것이 어긋나면 줄기 성장이 오히려 죽음을 초래한다. 벼의 '바보병' 사례는 해를 향한 줄기 분열, 성장 그리고 지지 사이의 협력적 조화가 줄기에 있음을 보여준다. 어느 특정 기능의 발달이 생존에 늘 유리한 것은 아니다. 각 조직 간의 조화가 오히려 생존에 더 중요하다. 인간의 다섯 손가락이 제각각 움직인다면 물건 하나도 제대로 집을 수 없는 것처럼 말이다.

3 높이 경쟁

지하부 경쟁과 식물의 높이

산이나 숲에 들어가면 하늘을 가리는 커다란 나무들의 키가 비슷비슷한 것을 볼 수 있다. 시루 속 콩나물처럼 숲의 나무들도 키가 비슷하다. 키는 빛을 향한 경쟁에서 이길 수 있는 중요한 도구다. 더 높이 올라가면 햇빛을 더 풍부하게 받아 광합성을 많이 할 수 있다. 그런데도 모두 키가 비슷하니 쉽게 납득하기가 어렵다.

키가 비슷하다면 두 가지 가능성이 있다. 하나는 경쟁을 통해 작은 키의 개체가 빨리 자라는 것이다. 키가 작은 것은 햇빛을 받지 못해 죽을 수 있으니 최대한 키를 키워 비슷해진다. 다른 하나는 옆에 있는 다른 개체의 눈치를 보면서 적당히 맞추어 자라는 것이다. 이때는 큰 키의 개체가 더디게 자라야 한다.

만일 식물 개체 사이의 경쟁을 없앤다면 전자의 경우는 키가 더 작아져야 하고, 후자의 경우는 더 커져야 한다. 이러한 가설을 실험하려면 여러 가지 변수도 고려해야 하고 고민이 필요하다. 실험실에서도 할 수 있지만, 자연 상태의 실험이 더 신뢰할 수 있다. 하지만 여기에는 종내 경쟁만이 아니라 종간 경쟁도 존재할 수 있다. 둘 사이의 차이를 보려면 한 종류의 나무들만 있는 숲을 선택해야 한다. 그리고 경쟁을 끊어야 한다.

나무의 경쟁은 지상부와 지하부 모두에서 일어난다. 그러나 키가 비슷하다면 지상부 경쟁 또한 비슷하게 일어난다. 따라서 지하부 경쟁을 없앨 때 비교가 가능하다. 지하부 경쟁의 차단은 나무와 나무 사이에 깊게 골을 파서 격리하는 방법을 사용했다. 뿌리 사이의 연락을 막아 경쟁을 없앤 것이다. 교목을 대상으로 한 실험이었다.

격리된 나무들은 뿌리 경쟁은 없으나 지상부 경쟁은 다른 나무들과 같았다. 격리되지 않은 나무들은 지상부 경쟁과 뿌리 경쟁 둘 다 있었다. 이렇게 격리한 채 약 8년을 키웠다. 그 결과, 뿌리 경쟁이 배제된 나무들의 키가 훨씬 더 컸다. 이를 통해 숲의 나무들은 서로 경쟁함으로써 성장을 적당히 줄여 서로 높이가 비슷해진다는 사실을 확인했다. 산을 오르면서 보는 나무들의 키가 비슷한 이유는 경쟁을 통해 성장이 억제되어 나타나는 현상이다. 높이에 있어서 손해다.

경쟁과 성장

경쟁이 모두의 손해가 되는 현상은 식물에서 확연히 드러난다. 키만이 아니다. 다른 종 경쟁자가 있으면 성장 자체가 줄어든다. 우리나라 식물을 이용한 사례가 있으면 좋겠지만 안타깝게도 외국의 식물종을 이용한 사례가 훨씬 더 많다. 그렇다고 해도 식물의 특성을 이해하는 데 어려움은 없다.

독토끼풀(*Trifolium subterraneum*)과 해골잡초(*Chondrilla juncea*)라는 두 식물을 이용해 실험했다. 이 풀들을 화분에 심는다. 첫째로 지상부와 지하부를 함께 심을 수도 있다(전체 경쟁). 둘째로 지하부를 격리하고, 지상부를 같은 방에 두어

섞을 수도 있다(지상부 경쟁). 셋째로 지하부를 함께 심고, 지상부를 다른 방으로 격리한다(지하부 경쟁). 그리고 대조군으로 단독 생장을 하게 한다.

대조군과 경쟁이 있는 것들 사이에 생물량의 변화를 조사하면 경쟁의 결과를 확인할 수 있다. 지하부인 뿌리만 경쟁하게 한 경우는 해골잡초의 생물량이 35퍼센트 감소했다. 지상부만 섞어 경쟁을 유도한 경우는 생물량이 53퍼센트 감소했다. 지상부와 지하부 모두 경쟁하게 한 경우는 69퍼센트의 생물량이 감소했다. 지상부와 지하부를 각각 경쟁시켰을 때 줄어든 생물량 비율의 합보다는 낮았으나, 전체적으로 성장이 엄청나게 줄었다.

이런 실험은 다른 종으로도 얼마든지 가능하다. 그 결과도 많이 알려졌으며, 대체로 내용도 비슷하다. 더구나 집에서 개인적으로 얼마든지 할 수 있는 간단한 실험이다. 우리 주변의 식물로 이 같은 실험을 해봄으로써 뜻밖의 행복감을 얻을 수 있다. 어쨌거나 경쟁은 지상부에만 있는 것이 아니고 지하부에도 함께 존재한다.

한편, 스트레스 상태에서는 경쟁 형태가 달라진다. 물 스트레스가 있을 때는 뿌리 경쟁이 치열하다. 물을 확보하기 위해 뿌리가 길어지고 지상부는 키가 잘 자라지 않는다. 반대로 물이 충분하면 뿌리 경쟁보다는 빛 경쟁이 활발하다. 지상부가 크게 자라면서 경쟁한다. 경쟁의 유형이 주변의 조건에 따라 바뀌는 것이다.

녹색을 만끽하고 싱그러움을 느낄 수 있는 숲이 있다고 해보자. 평화롭고 아름다운 숲이다. 상상해도 좋고, 실제 있는 숲을 그려도 상관없다. 어떤 숲을 생각하든 그 숲의 규모는 더 크고 우람했어야 한다. 식물들 사이에 보이지 않는 전쟁으로 인해 작아졌기 때문이다.

높이 경쟁

언젠가 몽촌토성에 갔을 때였다. 거기에는 음수인 참나무류와 양수인 소나무가 함께 자라는 숲이 있었다. 참나무류의 키가 소나무에 비해 다소 커보였다. 참나무들이 햇빛을 가려서인지 소나무는 비실비실해 보였다. 생기를 느끼기 어려웠다. 아마 시간이 지날수록 참나무들은 더 빨리 키를 키우고, 햇빛을 충분히 받지 못하는 소나무는 죽음을 맞을 것이다. 천이(遷移)다.

이것이 생존을 위한 경쟁 요소 중 하나인 키의 위력이다. 햇빛은 계절적으로 다르고 아침저녁으로 빛의 위치가 바뀐다. 키가 큰 식물은 빛을 더 많이 받을 수 있고, 작은 식물은 큰 식물이 만든 그늘에 있어야 한다. 빛이 부족하면 개체 솎음질 현상으로 죽을 수도 있다. 대체로 초본은 개체의 밀도가 높거나 엽면적 지수가 크면 줄기 생장이 촉진된다. 서로 햇빛을 더 받으려고 경쟁하기 때문이다.

식물은 높이 경쟁을 하지만 그렇다고 항상 높게 자라는 데만 집중하지 않는다. 앞에서 말한 것처럼 상층 수관(임관)에 도달한 식물들은 키가 다 비슷하다. 키가 비슷하면 다른 이점이 있다. 바람이나 물과 영양물질의 이동 같은 문제로부터 벗어날 수 있다. 이처럼 식물의 높이 성장에 영향을 주는 요소는 다양하다.

키 경쟁과 관련하여 화분을 이용한 재미있는 실험이 있다(그림 4-2). 식물을 화분에 심어서 뿌리 경쟁을 차단하고, 식물의 키 상태를 인위적으로 맞추기 위해 화분 높이를 조절했다. 높이가 낮은 화분의 식물은 키가 작고, 반대로 높이가 높은 화분의 식물은 키가 큰 개체를 흉내 낸 것이다. 이 실험에서는 지하부 경쟁은 없고 지상부 경쟁만 존재한다.

화분 높이를 낮추어 키 작은 개체를 흉내 낸 것은 줄기의 성장 속도를 빠

르게 하여 높이를 맞춘다. 그러
나 화분 높이를 높여 키 큰 개
체를 흉내 낸 것은 뿌리 쪽 성
장을 촉진하고 높이를 올리지
않았다. 만약 햇빛만이 성장에
영향을 주는 유일한 요소였다
면 키 큰 개체는 키를 더 키웠어
야 한다. 이것은 햇빛 경쟁이 중
요하기는 하나, 키 성장에 다른
요소들도 있음을 의미한다. 아
울러 자신의 자원 낭비를 최소
화하려고 적당한 높이로 서로
타협할 수 있음을 보여준다.

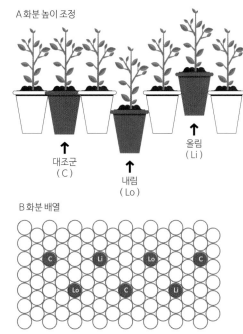

그림 4-2 화분의 높이 조절을 이용한 식물의 경쟁 실험 모식도

　앞에서 설명했듯이 바람은 스트레스를 유발한다. 키 큰 개체는 다른 개
체보다 햇빛을 더 잘 받지만, 바람의 영향으로 증산작용이 활발해져 물을 더
많이 잃는다. 그러면 건조 스트레스를 받을 수 있으니 그에 대응하고자 자원
과 에너지를 더 쓰게 된다. 만일을 대비하기 위해서다. 따라서 이미 키가 큰
식물이 더 높이 올라가는 것은 좋은 선택이 아니다.

　반대로 키가 작은 개체는 줄기나 뿌리로 가는 자원의 양을 줄이고 키를
맞추려 한다. 잘못하면 햇빛을 받지 못해 죽을 수 있기 때문이다. 따라서 다
른 개체에 비해 키가 클 때와 작을 때의 반응이 다를 수밖에 없다. 곧 키와
같은 경쟁 요소는 환경에 따라 우선순위가 바뀔 수 있는 상대적 중요성을 갖
는다.

주변 여건에 따라 경쟁 양식이 바뀐다는 것은 식물이 서로를 인식한다는 뜻이다. 아마도 화학물질을 분비해서 상대방이 있다는 것을 파악할 것이다. 그리고 주위에 자신과 비슷한 개체가 많다는 것을 알고 그들과 성장 보조를 맞출 것이다. 너무 크지도 작지도 않게 적당한 크기로 자랄 것이다.

어쨌거나 식물의 높이 경쟁은 경쟁으로만 치닫지 않는다. 식물은 경쟁을 부정하지 않고 묵묵히 자신의 길을 가며 적당히 타협도 한다. 자기만의 독특한 방식으로 같은 종이든 다른 종이든 교류하며 산다. 주위 환경에 맞추지 못하면 죽을 수밖에 없으니 독창적 능력이 진화하였다. 또 서로의 경쟁 속에서도 조화를 추구하며 산다.

양수림과 음수림

어린 시절, 어른들에게 참나무류는 단단하다고 들었다. 나무의 단단함을 경험한 적이 없으니 체감하기는 어려웠다. 장작은 모두 단단해 보였고, 나무가 다 똑같다고 생각했다. 그러나 살아 있는 나무의 나이를 확인할 기회를 얻으면서 어른들의 옛말을 실감했다. 나무의 나이를 재는 기구인 생장추 덕분이다.

나무 나이를 측정하려면 생장추로 구멍을 뚫어 확인한다. 생장추는 빨대 같은 대롱으로 되어 있고, 한쪽 끝은 칼처럼 날카롭다. 다른 쪽 끝에는 돌리는 손잡이가 있어서 외형은 T자로 보인다. 날카로운 끝을 나무에 대고 밀면서 돌리면 생장추가 나무를 파고 들어가는데, 줄기 한가운데를 향해 밀어 돌려서 나무 지름의 절반이 넘어갈 정도로 들어가면 생장추를 빼낸다. 이때 생장추 대롱 안에서 나무가 동그란 원기둥처럼 빠져나온다. 그러면 원기둥 형태의 나무에 보이는 나이테를 통해 나이를 알 수 있다.

나무 나이를 확인하기 위해 생장추를 쓰면서 깨달았다. 참나무류는 소나무와는 비교가 안 될 정도로 단단해서 힘이 많이 든다. 소나무는 정말 무르고 쉬웠다. 이 나무 저 나무 하다가 소나무에서 참나무류로 옮겨 가는 순간 확연히 느낀다. 참나무류를 몇 번 하면 손에 물집이 잡히겠다는 생각이 들 정도다.

무른 소나무는 햇빛이 많이 필요하고, 단단한 참나무류는 햇빛이 다소 적어도 잘 자란다. 비교적 척박한 땅에 침엽수와 같은 양수가 잘 자라면서 잎을 떨구기를 반복한다. 이렇게 되면 토양은 점차 비옥해진다. 토양이 비옥해지면 음수가 자라는데 성장 속도가 빨라서 천이가 일어난다.

천이 과정을 배우며 궁금한 것이 있었다. 침엽수는 사철 푸르러 늘 광합성을 할 수 있는데 왜 활엽수의 성장 속도를 따라가지 못할까였다. 그것은 낮은 호흡률 때문이었다. 소나무는 약 2년간 여덟 계절이 푸르고, 세 번째 해 봄에 새잎이 나면 옛 잎은 떨어진다. 중간에 먼저 떨어지는 잎이나 3년 동안 달려 있는 잎도 있지만 대략 2년 간다. 나뭇잎의 수명이 활엽수보다 길다. 이렇게 수명이 길어지려면 호흡률이 낮아야 한다.

호흡률은 세포노화와 밀접한 연관성이 있다. 세포호흡에 관여하는 미토콘드리아 주변에 활성산소가 생기고, 이것이 세포 내 물질을 산화하여 노화를 촉진한다. 엽록체도 마찬가지다. 산화력이 강한 활성산소가 노화를 촉진해 세포가 일찍 죽는다. 이를 방지하고 오래 살아남으려면 대사 속도를 떨어뜨려 활성산소의 발생을 줄여야 한다. 침엽수 잎은 낮은 호흡률이나 광합성률로 노화를 늦추어 잎의 수명을 늘렸다. 사람의 수명도 다른 동물에 비해 긴데, 대사율이 비교적 낮다.

단위 면적당 잎의 무게(질량)는 침엽수가 더 무겁다. 같은 무게라면 햇빛을 받을 수 있는 면적이 더 작다는 뜻이다. 게다가 단위 질량당 질소 함유량은 활엽수와 침엽수가 비슷하거나 침엽수가 더 적다. 질소는 단백질에 존재하는 원소라서 질소가 적다는 것은 질량당 단백질이 차지하는 비율이 적다는 의미다. 이것은 단백질로 구성된 효소의 양이 적을 수 있다는 말이기도 해서 대사 능력이 떨어질 수 있다. 앞에서 설명한 침엽수 잎의 낮은 대사율과 연결된다.

겨울에 침엽수는 광합성을 하기는 한다. 하지만 온도가 낮아서 섭씨 10도 상승할 때 두 배 빨라지는 것과 같은 비율로 대사 속도가 줄어든다. 겨울에 하는 광합성이 성장을 위해 충분히 효과적인가의 문제도 있다.

활엽수는 잎을 가을에 떨군다. 잎의 수명이 짧다. 그렇기에 호흡률과 대사율을 높여 더 많은 이산화탄소를 고정하고, 그것을 뿌리나 줄기 등에 저장한다. 그러고는 봄에 새잎을 만들어 다시 시작한다. 대사율 또는 광합성률이 높아도 잎을 교체하기 때문에 얼마든지 많은 광합성을 할 수 있다. 더구나 음수이며 활엽수인 참나무류는 잎이 얇고 넓적하다. 좀 더 효율적인 광합성이 가능하다. 그 덕분에 빛의 양이 적어도 성장 속도는 더 빠르다.

잎의 수명과 질소 함량 그리고 구조적 차이로 인해 침엽수는 고비용 저효율 광합성을 한다. 성장 속도가 당연히 느릴 수밖에 없다. 침엽수의 느린 성장 속도는 시간이 가면 활엽수에 따라잡힌다. 키가 더 커진 음수들이 만들어내는 그늘에서 더는 생존할 수 없게 된다. 천이가 일어난다.

참나무 6형제와 식생천이

우리나라 식생(植生)의 생태적 천이(遷移)는 자연성이 우수한 도시 외곽 산림이나 국립공원에서 연구했다. 광릉 임업시험림 내 자연림의 천이를 조사했다. 광릉은 조선시대에 세조가 주변의 나무를 베지 못하게 해서 거의 자연 상태로 존재하는 숲이다. 이 숲은 소나무→신갈나무, 졸참나무, 갈참나무→서어나무→까치박달 등으로 천이가 일어난다고 제안되었다.

다른 지역들도 조사했는데 온대 중부지방은 능선 또는 사면에서 소나무→신갈나무, 굴참나무, 졸참나무, 팥배나무→서어나무류로 천이된다. 소나무가 음수인 참나무류로 바뀌고, 이것이 다시 서어나무로 옮겨 가는 것이다.

소나무는 주변에서 쉽게 눈에 띈다. 신갈나무, 굴참나무, 졸참나무도 흔하게 볼 수 있다. 신갈나무는 신발 깔창으로 썼다고 해서 붙은 이름이다. 참나무류 중에서 떡갈나무처럼 잎이 크며, 잎자루가 짧다. 굴참나무는 주피가 깊고 부드럽다. 이것은 코르크의 원료이자 굴피집 지붕 재료로 쓰인다.

상수리나무와 굴참나무 잎이 비슷하고, 졸참나무와 갈참나무 잎이 비슷하다. 졸참나무는 잎 크기가 작다. 신갈나무와 떡갈나무 잎도 비슷하다. 이 여섯 나무가 '참나무 6형제'다. 이들을 구별할 줄 알면 산에 다니면서 색다른 재미를 느낄 수 있다.

산에서 주로 만나는 나무는 신갈나무다. 굴참나무나 졸참나무는 산에서 잘 보기 어렵다. 이런 차이는 사람의 간섭 때문에 나타난다. 조선시대에는 난방 연료가 나무였다. 숯을 만드는 재료 등이 참나무류인데, 참나무류 중에 신갈나무의 맹아력이 좋다.

맹아력은 최초의 본줄기(shoot)가 망가졌을 때 남아 있는 휴면 근주(根株)에서 새 줄기를 만드는 능력이다. 참나무류가 땔감으로 훼손되었을 때 맹아력이 강한 나무는 회복이 빠르다. 따라서 굴참나무보다는 신갈나무가 더 빨리 자라 개체수가 많아진다. 그리고 숲의 우점종이 된다.

지금은 옛날처럼 숲에서 땔감을 가져다 쓰지 않으니 사람에 의한 교란이 일어나지는 않는다. 그러나 산에 나무가 없어 인위적으로 숲을 조성했고, 이

때 초기 성장 속도가 빠른 리기다소나무 같은 외래종을 심었다. 이런 것들이 자연적 천이에 영향을 주고 있다.

참나무류를 지나 극상림(極相林)으로 생각되는 서어나무는 서울 주변에서 보기가 간단치 않다. 서어나무는 그늘에서도 잘 자라는 나무다. 무리를 이루어 군락을 형성하는데, 삼육대학교 제명호 주변에 서어나무 군락이 있다. 광릉 숲, 남한산성 동쪽의 약사산에도 서어나무 군락이 있다. 강원도 백두대간에서 소나무가 사라지고 참나무류가 늘며, 서어나무가 발견되기도 한다.

서식지 내의 생물종 조성 등이 변하지 않고 유지되어 천이가 일어나지 않는 상태를 '극상'이라 한다. 극상 생태계는 투입 에너지와 산출 에너지가 같다. 들어오는 것과 나가는 것이 같아서 변화가 없다.

식생이 바뀌는 천이 과정은 순차적 변화에 따라 극상림이 만들어진다. 처음부터 바로 이렇게 되지는 않는다. 새로운 종이 등장하고 기존의 종이 사라지기를 반복하면서 오랜 시간 변화를 거쳐 이루어진다. 이런 변화 속에서 소나무나 참나무류가 충실히 살았을 뿐이다. 단지 자신의 서식 환경이 바뀌었기 때문에 천이가 일어난 것이다. 그만큼 어떤 서식 환경에 놓였느냐가 각각의 종 또는 개체의 생존에 중요한 영향을 미친다.

4 틈새 활용

덩굴식물과 덩굴손

갈등(葛藤)이란 말은 칡과 등나무란 뜻이다. 등나무는 왼쪽으로 감아 올라간다. 반대로 칡은 오른쪽으로 감아 올라간다. 둘이 같이 있으면 서로 부딪치기 때문에 갈등이란 말이 나왔다. 의견이 충돌한다는 뜻으로 자연현상을 잘 관찰한 결과 생긴 말이다.

칡은 엄청 빠르게 자란다. 여러 식물 중에서 성장 속도만 따지면 칡을 쉽게 따라잡기 어렵다. 더구나 영양생식도 한다. 땅 위를 기어가던 칡 줄기는 중간에 땅에 뿌리를 내린다. 어딘가가 잘려도 중간에 내린 뿌리를 통해 영양물질을 흡수하며 자란다.

한여름 칡이 자라는 모습은 거칠 것이 없다. 키 큰 나무를 만나면 덩굴이 그 나무를 타고 올라간다. 그리고 광합성을 할 수 있는 햇빛을 차단해 자신이 타고 오른 나무를 죽이기도 한다. 칡의 이런 특성 때문에 서양(미국)에서는 심각한 골칫거리 외래종이 되었다고 한다.

우리나라에도 덩굴로 자라는 대표적인 외래종이 있다. 가시박이다. 가시박은 매우 빠른 속도로 자라면서 다른 식물을 덮쳐 햇빛을 차단한다. 가시박에 점령된 나무들은 죽음을 맞는다. '너 죽고 나 살자'를 실천하는 대표적인 식물이다. 그들의 성장을 견제할 수 있는 국내 식물은 없는 듯하다.

그림 4-3_ 생명력이 강한 가시박

가시박은 북아메리카가 원산인 귀화식물이다. 일년생 초본으로 중부 이남의 물가에서 자란다. 줄기는 4~8미터쯤이고, 덩굴손으로 다른 물체를 감고 자란다. 손바닥 모양의 잎은 5~7갈래로 갈라진다. 6~9월에 꽃이 피는 암수한그루다. 털 같은 가시로 덮인 박이라 해서 가시박이란 이름이 붙었다. 한 그루에 2만 5000개 이상의 열매가 달리며, 여러 개가 뭉쳐 있다. 열매에 털이 있어서 동물에 붙어 멀리 이동한다. 대단한 번식력이다. 하루 최고 20센티미터까지 자란다고 하니 성장 능력 또한 엄청나다.

우리나라에는 호박 연작 피해를 막기 위한 접붙이기 목적으로 들여왔다고 한다. 이후 생태계로 퍼져 나갔고, 대적할 상대가 없다. 외래종에 이렇게 속수무책인 이유는 조화가 깨졌기 때문이다. 오랫동안 이 땅에 서식해 온 식물들은 서로를 안다. 이들은 함께 적응하면서 나름의 질서를 지키며 살고 있다. 그러나 외국에서 새로 들어온 식물에는 이런 질서가 없다. 그것이 어떤 물질을 내보내는지도 모르니 조화는 깨지고 특정 종이 번식한 것이다. 어쩔 수 없는 상황에 사람들이 나서서 가시박 제거 작업을 하였으나 확산을 막지는 못했다. 인간의 욕심이 화를 부른 것이다.

가시박의 확산을 보고 있으면 황소개구리가 연상된다. 개구리가 몸에 좋다고 선전을 하여 처음에 식용 개구리로 들여왔다. 황소개구리는 최대 4킬로그램까지 자란다고 한다. 갓 태어난 사람 아기보다 몸무게가 많이 나갈 정도다. 하지만 소득 증가로 식생활이 바뀌면서 개구리를 먹지 않게 되자 버려졌고, 이들이 우리나라 생태에 적응하면서 1990년대 황소개구리가 온 나라를 떠들썩하게 했다.

황소개구리를 퇴치하려고 요리 시식회도 열었다. 황소개구리 박멸을 위한 자원봉사자도 뽑았다. 더구나 한 마리당 1,000~2,000원의 포상금을 주기도 했다. 이렇게 다양한 노력을 기울였으나 결과는 실패였다. 해결할 방법이 없어 보였다.

그런데 시간이 지나면서 황소개구리의 생태계 파괴 문제는 저절로 해결되었다. 토종 가물치와 메기가 황소개구리 올챙이를 잡아먹었고, 족제비와 너구리, 백로 등도 황소개구리를 잡아먹었다. 처음에는 생소한 개체라서 천적이 등장하지 않았으나 개체수가 늘면서 포식자가 이들을 잡아먹으며 개체수가 급감했다. 건강한 생태계가 외래종의 침입을 막는 해법이 된 셈이다.

가시박이 급격하게 늘어나더라도 시간이 흐르면서 생태계가 적응해 나갈 테니 희망적이라 믿는다. 결국 다른 식물과의 경쟁, 동물의 섭식, 또는 병해 등을 통해서 안정될 것이다. 가시박 줄기는 과거에 성병 치료약으로도 이용했다고 한다. 아울러 암소의 출산을 돕기 위해 사료에 섞어 먹이기도 했다.

이런 것을 보면 가시박을 먹는 초식동물이 등장할 수 있다. 좀 더 시간이 흘러 가시박에 익숙해지면 그들을 먹이로 하거나 경쟁하는 생물이 나타날 수 있다. 지금처럼 엄청난 번식 능력은 사라지고 조화를 이룰 것이다. 탄소중립을 위한 바이오에너지나 바이오매스 양을 늘리기 위해 성장 능력이 뛰어난 가시박 같은 생물체가 필요할지도 모른다. 분석하고 연구하면서 느긋하게 기다리는 것도 대응 방법이 될 수 있을 듯하다.

가시박이나 칡 같은 식물이 빠르게 자랄 수 있는 것은 덩굴이기 때문이다. 이들은 길이를 택한 대신 지지 능력을 포기했다. 그 대신 붙들고 늘어지고 매달리는 능력을 확보했다. 덩굴손이 이런 역할을 하는데, 다른 개체를 잡아타고 넘는 것이다. 지지에 필요한 물질 합성보다도 매달리고 붙드는 능력을 갖추어 햇빛을 많이 받을 수 있었고, 생존했다.

가시박이나 칡의 전략과 같은 방법을 취하는 식물은 많다. 앞에서 말한 완두 외에도 박주가리, 메꽃, 나팔꽃 등 다양하다. 이들은 덩굴로 자라면서 상대방을 타고 넘는다. 그리고 빠르게 성장한다. 몸체를 지지하는 데 에너지를 쓸 이유가 없기 때문이다. 그 대신 누군가에게 기대지 않으면 홀로 서지 못한다. 스스로 지지할 수 있는 능력을 포기한 덕분에 빠르게 자랄 수 있는 능력을 얻었다. 생존을 위해 단점을 없애는 것이 아니라 오히려 장점을 잘 살려 단점을 보완한 것으로 보인다.

관목과 엽록소

산에 오르다 보면 소나무, 참나무류처럼 키 큰 나무(교목)도 있지만 반대로 키 작은 나무(관목)도 많이 눈에 띈다. 진달래나 철쭉은 쉽게 접할 수 있는 관목으로 다 자라도 키가 그다지 크지 않다.

그림 4-4_ 서식지 햇빛양의 차이에 따른 철쭉 잎의 모습 (A: 양지, B: 음지)

관목은 흔히 큰 나무 그늘 밑에서 살지만, 가끔 등산로 옆으로 나와 있어 햇빛에 많이 노출되는 때도 있다. 이런 개체를 살펴보면 잎을 약간 늘어뜨리고 있다. 햇빛을 덜 받기 위해서다. 이처럼 식물은 잎을 이용해 빛을 더 받거나 덜 받으려 한다. 그리고 음지에 사는 관목의 잎은 두께가 얇다. 그림 4-4는 양지와 음지에 사는 철쭉잎의 서로 다른 모습이다.

관목 중에 「동백꽃」이란 소설로 나름 유명해진 생강나무가 있다. 잎이 세 갈래로 갈라졌는데 공룡 중에서 조각류(鳥脚類)의 발 모양을 닮았다. 잎 모양에 약간만 관심을 가진다면 산행을 하다가 누구나 생강나무를 알아볼 수 있다. 잘 모르겠다면 잎을 따서 찢은 후 냄새를 맡으면 바로 확인할 수 있다. 생강 냄새가 나기 때문이다. 이른 봄, 노란 꽃을 피운 키 작은 나무가 있다면 생강나무다. 강원도에서는 생강나무를 동백나무라 했다. 김유정의 소설에 나오는 동백꽃은 이 나무의 꽃을 말한다.

노란 꽃을 피우더라도 나무의 키가 약간 크고, 수피가 지저분하면 산수유다. 가을에 빨간 열매가 달린다. 아마도 여름철 작열하는 태양과 마주해 그토록 빨간 열매를 맺는지 모르겠다. 공원에서 흔히 볼 수 있으며, 마포의 하늘공원을 올라가는 길에서도 쉽게 눈에 띈다.

양지와 음지에 사는 식물의 차이는 빛의 양에 따라 유전자 발현이 달라짐으로써 드러난다. 음지에 사는 식물에서는 빛을 흡수하는 분자인 안테나(광계 II)의 크기가 달라진다. 안테나 분자는 단백질과 엽록소로 만들어진다. 간단히 위성안테나를 생각해 보자. 전파가 약하다면 TV를 볼 때 위성안테나가 커야 하지만, 반대로 강하다면 위성안테나는 작아도 된다. 이와 비슷하게 조절된다.

음지식물은 빛이 잘 들지 않는 곳에 살아서 안테나 크기를 키워 빛을 더 많이 받으려 한다. 음지 자체가 빛의 양이 적어 안테나를 크게 만들어도 잘 걸리지 않고, 안테나 분자 구성 단백질이 망가질 확률이 적다. 그 덕분에 절대음지식물의 엽록체는 그라나(식물의 엽록체 속에 있는 층상 구조)당 100개의 틸라코이드가 쌓여 있을 만큼 막의 중첩도가 크다. 작은 빛 하나라도 놓치지 않기 위해서다. 큰 안테나를 만들어 빛을 더 잘 모아서 효과적으로 빛을 이용하는 광합성을 한다. 이러한 구조적 특징 때문에 음지식물은 양지식물과 비교했을 때 엽록소가 많다. 그러나 세포를 투과해 나가는 빛이 적어 잎의 두께는 얇다.

반대로 양지식물은 그라나당 5~30개가량의 틸라코이드가 있다. 음지식물에 비하면 듬성듬성하다. 양지식물은 강한 햇빛을 직접 받는다. 빛을 모으는 문제보다 빛으로 인한 안테나 분자의 망가짐을 걱정해야 한다. 따라서 엽록체가 빛을 피해 세포 가장자리 쪽에 붙기도 한다. 이렇게 하면 빛의 양을 약 10~20퍼센트 줄일 수 있다. 안테나의 크기도 줄인다. 안테나가 크면 햇빛이 더 많은 에너지로 바뀌면서 안테나 분자가 파괴된다.

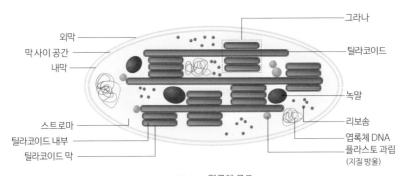

그림 4-5 엽록체 구조

안테나 분자에 있는 D1이란 단백질이 가장 약해서 제일 먼저 망가진다. 이 단백질이 망가지면 안테나 분자의 기능이 정지되므로 다시 합성해야 한다. 새로 단백질을 만들려면 아미노산을 합성하고, 이것을 세포질에서 엽록체로 이동시켜 조립해야 한다. 복잡한 것을 떠나 에너지 낭비가 크다.

안테나 분자가 망가지면 자신에게 손해다. 따라서 강한 빛에 의한 손실을 줄이려고 햇빛이 많은 곳의 식물 잎은 빛을 일부만 흡수한다. 나머지는 아래로 흘려보내 자신을 보호하는데, 이런 이유로 잎이 두꺼워도 아래층 세포가 광합성을 할 수 있다.

양지식물과 음지식물은 엽록소 a와 b의 비율에도 차이가 있다. 음지식물은 엽록소 a/b의 비율이 2.0~2.5이고, 양지식물은 3.2~3.6이다. 음지식물에서 엽록소 b가 더 많다. 음지식물에서 엽록소 b는 광계 I과 II의 광수확 복합체를 구성한다. 이는 빛을 얻기 위한 색소가 음지식물에 더 많다는 뜻이다. 이러한 차이로 인해 음지식물은 약한 빛에서 광합성 효율이 양지식물보다 더 높다. 그러나 총 광합성률은 당연히 음지식물이 낮아서 성장 속도가 양지식물보다 느리다.

표 4-1 | 자연 서식지에서 자란 양지식물과 음지식물의 잎 엽록소 함량 비교

	생체량	총 엽록소 함량	
	잎 면적당(g/dm²)	생체량당(mg/g)	잎 면적당(mg/dm²)
음지	0.80	3.1	5.3
양지	2.5	1.9	4.7

(출처: Ann. Rev. Plant Physiol. 1977 28 : 355-377)

교목이 큰 키로 강한 햇빛을 많이 받으며 사는 것에 비해 관목은 작은 키로 약한 빛에 적응해서 산다. 더 나아가 절대음지식물은 강한 빛에서는 살지

못하고 잎이 탈색되어 죽는다. 양지식물은 이와 반대로 약한 빛에서 황백화해 죽는다.

음지식물과 양지식물은 서로 능력이 다르다. 음지식물은 빨리 자라기 위한 높이 경쟁을 피하면서 빛을 모으는 능력이 발달하였다. 게다가 키 작은 나무들은 숲 안에 있어서 바람의 영향을 덜 받는다. 빛은 적지만 생존을 위한 다른 조건이 유리할 수 있다. 종에 따라 경쟁 회피를 함으로써 자기 나름대로 살아가는 방식을 찾은 것이다.

식물을 생산자라고도 하니 기업에 비교할 수 있을 것 같다. 키가 크고 덩치가 우람한 교목을 보면 대기업이 떠오른다. 멋지고 훌륭하며 자부심을 느끼기 좋다. 그러나 시장은 이들에게만 경쟁력이 있는 것이 아니다. 중소기업도 얼마든지 자신의 경쟁력을 키울 수 있다. 강소기업으로 오래도록 살아남는 중소기업이 많다. 관목은 이런 기업들처럼 느껴진다.

어쨌거나 빛이 적은 숲속에서 살아가는 키 작은 관목들은 여러 가지를 생각하게 한다. 음지에 가려져 다소 보잘것없어 보이더라도 자신만의 강점을 이용해 숲을 온전하게 만드는 중요한 대상으로서 다가온다. 문득 누군가 무능하다고 평가하는 수많은 인간도 관목이나 풀처럼 자신만의 능력을 통해 나름의 가치를 구현하며 사는 소중한 존재란 생각이 든다.

5

펼치기 전략

식물은 더 많은 자원을 얻기 위해 자신이 가진 능력을 옆으로 넓게 펼쳐 나간다.
지상부는 가지와 잎으로 그리고 지하부는 세근 발달을 통한 표면적 증가로 능력을
확장한다. 크고 넓적한 잎은 성장 속도를 더욱 빠르게 하여 천이(遷移)의 원인을
제공하지만, 숲이나 풀밭 아래쪽으로 햇빛이 들어오는 것을 허락하여
다양한 식물이 살게 한다. 곧 적절히 타협하면서 더 많은 종이 살아남게 하고
동시에 새로운 종이 살 터전도 제공한다.

1 잎과 기능

세상에서 가장 많은 단백질

강의 시간에 광합성을 설명할 때면 지구상에 가장 많은 효소가 무엇인지를 묻곤 한다. 동물, 식물 그리고 미생물이 다양한 종류의 효소를 가지고 있다. 그 종류가 얼마나 많은지는 알 길이 없다. 눈치가 빠르면 광합성을 설명하면서 세상에서 가장 많은 효소가 무엇이냐고 질문했으니 맞힐 수 있을지도 모른다. 그러나 아직 학생 중에 이 질문의 답을 말한 사람은 없었다.

지구 생명체에서 일어나는 물질대사 과정 중 가장 중요한 한 단계를 꼽으라면, 무기물인 이산화탄소를 유기물로 바꾸는 광합성이라 하겠다. 이 과정이 없다면 생물은 생명을 이어갈 수 없다.

식물은 햇빛을 흡수하고 광합성 명반응을 통해 ATP라는 에너지와 NADPH라는 화합물(환원력)을 만든다. 햇빛은 앞으로도 최소 50억 년가량 계속되는 에너지다. 비용이 발생하지 않는 무한정의 에너지라 할 수 있다. 식물은 이 에너지를 사용하기 때문에 여유가 있고, 그 양도 풍족하다. 생체 내에 필요한 모든 유기물을 만드는 능력이 있다.

햇빛을 화학에너지로 바꾸어 유기물을 만드는 생명현상의 가장 기본적인 첫 과정은 루비스코라는 효소가 촉매한다. 루비스코(Rubisco)는 'Ribulose BisPhosphate Carboxylase and Oxygenase'에서 밑줄이 있는 알파벳만으로 축약한 이름이다. 이 효소는 RuBP(Ribulose BisPhosphate)에 탄소와 산소를 모두 결합할 수 있는데, 이산화탄소가 결합하면 광합성 과정으로 이어진다.

생명의 근원이 되는 첫 과정을 촉매하는 효소라서 다른 효소와 차원이 다르게 느껴진다. 지구상에서 대부분 생명체의 생존에 필요한 물질과 에너지의 원천이 루비스코에서 출발한다. 이 효소의 작용으로 무기물인 이산화탄소는 유기물인 PGA로 전환되고, 이후의 경로를 통해 포도당이 만들어진다. 이 효소가 세상에서 가장 양이 많은 효소인 데는 이유가 있어 보인다.

흔하고 많다면 가치가 없다고 여기지만 루비스코는 그와 정반대의 결론을 얻게 한다. 흔하고 많아서 오히려 더 중요하다. 마치 평범한 사람들이 없다면 세상이 결코 돌아갈 수 없는 것처럼 말이다. 실제 그들이 세상의 중심이기도 하다. 그러니 평범한 사람들이야말로 루비스코처럼 더 중요하고 가치 있는 존재가 아닐까?

광억제 피하기

식물이 햇빛을 잘 받는 것이 늘 좋기만 한 것이 아니다. 햇빛이 너무 강하면 해를 입기도 한다. 예를 들면 활엽수 잎의 울타리조직 꼭대기에 있는 세포는 가장 많은 빛을 받는다. 햇빛이 충분히 강해서 빛의 강도가 더 올라가도 광합성량이 늘지 않는 광포화 상태다. 이런 경우 세포 또는 엽록체가 흡수하고 남는 빛이 광억제(필요한 빛의 양보다 더 많은 빛에 노출됨으로써 광합성 작용이 오히려 저해되는 일)를 일으킨다. 이를 막기 위해 꼭대기 잎은 햇빛을 다 받지 않고 일정한 각을 이루어 빛이 아래쪽을 비추게 한다. 아래쪽에 있는 잎이 빛을 잘 받도록 상부상조하며 삶을 유지하는 것이다.

광억제가 생기는 이유는 강한 햇빛에 앞서 말한 D1 단백질이 망가지기 때문이다. 이름이 좀 특이하지만 D1 단백질은 광계(光系)를 구성하는 중요한 단백질 중 하나다. 물을 분해한 후 전자를 떼어내 광계반응중심(photosystem reaction center)으로 전자를 내보내는 역할을 한다. 이 단백질이 망가지면 광계가 기능을 하지 못해 햇빛을 ATP와 NADPH로 바꾸는 효율이 떨어져 광합성이 줄어든다.

광계 II는 물을 분해해 전자를 공급하고, 엽록소의 전자가 햇빛에 의해서 떨어져 나온 후 이동하는 일련의 단백질 집단이다. 이 과정에서 방출된 전자는 여러 종류의 단백질을 거쳐 그라나 안으로 수소 이온을 옮긴다. 그라나 안에서는 수소 농도가 높고 pH가 낮아져 전하와 농도 차이로 인해 밖으로 나가려는 힘이 생긴다. 이 힘을 이용해 ATP를 합성하고, 마지막으로 전자가 NADP와 만나서 NADPH를 만든다.

광계 II 내에서는 엽록소에서 떨어져 나온 전자가 다시 돌아가지 않는다. 대신 물을 분해해서 얻은 전자가 이를 대체한다. 물이 분해되면 수소와 산소로 나뉜다. 산소는 가스로 발생하고 수소는 환원력을 가지게 되어 탄수화물 속으로 들어간다. 광계 II와 달리 전자가 다시 돌아가는 경로도 있는데, 이것이 광계 I이다. 이 두 가지 경로가 빛에너지를 화학에너지로 바꾼다.

광합성 명반응도 빛이 너무 강하면 광억제가 일어나기 때문에 다양한 방법으로 광억제를 피한다. 앞에서 말한 것처럼 잎이 각도를 바꾸는 것 외에, 남는 태양에너지를 빛이나 열로 내보내는 방법이 있다.

엽록체가 빛을 피해 세포 내 벽쪽으로 달아나는 방법도 있다. 일반적으로 엽록체는 빛이 강하지 않을 때는 세포에 골고루 퍼져 있다. 그러다가 빛이 너무 강하면 세포벽에 최대한 가까이 붙어서 통과하는 빛의 양을 늘린다. 망가지지 않으려고 위험을 피하는 것이다.

안토시아닌의 양을 늘려 광억제를 피하기도 한다. 그런데 안토시아닌은 타감작용도 한다. 가을에 잎이 지는 것은 이런 특성을 이용한 것이다. 잎이 땅 위로 떨어지면서 먼저 떨어진 씨앗이 햇빛을 보지 못하게 하거나, 낙엽에 존재하는 안토시아닌이 다른 식물이 자라지 못하게 막기도 한다. 이는 특화된 조직이 주 기능 말고 보조 기능도 가지고 있다는 뜻이다. 식물은 이렇게 다양한 기능을 통해 자신의 생존을 유리하게 만든다.

식물체 내 탄소 이동

옥수숫대를 쪼개면 그 속에 하얀 스펀지 같은 것이 있는데, 맛이 달다. 샐비어꽃(사루비아꽃)도 따서 그 끝을 빨면 단맛이 난다. 아카시아꽃이나 진달래꽃 또한 먹다 보면 은은한 단맛이 있다. 요즘은 대기오염으로 꽃을 먹는 경우를 보기 힘들지만, 옛날엔 많이 먹었다. 꽃에서 맛보는 단맛은 광합성 산물로 성분은 설탕이다.

엽록체에서 만들어진 포도당은 바로 세포질로 나오지 못하고 잠시 녹말로 저장된다. 엽록체가 두 개의 막으로 둘러싸여 세포질과 구분되어 있기 때문이다. 낮에 광합성을 하는 동안은 일부 고정된 탄소가 3탄당 인산으로 엽록체를 떠나 세포질로 나오고, 일부는 호흡에 이용된다. 세포질로 나온 광합성 산물은 당합성(gluconeogenesis) 과정을 거쳐 포도당과 과당으로 바뀐다. 이처럼 광합성 결과로 만들어진 유기탄소들이 세포질의 물질로 다양하게 전환되는 것을 '배정'이라 한다.

과당과 포도당이 결합한 이당류는 설탕이다. 설탕은 체관으로 이동해서 수용부(sink)로 옮겨 가는 물질이라 식물에서 매우 중요하게 쓰인다. 수용부는 광합성 산물을 받아들이는 곳으로 뿌리, 저장기관, 꽃, 열매, 어린잎 등이다. 세포를 떠나 여러 기관으로 광합성 산물이 이동하는 것을 '분배'라 한다.

해가 떨어지고 밤이 되면 대사경로가 낮과 달라진다. 엽록체 안에 축적된 녹말이 분해되어 엿당으로 바뀌고, 이것이 세포질로 나온다. 이때 막과 결합한 단백질 수송체의 도움을 받으며, 이후 설탕이 만들어진다. 그런 다음 체관을 따라 뿌리 등으로 이동해 식물 전체로 퍼진다.

단당류나 이당류는 일반적으로 환원력이 있다. 이동할 때 주변의 다른 물질을 환원하는 것이다. 그러면 화학구조가 달라져 기능이 변할 수 있다. 이는 식물의 성장에 바람직하지 않을 수 있어서 환원력이 없는 당을 수송용 당으로 이용한다. 이당류 중 유일하게 환원력이 없는 것이 설탕이다. 식물이 설탕을 탄소 이동에 필요한 물질로 쓰는 이유다.

뿌리나 꽃처럼 광합성을 못 하는 세포에서는 잎에서 보내준 설탕을 분해해 물질대사를 한다. 미토콘드리아에서 에너지를 얻고 필요한 물질을 만든다. 꽃향기를 내거나, 뿌리 성장을 위해 물질을 이용한다. 때로는 벌이나 미생물을 유인하기 위해 유기물을 외부로 내보내 공생하기도 한다. 인심(?)이 후한데, 이와 관련해서는 나누기 전략에서 다룰 예정이다.

잎의 다른 기능들

대학 축제 때 OB맥주 견학이 있었다. 참석하지는 못했으나 견학 중 맥주를 마신 친구들 때문에 돌아오는 길에 화장실 문제로 한바탕 소동이 있었다고 들었다. 사람이 오줌을 누는 이유는 단백질 구성성분인 아미노산의 분해과정에서 생기는 암모니아를 없애기 위해서다. 암모니아는 독작용을 일으키는데, 양이 많아지면 사람이 죽는다. 건강한 성인의 경우 혈액 내의 암모니아 양은 약 150~450mg/L다.

동물의 종류에 따라 다르지만 암모니아, 요소, 요산의 세 가지 형태로 배설한다. 이 가운데 요소로 배출할 때는 오줌에 섞여 나온다. 새들은 요산의 형태로 버리기 때문에 오줌을 누지 않는다. 사람이나 소 등의 포유류 대부분은 질소 성분이 오줌에 섞여 나온다.

식물은 동물과 완전히 차원이 다르다. 식물이 오줌을 누는 모습을 본 사람은 없다. 혹시 누군가 오줌 누는 식물을 보았다면 즉각 알려주면 좋겠다. 지금까지 없었던 새로운 위대한 발견이기 때문이다.

식물도 단백질이 있다. 대사과정에서 아미노산이 나오는 것도 동물과 같다. 그럼에도 불구하고 식물이 배설을 하지 않는 이유는 동물과 대사경로가 달라서다. 식물은 아미노산 분해로 나오는 암모니아를 다시 아미노산에 결합하는 동화능력이 있다. 오래된 아미노산을 새로운 아미노산으로 거듭나게 하는 물질대사 과정이다.

식물은 질소동화(식물이 무기질소화합물로부터 아미노산과 같은 유기질소화합물을 만드는 작용)와 함께 황동화도 가능하다. 동물은 황동화가 안 되어 황이 포함된 별도의 아미노산을 섭취해야 하는데 이들이 필수아미노산에 속한다.

필수아미노산은 동물의 종류와 나이에 따라 차이가 있으나 대체로 10종이다. 발린(valine), 류신(leucine), 아이소류신(isoleucine), 메티오닌(methionine), 트레오닌(threonine), 라이신(lysine), 페닐알라닌(phenylalanine), 트립토판(tryptophan), 히스티딘(histidine), 아르지닌(arginine)이다.

동물은 필수아미노산을 합성하지 못한다. 그러나 이동을 할 수 있고 자신에게 필요한 물질을 섭취한다. 아미노산을 합성하지 못하는 단점을, 이동과 섭취라는 장점을 살려 해결한 것이다. 그 대신 골고루 먹어야 한다. 벌새는 주로 꽃의 꿀을 먹지만 곤충도 먹는다. 꿀에는 탄수화물밖에 없어 단백질 섭취를 하려면 그렇게 해야 한다. 사람도 이와 같다. 채식과 육식을 함께 해서 몸에 필요한 영양물질을 골고루 얻는다.

질소동화와 황동화를 위해 식물이 이용하는 질소와 황의 형태는 질산염이나 황산염이다. 대기 중에 80퍼센트를 차지하는 질소는 쓸 수 없다. 질산염과 황산염으로 된 것을 뿌리가 흡수하여 잎의 엽록체로 보내면 이들이 환원되면서 아미노산과 결합한다.

질산염과 황산염 환원에 필요한 에너지는 빛에서 얻는 ATP와 NADPH다. 질소와 황 두 물질의 동화 반응에 쓰이는 에너지는 식물이 쓰는 전체 에너지의 25퍼센트쯤 된다. 어마어마한 양이다. 그렇지만 그 에너지는 태양으로부터 얼마든지 얻을 수 있다. 식물이 질소나 황의 동화를 마음 놓고 할 수 있는 이유다. 이 대사는 엽록체에서 행해진다.

질소나 황의 동화 외에도 엽록체는 시스테인, 메티오닌, 라이신, 트레오닌, 아이소류신을 포함해 방향족 아미노산, 지방산, ABA나 지베렐린 같은 호르몬, 2차 대사산물 등 다양한 물질을 만든다. 2차 대사산물은 타감작용에도 쓰인다. 식물의 독립적 삶에 엽록체는 필수다.

식물은 한번 뿌리박으면 거기서 수십, 수백, 또는 수천 년을 살아야 한다. 필요한데 합성할 수 없는 물질이 있다면 서식지에 심각한 제약이 생길 수밖에 없다. 다른 종과의 서식지 경쟁에서 불리해지고 생존이 어려워진다. 어느 곳에서나 살 수 있으려면 생명에 필요한 모든 유기물질을 합성하는 방법이 가장 좋다. 식물은 이런 방식으로 진화해 왔기 때문에 삶에 필요한 모든 물질을 합성할 수 있다. 만일을 대비해 준비가 철저하다.

2 잎의 구조와 환경 적응

활엽수 잎

초등학교 때로 기억한다. 표피, 울타리조직, 해면조직, 기공, 잎맥 등 잎의 구조를 배울 때였다. 선생님이 잎의 구조를 설명했다(그림 5-1). 그런데 표피세포가 볼록하게 생긴 이유가 궁금했다. 울타리조직은 왜 해면조직 위에 있는지, 위아래가 바뀌면 안 되는지, 울타리조직 세포는 왜 서 있는지 등도 궁금했다. 그러나 이런 내용을 질문하지 못했다. 시간이 흐르면서 이런 궁금함 또한 차차 잊혀갔다.

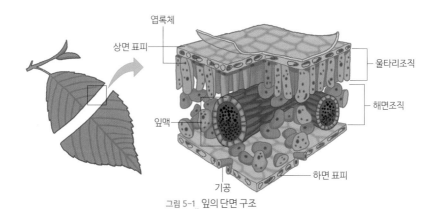

그림 5-1. 잎의 단면 구조

그러다가 몇 년 전, 식물 생리를 강의하려고 교재를 다시 펼쳤을 때 어린 시절부터 궁금했던 것들에 대한 답을 보았다. 너무나 기뻐 무릎을 탁 하고 칠 정도였다. 별 것 아닌데 너무 좋아한다고 할지 모르겠으나, 궁금해하고 찾고 다시 궁금해하는 이 과정이 문제 해결에서 중요하다. 당연히 더 많은 해법을 찾을 수 있어 더 행복하다.

　　웬일인지 우리는 배움의 과정에서 잘 궁금해하지 않는다. 궁금한 것이 없 다기보다는 궁금해하지 못하도록 배운 것 같다. 어쨌거나 지금은 식물 잎의 표피세포가 사람의 표피세포와 달리 볼록하게 생긴 이유나, 울타리조직이 해 면조직 위에 있을 수밖에 없고 또 울타리조직 세포가 서 있는 이유 등을 설 명할 수 있다.

　　잎의 중심 기능은 햇빛을 식물이 이용할 수 있는 에너지로 전환하는 것이다. 햇빛에서 에너지 생산을 못하면 다른 물질대사도 제대로 이루어지기 어렵다. 따라서 잎은 가능한 한 많은 빛을 잘 받을 수 있는 구조로 되어 있다. 표피세포가 다소 볼록하고, 울타리조직이 해면조직 위에 배열된 이유도 그런 역할을 하기 위한 것이다.

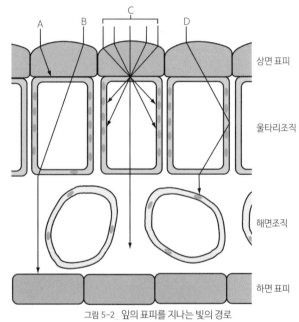

그림 5-2_ 잎의 표피를 지나는 빛의 경로

A: 울타리조직 위쪽의 엽록체에 흡수되는 빛의 경로
B: 울타리조직을 지나 잎을 통과하는 경로
C: 울타리조직 세포 안의 엽록체에 흡수되는 경로로 잎을 통과하는 경로 포함
D: 울타리조직에서 반사되어 해면조직의 엽록체에 흡수되는 경로

세포는 일반적으로 거의 투명한 편이어서 빛이 잘 투과한다. 따라서 세포가 볼록하면 이곳을 지나는 빛은 볼록렌즈를 통과한 빛처럼 된다. 한쪽으로 모이게 되며, 초점거리를 지난 뒤 옆으로 퍼진다. 이렇게 빛의 경로를 바꾸는 표피는 울타리조직 세포에 골고루 빛이 가서 엽록체에 도달하도록 돕는다. 이는 울타리조직 세포가 빽빽하게 세로로 줄지어 선 까닭과도 연결된다.

세포 안의 엽록체는 촘촘하게 배열되지 않고 여기저기 흩어져 있다. 그래서 공간 사이로 일부 빛이 흡수되고 나머지 빛은 통과한다. 이것을 '체효과'라 한다. 이렇게 통과한 빛은 아래층 세포의 엽록체에 의해 다시 잡힌다. 울타리조직이 여러 층인 이유인데, 음지식물은 한 층이다.

빛의 양은 아래층으로 갈수록 줄어든다. 그래서 빛을 더 효과적으로 잡기 위해 세포가 옆으로 눕고, 모양과 배치가 불규칙해진다. 이런 구조 덕분에 빛은 세포 안으로 들어왔다 나가면서 굴절되어 직선으로 통과할 때보다 네 배나 더 긴 거리를 이동한다. 듬성듬성 빈 공간이 있는 해면조직은 기공에서 들어온 이산화탄소가 확산되도록 해준다. 해면조직이 잎의 아래쪽에 위치하는 또 다른 이유다.

잎은 햇빛을 최대한 많이 받고 동시에 이산화탄소가 골고루 잘 퍼지는 구조로 되어 있다. 자신에게 필요한 자원을 되도록 많이 받을 수 있게 설계된 셈이다. 곧 광합성을 극대화하도록 빛에너지를 최대한 효율적으로 얻게 함으로써 전쟁에서 이길 수 있는 무기로 잎을 활용한다.

침엽수 잎

잎의 구조는 언제나 활엽수 잎을 모델로 한다. 생물학 관련 책들에는 대부분 활엽수 잎이 실려 있다. 물론 침엽수 잎이 실려 있는 것도 있지만, 이것의 구조를 자세히 설명하는 것을 본 기억이 없다. 그림 5-3은 침엽수 바늘잎의 단면 구조다. 중앙으로 잎맥에 해당하는 유관속이 지나며, 수지관이 있다.

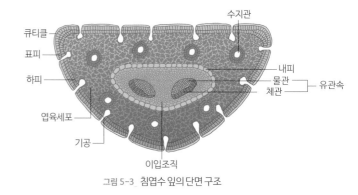

그림 5-3_ 침엽수 잎의 단면 구조

바늘잎이 있는 나무는 주로 눈이 오는 지역에 산다. 이런 곳에 사는 침엽수는 겨울에도 푸르다. 만일 침엽수의 잎이 넓다면 그 위에 눈이 쌓일 것이고, 오랫동안 남을 수 있다. 그런데 눈은 햇빛을 반사하므로 햇빛을 받는 데는 바람직하지 않다. 이를 피하고자 바늘잎이 진화했다.

바늘잎은 눈이 위에 쌓이기 힘든 구조다. 아울러 침엽(針葉)은 구덩이 같은 기공이 있고, 표면 큐티클층에 지용성의 왁스 성분이 있다. 이것들이 증산작

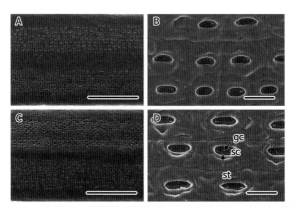

그림 5-4_ 주사전자현미경(SEM)으로 확인한 침엽수 잎의 기공대와 기공 구조
gc: 공변세포(guard cell), sc: 보조세포(subsidiary cells) st: 기공(stomata)

용에 따른 물의 손실을 줄여 좀 더 건조한 곳에서 더 잘 자랄 수 있다. 활엽수와 침엽수의 서식 공간이 다른 이유와도 연결된다.

그림에서 A와 B는 구상나무(*Abies koreana*), C와 D는 전나무(*Abies nephrolepis*)로 잎의 기공대(stomatal zone)와 기공을 전자현미경으로 확대한 모습이다. 기공대란 기공이 줄지어 있는 부위인데, 이곳이 희끗희끗하게 보인다.

바늘잎은 표면적이 넓지 않아 햇빛 흡수에 그다지 효과적이지 않지만, 겨울에도 광합성을 할 수 있고 한번 만들면 몇 년을 쓸 수 있다. 자원 낭비를 줄이는 장점이 있다. 활엽수가 새잎을 만들고 다시 떨어뜨리면서 광합성을 통해 얻은 유기물 자원 일부를 버려야 하는 것과는 대비되는 점이다.

침엽수는 전체 중 일부만 잎이 떨어지고 또 새로 나기를 반복한다. 더구나 잎 자체도 넓지 않다. 활엽수처럼 봄철에 새로 잎을 만들기 위해 영양물질을 대량으로 흡수할 필요도 없다. 따라서 활엽수에 비해 다소 척박한 토양에서도 잘 살 수 있다.

바늘잎은 동결로 내부의 세포가 얼지 않도록 보호해 주는 역할을 한다. 잎이 가늘어 바람의 저항도 적다. 잎의 물관과 체관을 보호하는 덮개로 둘러싸여서 나쁜 조건에서도 계속 작동한다. 더구나 광합성 세포는 방수성 왁스 성분으로 코팅되어 있어 나무의 에너지를 계속 모을 수 있다. 이러한 특징 때문에 낙엽수보다 척박하고 바람이 강하며 춥고 거친 환경에서 잘 견딘다. 이는 전 세계 삼림의 29퍼센트를 차지하는 타이가(taiga, 냉대기후지역 중 유라시아 대륙과 북아메리카를 동서 방향의 띠 모양으로 둘러싼 지역)가 침엽수림인 이유와도 연결된다.

3 펼쳐진 가지

숲의 빛 투과도

지상부는 빛이 필수 자원이다. 빛은 지구상 어디에나 있지만 위로 갈수록 확보에 유리하다. 이런 점이 식물의 높이 경쟁을 유도한다. 그러나 반대로 낮은 곳에서 틈새를 노리기도 한다고 앞서 설명했다. 높이 경쟁을 하지만 방향이 항상 위로 가는 것은 아니다.

녹색으로 뒤덮인 숲은 키 큰 교목들이 상층에 분포한다. 교목의 가지와 잎은 지붕처럼 이어져서 임관 또는 수관(canopy)을 이룬다. 바로 아래에는 아교목, 관목, 초본류가 순서대로 산다. 빛이 상층부 표면을 지나 아래로 내려가면 만날 수 있는 잎의 양이 많아진다. 그러나 잎이 빛을 흡수하기 때문에 아래로 갈수록 빛의 양은 줄어든다.

빛이 줄어드는 정도는 잎의 크기 또는 개수에 의해 결정된다. 이것을 단위 면적당 잎의 면적(엽면적 지수)으로 나타낼 수 있다. 엽면적 지수가 커지면 하층부에서 이용할 수 있는 빛의 양은 줄어든다. 이를 지수함수 $AL_i = e^{-LAi \times k}$로 표현한다. ALi는 어떤 수직 높이 i에 도달하는 빛이고, LAIi는 높이 i의 엽면적 지수 그리고 k는 흡광계수다.

수식이 나오면 갑자기 정신이 없어지는 경우가 많으나 이런 수식을 굳이 알 필요는 없다. 단지 이런 것을 알고 싶어 하거나 좋아하는 사람도 있어서 적었다. 관심 없다면 신경 쓰지 않아도 된다. 단지 수식으로 표현할 수 있음을 확인하는 것으로 충분하다.

교목이 자라는 숲(그림 5-5. A)은 잎이 빛을 일부 반사(10%)하고 대부분은 흡수(79%)하기 때문에 아래는 빛의 양이 점점 줄어든다. 따라서 이러한 조건에서는 수고(樹高)가 높은 식물이 잘 살 수 있으므로 빠른 성장과 든든한 줄기가 필수적 요소가 된다.

초원(그림 5-5. B)은 식물의 성장 유형이 숲과 다른데, 잎의 밀도가 아래보다 위가 성기다. 임관 윗부분보다는 중간 부분(36%)과 바닥(34%)에 도달하는 빛의 양이 많다. 키 작은 풀도 얼마든지 햇빛을 받을 수 있다.

식물은 서식하는 지역의 빛의 양에 따라 적응한다. 어떤 종이나 개체가 특정 지역을 선점하면 다른 생명체가 자리 잡을 기회가 없어진다. 나무뿐 아니라 풀도 마찬가지다. 선점이 경쟁의 매우 중요한 요소가 된다.

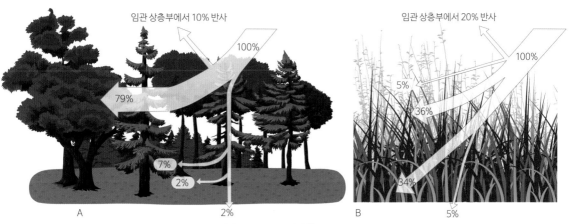

그림 5-5_ 식물 임관(수관)에 의한 빛의 흡수와 반사(A: 침활 혼효림, B: 초원)

특정 지역을 선점하지 못한 식물은 새로운 특성을 만들어낸다. 앞서 설명한 것처럼 빛이 없는 곳에 적응한 식물은 살아남기 위해 엽록소 양이나 잎의 성질을 바꾼다. 이렇다 보니 임관을 구성하는 교목이 죽어 빛을 많이 받게 되면 음지에 적응했던 식물이 오히려 잘 자라지 못한다. 생존을 위한 경쟁 회피의 조화라고 할 수 있다.

숲과 동물도 이런 관계를 맺는다. 녹색은 광합성에는 쓸데없는 빛이다. 그러나 인간은 녹색을 보면 세로토닌이 많이 생긴다. 행복감을 느끼는 것이다. 녹색 파장의 빛에 적응한 결과겠지만, 식물과 다른 파장의 빛을 즐긴다. 이것도 경쟁을 피하면서 모두 생존 가능성을 올리는 사례라 생각된다. 아마도 식물과 인간의 공진화의 결과일 것이다. 다름을 이용한 공존의 좋은 모델처럼 보인다.

숲은 상층은 상층대로, 하층은 하층대로 각자의 가치를 인정하고 적응했다. 키가 큰 개체는 그 장점을 바탕으로 살고, 키가 작은 개체는 다른 장점으로 산다. 그리고 우리가 잘 느끼지 못하는 방식으로 조화를 이루었다. 경쟁 속에서 살아남기 위해 적당한 타협과 회피를 한 덕분이다. 그에 따라 모두가 다 살 수 있게 되었다.

굴성과 자원 확보

여름밤에 환하게 전등불을 켜두면 곤충들이 달려든다. 빛을 따라오는 곤충들 때문에 나타나는 현상이다. 그러나 달려드는 곤충이 모두 빛을 좋아하지는 않는다. 빛을 좋아하는 곤충을 잡아먹는 종도 먹이를 따라 날아온다. 이와 같이 특정한 자극에 따른 동물의 행동을 주성(走性)이라 한다. 자신이 원하는 자원을 얻으려 이동하는 현상이다.

식물은 한곳에 뿌리를 내리고 살아 이동이 막혀 있어 주성이 없다. 그러나 필요한 자원이 있는 쪽으로 몸을 굽힐 수는 있다. 이것을 굴성(屈性)이라 한다. 자신의 생존에 유리한 자원을 더 많이 얻기 위한 몸의 변화다.

굴성이란 말을 들으면 단종이 떠오른다. 단종은 삼촌인 세조에게 왕위를 넘긴 인물로 세종의 손자다. 이후 그는 잠시 상왕으로 있다가 단종 복위 운동, 사육신 사건 등의 여파로 1457년에 유배되면서 서인(庶人)으로 17세에 생을 마감했다. 숙종 24년(1698년) 11월 16일에 묘호(廟號)가 단종으로 복위되어 240년 만에 왕으로 인정받고, 능호는 장릉으로 추복됐다.

단종릉인 장릉 주변은 소나무들이 왕릉을 향해 고개 숙인 모습을 하고 있다고 한다. 사람들은 이 소나무들을 단종의 안타까운 죽음을 애도하는 모습으로 받아들인다. 그러나 이것은 햇빛을 따라가는 식물의 굴성에서 나오는 현상일 뿐이다.

무덤 근처의 소나무들이 햇빛을 더 많이 받으려면 잔디로 덮인 무덤 쪽으로 가지를 뻗거나 줄기를 기울여야 한다. 잔디 상층부에 교목이 자랄 수 있는 충분한 공간이 있기 때문이다. 이렇게 해서 생긴 형태가 고개 숙인 소나무다. 다른 왕릉 주변의 소나무도 이와 비슷하다.

과학적으로 장릉 주변의 고개 숙인 소나무는 단종 애도와는 아무 관계가 없다. 그러나 단종릉과 굽은 소나무는 생존에 대한 갈망과 연결된다. 어린 나이에 삼촌에 의해 죽음을 맞은 단종의 아픈 마음과 살아남고자 구부러진 소나무의 줄기는 서로 잘 어울리는 듯하다.

생존을 위한 몸부림에는 인간이든 소나무든 차이가 없다. 애도는 단종의 마음에 더 많은 사람이 공감하기 때문일 것이다. 천수를 누렸다면 애도하지 않았을 것이다. 어쨌거나 다시는 이렇게 다치는 사람이 생기지 않기를 바란다. 장릉의 굽은 소나무가 가슴을 아리게 하는 이유인 듯하다.

왕릉 주변의 소나무처럼 식물이 햇빛을 향해 굽는 성질을 굴광성이라 한다. 여기에는 옥신이라는 식물호르몬이 관여한다. 빛이 비치는 쪽은 옥신 농도가 줄어들면서 성장이 억제되고, 그늘 쪽은 반대로 성장이 촉진되어 햇빛이 있는 쪽으로 줄기가 휜다.

굴중성도 있다. 굴중성이란 중력에 대한 굴성이다. 싹이 튼 콩(콩나물)을 일정 기간 눕혀두면 줄기는 위로, 뿌리는 아래로 향한다. 신기하게도 위아래를 인지한다. 식물이 위아래를 인지하지 못하면 줄기가 햇빛을 향해 올라갈 수가 없다. 땅에서 영양분을 얻을 수도 없다.

콩나물을 눕혀 두면 중력 때문에 옥신이 아래에 모여 농도가 올라간다. 이것에 반응해서 줄기 부분은 아래쪽 성장이 촉진되고 뿌리 부분은 성장이 억제된다. 이는 줄기와 뿌리의 옥신 민감도가 달라서 생기는 현상으로 뿌리는 더 낮은 농도에서 성장이 촉진된다. 따라서 줄기는 위를 향하고 뿌리는 아래를 향한다.

땅속에는 빛이 없으니 중력에 대한 반응도 중요하다. 빛에만 반응하면 어두운 땅속에서 뿌리가 위아래를 확인하지 못한다. 이렇게 되면 땅속의 씨앗이 발아한 후에 어디로 가야 할지 방향을 잡지 못한다. 이처럼 굴중성은 식물 성장에 필수적이다.

간혹 줄기가 위로 올라가지 않는 식물도 있다. 충남 홍성의 용봉산 노적봉을 산행할 때였다. 우연히 바위에 뿌리를 내리고 옆으로 자라는 소나무를 보았다. 키가 일 미터 남짓한 자그마한 나무였다. 솔잎과 일부 가지가 위로 향했지만 줄기는 옆으로 자랐다. 쉽게 보기 어려운 광경이었다. 줄기가 중력에 반응하지 않는 것 같아서였다. 정확한 이유는 알 수 없으나 연구해 보면 재미

있을 것 같다는 생각이 들었다.

뿌리가 땅으로 내려가면서 돌을 만날 수 있다. 돌은 뿌리의 성장을 막는다. 압력이 생기고, 그 압력에 의해서 뿌리의 방향이 휜다. 돌을 피하는 것이다. 이런 작용과 관련된 것이 접촉에 의해 휘는 굴촉성이다. 물을 따라가는 굴수성, 꽃가루관에서 화학물질에 의해 굽어지는 굴화성도 있다. 꽃가루관은 자방이 내는 화학물질을 따라 뻗어 수정한다.

식물의 굴성은 빛, 영양물질, 물 등 자신에게 필요한 자원을 얻는 데 이용된다. 번식을 위해 배우자를 찾는 수단이 되기도 한다. 식물은 동물과 달리 이동할 수 없는 한계를 자신만의 방법으로 해결했다.

줄기의 변형, 포복경과 지하경

잎이 다 떨어진 겨울철이나 이른 봄철에 산에 올라가다 보면 쉽게 발견할 수 있는 장면이 하나 있다. 돌을 기어가는 줄기 모습이다(그림 5-6). 줄기는 위로 올라가는 특징이 있지만 이런 줄기는 전혀 다르다. 담쟁이덩굴처럼 벽을 타고 가듯이 바위를 붙들고 간다. 줄기의 기능이 일반적인 나무와 다르게 바뀐 것이다.

어떤 도구라도 도구는 원래의 목적으로만 쓰이지 않는다. 인간이 직립보행을 하고 손이 자유로워지면서 손은 다양한 목

그림 5-6_ 돌 위를 기어가는 덩굴식물

적으로 쓰이고 있다. 과거에는 잎을 따고 물건을 집고 하는 정도에서 크게 벗어나지 않았을 것이다. 그러나 지금은 손으로 가스 불도 켜고 버튼도 누르며 타이핑도 한다. 이는 도구의 최초 용도가 주변 상황에 따라 변화할 수 있음을 보여준다.

줄기도 마찬가지다. 모든 줄기가 햇빛을 더 많이 얻으려고 위로 올라가는 것은 아니다. 줄기의 생장 방향은 여러 가지다. 끝이 위로 올라가는 것과 땅으로 기어가는 것이 있다. 후자는 다시 뿌리가 나오는 것과 나오지 않는 것으로 구분되며, 지하로 자라는 것도 있다. 감자처럼 줄기가 비대해져 영양물질을 저장하는 것도 있다. 선인장처럼 아예 잎은 사라지고 줄기가 잎의 기능을 대신하기도 한다.

용도가 정해졌다 하더라도 다른 목적으로 이용할 수 있다. 엿장수처럼 가위를 본래의 목적과 완전히 다른, 소리를 내는 도구로 쓸 수도 있다. 그러나 인간은 용도가 정해진 도구의 기능에서 잘 벗어나지 못한다. 익숙한 것이 옳다고 생각하는 경향 때문이다. 다른 용도로의 개발은 매우 창의적인 발전이다. 어쨌거나 도구는 환경에 따라 애초의 목적과 달리 기능이 변할 수 있다.

줄기가 옆으로 퍼지는 쪽으로 기능이 바뀐 관목 중 하나가 국수나무다. 국수나무는 봄에 하얀 꽃이 핀다. 잎은 국화 잎과 살짝 비슷하고, 가지는 약간 올라간 후 땅 쪽으로 활처럼 휘어진다. 잎과 가지 모양을 보면 국수와는 거리가 멀다. 줄기를 꺾으면 가운데 하얀 국수 가닥 같은 것이 나와서 국수나무라는 이름이 붙었다고 한다.

국수나무 가지는 위로 올라가기보다는 옆으로 퍼진다는 표현이 오히려 더 적절하다. 키를 키울 필요가 상대적으로 적어 적당히 중력에 적응한 형태이기도 하다. 이런 관목은 숲속에서 틈새시장을 찾아다니며, 교목들이 만든

그림 5-7 옆으로 자라는 줄기 형태(A: 포복성, B: 복와성)

수관 사이로 들어오는 빛을 받아 광합성을 한다. 수관 때문에 자신이 있는 곳에 빛이 적게 들면, 빛이 많이 비치는 쪽으로 영양생식을 통해 '이동한다'. 줄기가 이동 수단이 된 것이다. 비록 동물처럼 빨리 걷지는 못하지만, 줄기 성장을 통해 햇빛이 많은 곳으로 이동할 수 있다.

줄기가 땅 위가 아니라 옆으로 퍼져가면서 끝이 위를 향하는 성질을 복와성(decumbent)이라 한다. 그리고 줄기 끝이 위로 향하지 않고 퍼지는 성질을 포복성(procumbent)이라 한다. 한마디로 땅 위를 기는 형태다. 포복성 줄기에는 뿌리가 나오는 것과 나오지 않는 것 그리고 포복경이 나와서 새로운 개체로 번식하는 것이 있다. 포복경은 절간(節間, 잎이 달려 있는 마디와 마디의 사이)이 길고, 마디에서 뿌리와 잎이 돋아난다.

포복경이나 지하경은 영양성장으로 새로운 개체를 만들 수 있다. 따라서 어떤 개체가 서식지에 정착하면 주변 지역으로 확산해 갈 수 있다. 햇빛을 얻으려고 위로 올라가는 것이 아니라 옆으로 가는 것이다. 이처럼 옆으로 줄기가 자라면서 이동과 확산을 하는 식물은 많다. 대나무는 땅속줄기를 통해 자리를 바꾸고 개체수를 늘리기도 한다. 전통적 방식에서 벗어나 새로운 관계를 형성하는 식물의 생존 방식을 보면 창의성이 필요한 이유를 알 듯하다.

나무의 형태, 수형

그림 5-8 꼭대기로 가지가 모이는 형태(제주도)

나무의 형태는 빛을 얼마나 많이 받는지를 결정하기 때문에 광합성 능력과 연결된다. 이에 따라 열대에서 자라는 종려나무처럼 꼭대기로 가지가 많이 모이는 형태와 온대에서 흔히 볼 수 있는, 가지가 옆으로 퍼져서 폭과 높이의 비가 커지는 형태가 있다.

전자의 수형은 숲 주변을 가리는 그늘 면적이 작다. 그러나 수형을 유지하기 위해 가지를 버려야 한다. 이 수형은 수직으로 내려오는 빛에 잘 반응할 수 있다. 태양의 고도가 높은 저위도에서 성장하는 데 보다 유리한 수형이다. 후자의 수형은 가지를 만드는 데 자원을 많이 사용하고 잎의 밀도를 낮추어 자신이 그늘을 만드는 정도를 줄여 광합성을 늘린다.

앞의 두 가지 수형의 특징은 진화적으로 안정화 전략에 따라 형성되었다. 1차 생산량을 극대화하기 위한 전략이다. 지구는 23.5도 기울어져 있어서 위도가 올라감에 따라 태양이 비스듬하게 비친다. 봄, 여름, 가을, 겨울 태양이 비치는 각도의 변화가 크다. 이런 곳에서는 폭과 높이의 비가 커서 옆으로 넓게 퍼지는 형태의 나무가 자란다.

수형은 수목의 전체적인 모양으로 수관, 수지, 수간 등의 요소로 나뉜다. 수관(樹冠)은 가지가 파생해 만든 수형의 윤곽이며, 가지가 뻗어 나가는 형태를 수지(樹枝)라고 한다. 수간(樹幹)은 뿌리에서 줄기가 뻗은 형태다.

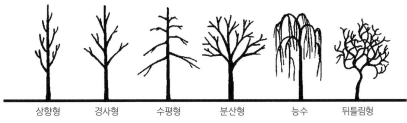

상향형　　경사형　　수평형　　분산형　　능수　　뒤틀림형

그림 5-9_ 나뭇가지를 뻗는 방향에 따른 분류

　　수관은 정형적인 것과 부정형적인 것이 있다. 정형적인 것은 직선형과 곡선형으로 나눈다. 세부 모양에 따라 나누기도 하는데 원주형, 원추형, 원통형, 우산형, 왕관형, 첨탑형, 원개형, 타원형, 난형, 구형, 역삼각형, 반구형, 방두형, 불규칙형, 포목형, 만경형 등이 있다.

　　수간은 직간(직립형), 총상(다분지형), 곡간(곡선형), 쌍간형, 경사형(傾瀉形), 밀집형, 현애형(懸崖形) 등으로 나눈다. 수지의 모양은 가지의 신장 방향에 따라 상향형, 경사형, 수평형, 분산형, 능수형 그리고 뒤틀림형으로 구분한다.

　　나무의 형태는 위로 올라가는 가지는 굴중성의 영향이 크고, 옆으로 퍼지는 가지는 굴광성과 관련이 있다. 이것을 확인하기 위해 많은 과학자들이 모델을 만들어서 수형을 예측했다. 그 결과, 수형이 굴광성과 굴중성의 균형에 의하여 형성된다는 결론을 얻었다. 빛과 중력에 잘 견디고 적응한 모양이 수형이다. 다시 말하면 환경에 적응해서 지금 우리가 보는 식물의 형태가 만들어졌는데, 근본을 찾아보면 간단한 원리에서 출발했다.

4 세근 발달과 영양소 흡수

뿌리의 채굴과 결핍대

식물의 오염물질 정화 능력을 조사하면서 뿌리의 성장을 살핀 적이 있다. 알팔파 뿌리는 오염물질이 있는 종이 위에서 더 가늘고 길어지는 특징을 보였다. 이 연구를 더 깊이 파고들지는 못했지만, 산화 환원 정도가 뿌리 성장에 영향을 준다는 생각을 하게 되었다. 오염물질은 일반적으로 활성산소를 많이 만드는데, 뿌리 신장에 활성산소가 필요하기 때문이다.

나중에 애기장대(아라비돕시스)를 이용해 환원 정도에 따른 뿌리를 조사하니 환원 상태에서는 뿌리가 짧아졌다. 환원 상태가 뿌리를 짧게 했으니 앞의 결과와 연관성이 있는 듯 보였다. 재미있는 현상이어서 앞으로 연구해 봐야겠다는 생각이 들었지만, 불확실성으로 20년 넘게 기다리고 있다.

산화 환원의 영향을 받는 식물의 뿌리는 약 4억 년 전 고생대 데본기에 진화했다. 뿌리가 생겼다는 것은 식물이 육상으로 올라왔다는 것을 의미한다. 데본기 이전 실루리아기에 지구의 대기 중 산소가 증가해 형성된 오존층 덕분이다. 뿌리 성장이 산화 환원의 영향을 받는 것도 지구 대기에 적응한 형태일지도 모른다. 어쨌거나 뿌리의 진화는 영양물질 채굴이 가능해졌다는 것만을 의미하지는 않는다. 수분이 상대적으로 적은 지역으로 서식지를 넓혀갈 기회를 얻는다는 의미도 있다.

서식지가 확장되고, 뿌리가 토양 내 영양물질을 흡수하면, 그 주변에 식물이 필요로 하는 원소가 사라진다. 자연스럽게 뿌리 근처에는 영양소 농도가 낮은 결핍대가 생긴다. 결핍대의 규모는 토양에 따라 다르지만 0.2~2밀리미터쯤 된다. 한자리에 고정된 상태에서 영양물질을 흡수하는 문제를 해결해야만 한다.

간단하게는 물을 이용하는 방법을 생각할 수 있다. 물은 좋은 용매여서 무기물을 녹이고, 용해된 무기물은 지하수를 따라 이동한다. 그러나 지하수의 이동속도는 일 년에 약 2미터로 느리다. 물에 녹아 있는 염류도 당연히 느리게 이동한다. 토양 입자에서 방출된 무기물이 뿌리로 이동하는 거리는 대부분 수 마이크로미터(㎛)에 불과할 정도로 짧다. 더구나 대부분의 토양 내 무기물은 이동성이 거의 없고, 물은 중력 때문에 아래로 흐른다. 멀리 있는 무기염류가 식물 쪽으로 저절로 흘러와서 흡수되는 것은 기대하기 어렵다.

세근의 발달

뿌리 주변의 결핍대 극복 방법은 이동이 가장 좋지만, 식물은 이동할 수 없다. 이 문제를 식물은 뿌리 성장을 통해 해결했다. 뿌리 정단 부분이 자라 다른 토양이 있는 곳까지 서식 범위를 확대하는 방식이다. 새로운 장소는 환경이 달라서 식물에 필요한 무기영양소가 있다. 뿌리가 자라 새 토양을 만나면 결핍대가 사라져 무기영양소 흡수가 쉽다. 이렇게 뿌리의 무기영양소 흡수 능력은 뿌리의 성장 능력에 영향을 받는다.

앞에서 말한 것처럼 식물이 성장하려면 탄수화물 등 유기물이 필요한데,

이것은 광합성을 통해 만들어진다. 만일 광합성이 충분하지 않다면 뿌리의 성장은 제한된다. 따라서 뿌리 성장은 지상부의 광합성 능력과 밀접한 관계를 맺고 있다.

토양에서 무기물 채굴을 위해 하나의 뿌리만으로 계속 자라는 것은 한계가 있다. 접촉할 수 있는 토양이 많지 않기 때문이다. 그래서 굵은 뿌리에서 나오는 측근과 같은 세근(細根, 가는 뿌리로 물과 양분을 가장 활발히 흡수한다)이 발달했다. 지상부에서 햇빛을 잘 받기 위한 전략과 마찬가지로 가지를 쳐서 넓게 펼치는 전략을 선택한 것이다.

뿌리의 가지치기 전략을 이해하기 위해서는 뿌리의 형태를 알 필요가 있다. 뿌리는 곧은뿌리, 수염뿌리로 나뉜다(그림 5-10). 곧은뿌리에는 저장용 무나 당근 등의 저장용 곧은뿌리가 포함된다. 곧은뿌리나 수염뿌리에서 측근이 발달하고, 이것이 토양 입자 사이사이로 들어간다. 측근이나 수염뿌리에서 다시 가는뿌리(세근)들이 발달한다.

1930년대 후반에 미국 아이오와대학교의 디트머(H. J. Dittmer)는 16주간 자란 호밀의 뿌리를 분석했다. 이 식물은 1300만 개의 일차근과 측근이 발달했다. 측근은 세근과 비슷한 역할을 한다. 뿌리 길이는 총연장 500킬로미터 이상이었고, 표면적은 200제곱미터였다. 엄청난 길이에 넓은 표면적이다.

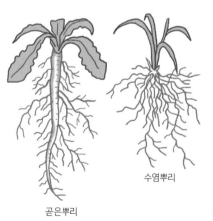

곧은뿌리

수염뿌리

저장용 곧은뿌리

그림 5-10_ 뿌리의 종류

식물 세근의 전체 길이, 무게 그리고 표면적을 잭슨(Jackson), 무니(Mooney), 슐츠(Schulze)란 사람이 1997년에 보고했다. 세근의 전체 길이는 전 세계적으로 약 $2.47 \times 10^{15} km$였다. 지구와 태양 사이의 거리 약 $1.5 \times 10^{15} km$보다 훨씬 더 길다. 어마어마한 길이다. 무게는 $40.8 \times 10^{15} g$으로 400억 톤에 달할 만큼의 엄청난 양이다. 표면적은 $1.99 \times 10^{9} km^2$이다.

뿌리는 토양 내부에 엄청나게 발달해 있다. 토양에 가려져 있어 사람들이 잘 인식하지 못할 뿐이다. 토양 안에서 벌어지는 일은 보기 힘들지만, 그것을 깨달을 필요가 있다. 약간만 관심을 가지면 알 수 있다. 세상 모든 일은 그렇게 이루어진다.

뿌리가 세근으로 나뉘는 데는 옥신이 중요하게 관여한다. 적당히 굽은 뿌리에 옥신 농도가 올라가고, 그 지점에서 세근이 발달한다. 그리고 영양물질을 흡수하는데, 옆으로 퍼지는 뿌리의 전략이 없다면 지상부의 잎과 줄기는 살지 못한다. 따라서 옆으로 퍼지는 방식을 펼치기 전략이라 했다. 푸르른 지상부도 사실은 보이지 않는 곳에서의 노력이 뒷받침된 결과다. 조금은 다른 이야기지만 지위가 높은 누군가가 돋보이는 삶을 살고 있다면 한 번쯤 식물의 지상부와 지하부의 관계를 생각했으면 한다. 그것이 뿌리와 같은 수많은 사람의 노력이 드러난 모습이기 때문이다.

무기염류의 영향

우리 집에는 행운목과 몇 개의 화초가 있다. 화초는 모두 키우기 쉬운 것들이다. 그런데 아무도 신경을 쓰지 않는다. 말라비틀어질 정도가 되어야 간혹 물을 준다. 그런데도 화초들은 잘 산다. 정확히는 그 상태로 머물러 있다. 화초들의 성장에는 방해 요소지만 행운목은 거름 상태가 좋으면 매우 빨리 자란다. 높이가 금방 천장까지 닿아 키우기 힘들어지기도 한다. 이런 상황을 막는 방법은 영양소를 공급하지 않는 것이다. 식물한테는 미안하지만 오래 함께하려면 다른 방법이 없다.

무기염류를 충분히 주지 않으면 영양소 부족으로 식물이 물질대사를 제대로 할 수 없다. 탄소화합물과 공유결합하는 무기영양소의 결핍은 식물의 성장을 어렵게 한다. 성장 속도가 느려지거나 정체된다. 그렇다고 해서 죽는 것은 아니다. 다소 힘들게 살 뿐이다.

이렇게 영양물질은 식물의 성장에 중대한 영향을 주는데, 대표적인 두 가지 성분이 황과 질소다. 일반적으로 토양 중에 황은 식물의 성장에 영향을 주지 않을 정도로 다량 들어 있다. 결국 양이 충분하지 않은 질소가 식물의 생산성을 제한한다.

질소가 부족하면 식물의 오래된 잎부터 노랗게 변하는 황화현상이 나타난다. 매우 부족하면 완전히 노래져서 잎이 떨어져 나간다. 줄기는 가늘어지고 목질화한다. 질소 함유 화합물을 만들지 못해 탄수화물이 과량 축적되어 목질화를 촉진하기 때문이다. 그 덕분에 분재 등 작은 식물을 만들 수 있는 이유가 되기도 한다. 질소 부족은 식물종에 따라 증상이 달리 나타날 수도 있는데, 토마토나 옥수수는 안토시아닌을 축적해 엽병과 줄기에 자주색을 띠게 한다.

메티오닌과 시스테인이란 두 개의 아미노산은 황 성분을 포함하고 있다. 이외에도 황은 비타민 B_1, 판토텐산 등 조효소 합성에 필요하다. 황이 부족하면 생장 정지, 황화현상, 안토시아닌 축적과 같이 질소 부족과 비슷한 증상이 나타난다. 단백질을 만드는 데 필요한 두 가지 아미노산, 곧 메티오닌과 시스테인을 합성하지 못해서다. 다만 황이 부족하면 어린잎부터 황화현상이 생긴다는 점에서 질소 부족 증상과 차이가 있다. 이는 황이 오래된 잎에서 어린잎으로 재이동이 어렵기 때문이다.

식물의 에너지 저장과 구조 유지에 관여하는 무기영양소에는 인, 규소, 붕소가 있다. 인이 부족하면 어린 식물의 생장이 멈추거나 식물의 성숙이 늦어진다. 잎이 짙은 녹색을 띄며, 변형이 오거나 괴사 반점이 생기고, 안토시아닌이 축적된다. 질소 부족과 달리 황화현상은 없다.

규소는 주로 속새과 식물의 생활사 완성을 위해 필요하다. 속새과 식물은 우리나라에 1종 7속이 있는데 쇠뜨기가 대표적이다. 쇠뜨기는 원자폭탄으로 폐허가 됐던 히로시마에서 그 어떤 식물보다 먼저 새싹을 틔웠다고 한다. 이 식물은 뿌리를 땅에 깊이 내리기 때문에 제거가 쉽지 않다. 마디 단위로 끊어지고 다시 끼울 수도 있다. 레고 같은 식물이다. 아이들에게 뺐다가 다시 끼우는 모습을 보여주면 의외로 신기해한다.

그림 5-11_ 마디에 비늘 같은 잎이 돌려 나는 쇠뜨기

규소는 대체로 수화(水化)한 비정형 이산화규소 형태로 자연 상태에 존재하며 소포체, 세포벽, 세포 간극에 축적된다. 규소가 부족하면 식물이 쓰러지거나 곰팡이 감염에 취약해진다. 벼 잎끝의 갈색 침처럼 생긴 바늘 모양의 구조물은 규소가 축적되어 만들어진 것이다. 규소는 폴리페놀과 복합체를 만들어 세포벽을 보강하기도 한다. 리그닌을 대체하는 역할이다. 알루미늄, 망간을 포함한 중금속 독성도 완화한다. 규소를 충분히 공급하면 생장과 함께 번식 스트레스 저항성이 증가한다.

붕소는 세포신장, 핵산 합성, 호르몬 반응, 막 기능, 세포주기 조절에 영향을 줄 수 있으나 정확한 기능은 불분명하다. 붕소가 결핍되면 어린잎과 끝눈의 흑색 괴사가 발생한다. 줄기는 푸석푸석하고 뻣뻣해진다. 다육질 뿌리나 괴경에서는 내부 조직이 파괴되거나 기형이 생긴다.

칼륨, 칼슘, 마그네슘 등은 이온 형태의 무기영양소다. 칼륨은 삼투압 조절에 중요한 역할을 하며, 기공 열림과 밀접한 관계가 있다. 이것이 부족하면 잎 가장자리가 황화하고 차츰 잎끝, 잎 둘레, 엽맥 사이가 괴사한다. 또 줄기가 가늘고 약해지며 절간 부위가 짧아진다.

칼슘은 새로운 세포벽 합성, 세포분열 시 방추사 형성, 호르몬 반응 등에 필요하다. 칼슘은 칼모듈린이란 단백질과 결합해 복합체를 만든다. 그리고 키나아제(인산화효소)나 탈인산화효소 등을 활성화하여 신호전달과정에 2차 전달자로 작용한다. 호르몬이나 환경 자극의 신호전달과정에 관여해 유전자 전사와 번역 과정을 조절한다. 칼슘이 결핍되면 어린 분열조직의 괴사 등의 증상이 생긴다. 뿌리는 갈색의 짧은 측근이 발달한다.

마그네슘은 ATP의 전하를 중화하는 역할을 한다. 호흡, 광합성, DNA 합성 및 RNA 합성 등 ATP가 관여하는 모든 반응에 영향을 준다. 또한 마그네슘은 엽록소 고리 구조의 일부다. 마그네슘이 부족하면 엽맥 사이에 황화현상이 일어난다. 결핍이 심해지면 황색 또는 백색으로 잎이 변한다.

염소는 산소 발생을 위한 물 분해 과정에 필요하다. 염소가 부족하면 잎끝이 먼저 시든다. 시간이 지나면 잎이 전체적으로 황화하고 괴사한다. 나중에는 잎이 청동색을 띤다. 염소가 부족한 식물의 뿌리는 발육이 정지되고 끝부근이 뚱뚱해진다. 염소는 용해성이 높아 토양에서 충분히 이용할 수 있다. 자연 상태에서 염소 부족이 나타나지 않는다.

망간은 시트르산회로의 탈탄산효소와 탈수소효소를 활성화한다. 물에서 산소가 발생하는 과정에도 참여한다. 망간이 부족하면 작은 괴사 반점이 생기며, 엽맥 사이에 황화현상이 일어난다. 어린잎 또는 오래된 잎에서도 나타날 수 있다.

적정 수준의 나트륨은 세포신장을 촉진해 생장에 유리하다. 칼륨의 역할을 부분적으로 대체하기도 한다. 일반적인 C3 식물은 나트륨이 반드시 필요하지 않다. 그러나 나트륨은 인산에놀피루브산(포도당이 분해되는 과정, 곧 해당과정의 물질 중 하나로 C4와 CAM 식물의 이산화탄소 농축에 관여)을 재생성할 때 중요한 역할을 한다. C4 식물과 CAM 식물에서 나트륨이 부족하면 괴사가 나타나거나 개화하지 못한다.

산화환원반응에 참여하는 무기이온이 부족한 경우 전자전달과 에너지변환에 어려움을 겪는다. 이런 반응에 관련된 무기이온에는 철, 아연, 구리, 니켈, 몰리브덴이 있다. 이들은 엽록소나 단백질 같은 큰 물질과 결합한 상태로 있다.

철은 시토크롬 등의 전자전달과정에 참여한다. 철이 부족하면 마그네슘처럼 엽맥 사이에 황화 증상이 생긴다. 황화 증상은 주로 어린잎에서 먼저 나타난다. 철은 불용성 산화물이며, 인산과 결합하고 침전되어 오래된 잎에서 어린잎으로 이동하기 어렵다. 장기간 결핍되면 잎 전체가 흰색으로 변한다.

아연은 여러 물질대사 과정에서 효소 활성을 위해 필요하다. 아연 결핍의 특징은 절간 생장 감소다. 절간 생장이 되지 않으면 잎들이 지면 가까이에서 원을 그리며 뭉쳐 자란다. 로제트 형태의 생장을 보이는 것이다. 잎의 크기도 작아지고 모양도 뒤틀린다. 식물호르몬인 옥신(IAA)을 충분히 생성하지 못하기 때문이다.

구리는 철과 비슷하게 산화환원반응에 참여하는 효소들과 결합한다. 광합성 명반응의 전자전달 과정에 참여하는 플라스토시아닌에 구리가 관여한다. 결핍 초기 증상은 괴사 반점과 암녹색 잎이다. 괴사 반점은 어린잎에서 시작해 가장자리를 따라 기부로 퍼진다. 구리가 극도로 결핍되면 잎이 떨어진다.

니켈은 요소를 분해하는 효소만 함유하고 있다. 사용처가 없어 식물에 필요한 니켈의 양은 매우 적다. 니켈이 부족하면 요소가 축적되어 잎 정단이 괴사한다. 질소를 고정하는 식물은 공생하는 미생물에 니켈이 필요하지만, 야생에서 니켈 결핍은 거의 없다. 유일한 사례는 미국 남동부 지역의 피칸 나무를 꼽는다.

몰리브덴 이온은 질산환원효소와 질소고정효소에 관여한다. 식물에서는 질산염의 동화 과정에서 질산을 아질산으로 환원하는 반응에 관여한다. 식물이 필요로 하는 양이 적어 호주의 일부 지역을 제외한 대부분의 토양에서는 몰리브덴이 부족하지 않다.

몰리브덴이 부족하면 질소고정세균과 공생하는 식물이 큰 타격을 입는다. 식물에 나타나는 증상은 잎맥 사이의 전체적인 황화와 나이 든 잎의 괴사다. 브로콜리 등의 식물은 잎이 뒤틀리며 죽는다. 꽃이 만들어지지 않을 수 있고, 쉽게 탈리된다.

식물의 영양소는 부족하면 생명 유지가 어렵고, 너무 많아도 문제가 될 수 있다. 필요한 영양물질은 대부분 토양에 충분히 존재한다. 그러나 언제 부족할지는 알 수 없다. 영양소 성분을 두고 서로 다툼을 피하기도 어렵다. 생존을 위해 경쟁하고 에너지를 소비해 성장이 느려진다. 더 많은 자원을 소유하려는 인간과 비슷한 모습이 있는 듯하다.

비료의 3원소

강릉 영동화력발전소 주변 지역의 오염도를 조사한 적이 있다. 원래 영동화력발전소는 질이 나쁜 무연탄을 소비하기 위해 건설되었다. 그러나 아황산가스가 많이 배출되어 주변 농작물에 피해가 잇따르자 피해 보상 차원에서 발전소가 근처 영공을 사들였다. 바람 방향을 고려한 주로 북서쪽 지역이었다.

얼마 뒤, 발전소와 가까운 남동쪽 지역에 민원이 생겨 농작물 피해를 다시 조사하는 연구에 참여했다. 이때 농사를 지으며 어떤 비료를 사용하는지 조사했다. 농사를 열심히 짓고 있는지 확인하기 위해서였다.

설문지를 만들어 농부들이 질소, 인, 칼리를 얼마나 주는지를 물었다. 하지만 설문지가 어렵다며 제대로 작성한 사람이 별로 없었다. 농부들은 질소, 인산, 칼리가 아니라 '복비'를 준다고 했다. 질소, 인산, 칼리를 적정 비율로 섞은 복합비료였다. 이 용어를 줄여서 '복비'라고 한 것이다. 이론과 실제의 차이를 뼈저리게 느꼈다.

어린 시절, 초등학교 실과 시간에 비료의 3원소를 질소, 인산, 칼리로 배웠다. 왜 비료의 3원소가 세 가지여야 하는지는 몰랐다. 중요하니 외우라고 해서 외웠을 뿐이다.

식물의 영양소에 대해 알아보니 대부분 토양 중 식물에 필요한 무기영양소가 부족한 경우는 드물었다. 영양물질 농도는 임계 농도 이상의 적정대 수준이다. 그런데 토양에 늘 부족한 원소가 세 가지 있다. 질소, 인, 칼륨이다. 토양 입자는 주로 음전하를 띠고 있어, 양이온들은 붙어 있지만 음이온인 인산과 질산은 물에 잘 씻겨 내려간다. 쉽게 사라지니 부족할 수밖에 없다. 특히 인산은 절대량이 적기도 하다. 따라서 토양은 이들의 농도가 부족하면 수확량이 줄어들기 때문에 세 성분을 비료로 공급해 농사를 짓는다. 이것이 질소, 인산, 칼리가 비료의 3원소가 된 이유다.

질소, 인, 칼륨이 토양에 부족한 영양성분이라는 사실을 알고 나니 식물의 공생이 새삼 다르게 다가왔다. 식물은 질소고정세균과 인 흡수를 돕는 균류와 공생한다. 다른 영양소는 공생을 통해 얻지 않지만, 질소와 인은 그렇게 얻는다. 질산이 부족할 때 균류는 질산 흡수도 돕는다.

칼륨 원소를 얻기 위한 공생은 알려진 바 없다. 식물에 칼륨이 부족해도 어느 정도 해결책이 있어서 공생이 없을 수 있다. 칼륨은 양전하가 있어 토양 입자와 결합한다. 식물이 유기산을 이용해 양성자를 제공하면 양이온을 가진 금속이온을 떼어낼 수 있다. 더구나 식물에 있는 K^+ 수용체는 효율이 좋다. 이것이 K^+ 공생이 발달하지 않은 이유로 추정된다. 자신의 능력을 키워 어려움을 극복한 경우다.

부족한 영양소를 공생으로 확보하는 식물의 진화 방향 메시지는 분명하다. 식물은 자신의 능력과 주변 환경을 파악한 후 부족한 점을 협력으로 해결함으로써 살아남을 수 있는 가능성을 높였다. 협력의 또 다른 가치다.

6

끼치기 전략

식물의 타감작용은 경쟁의 중요한 수단으로 다른 식물의 성장을 억제한다.
하지만 타감물질로 공격하는 개체보다 방어하는 개체가 '적응'에는 훨씬 더 유리하다.
타감물질이 다른 생명체의 삶을 촉진하거나 도와주기도 하고, 자신과 자손에
부정적 영향을 미치기도 하며, 연작(連作)을 방해하는 것 등으로 미루어 볼 때
타감작용에는 다른 개체를 죽일 의도와 함께 더 넓은 지역에 자신의 후손이
퍼져 살도록 유도할 목적이 있을 수 있다.

1 타감물질과 영향

타감작용과 자가중독

아파트 주변을 어슬렁거리며 단풍나무 아래도 둘러보고 소나무 밑도 찾아본다. 타감작용을 확인할 목적이었다. 무엇인가 확 느껴질 정도의 모습은 잘 보이지 않는다. 그러다가 잔디밭에서 자라는 토끼풀을 보았다(그림 6-1). 동그랗게 퍼져 나가는 성장 모습이다. 별 것 아닌 것 같지만 이는 잔디와 토끼풀 사이에 있는 타감작용 때문에 나타나는 현상이다.

서식지에 어떤 식물이 먼저 뿌리를 내리면 다른 종의 식물은 잘 자라지 못한다. 햇빛 등의 경쟁에서 밀리기 때문이다. 그런데 잔디가 많은 곳에서 토끼풀이 둥근 섬 모양으로 자라고 있다. 어느 방향으로 퍼지든 저항이 똑같아 나

그림 6-1_ 잔디밭에서 토끼풀이 자라는 모습

타나는 현상이다. 저항이 다르다면 약한 곳으로 더 많이 퍼졌을 것이다.

잔디 틈바구니로 토끼풀이 뛰어들었고, 외래종인 토끼풀이 타감물질을 내보내 잔디 성장을 억제하며 서식지를 파고들었을 것이다. 잔디와 토끼풀의 경쟁이지만 타감물질의 위력이 느껴진다.

식물의 타감작용은 모든 종에 다 있다고 해도 과언이 아니다. 단풍나무의 안토시아닌, 소나무 뿌리의 갈로탄닌(gallotannin) 등은 타감작용을 일으키는 물질로 잘 알려져 있다. 그 밖에도 미국 캘리포니아에는 살비아라는 관목이 휘발성 테르펜류(volatile terpenes)를 분비해 다른 식물의 성장을 억제한다. 북미의 흑호두나무는 주글론(juglone), 유칼립투스는 유칼립톨(eucalyptol)을 낙엽이나 뿌리에서 내보낸다. 중요한 타감물질(allelochemicals)은 대부분 식물의 잎과 뿌리에 있다.

움직이지 못하는 식물이 내보내는 화학물질은 시간적, 공간적으로 주변 지역에 축적된다. 다른 개체의 성장을 막아 주변 영역을 지키며 햇빛과 무기 영양소, 물과 같은 자원의 흡수를 돕는다. 때로는 주변에 떨어진 자기 종자와 경쟁하는 것을 피하기도 한다. 자신을 지키는 훌륭한 능력이다.

염도, 수분, 종피의 두께 등에 영향을 받는 종자의 발아 또한 타감물질의 영향을 받는다. 잎, 줄기, 뿌리에서 나오는 수용성 추출액과 삼출액이 종자발아를 억제하거나 촉진하는데 이는 타감물질의 영향에 따른 것이다. 타감작용은 식생천이, 종자 보존, 종 조성, 곰팡이 포자 발아, 식물체 질소순환, 공생관계, 농작물의 생산력, 식물의 병해충 방어 등에 영향을 미친다. 아울러 온도, 수분, 농약 등의 스트레스가 있을 때 타감물질 양이 증가한다.

타감작용을 단순히 다른 개체가 살지 못하게 하는 것만으로 설명하기에는 어려움이 있다. 자신의 성장도 억제하기 때문이다. 일본의 양미역취는 약

2~3미터까지 자란다. 그러나 0.5미터쯤 자랐을 때 꽃을 피우는 경우도 있다. 양미역취가 타감작용을 통해 주변 식물을 몰아낸 결과다. 더는 타감물질이 공격할 대상이 없어져 자신을 공격한 것이다. 이런 현상을 자가중독이라고 한다.

자가중독은 여러 농작물에서 나타난다. 벼, 밀, 오이, 토마토, 옥수수, 알팔파, 사탕수수 등 다양하다. 자가중독증이 나타나는 이유는 식물이 분비하는 페룰산(ferulic acid) 같은 페놀화합물, 플라보노이드 그리고 테르펜류 탓이다.

벼에서 자가중독증이 나타난다면 어떻게 매해 논에서 벼 재배가 가능한지 의문이 들 수 있다. 벼의 자가중독증은 논에 짚을 남겨 분해되도록 두었을 때 생긴다. 논에서 볏짚을 없애면 이런 현상이 잘 나타나지 않는다. 논에서 볏짚을 제거한 뒤 소 사료 등 다양한 곳에 이용하고, 벼농사를 짓는 미국 새크라멘토 지역처럼 날을 잡아 볏짚을 소각하는 이유가 여기에 있다.

자가중독증은 한 가지 작물을 반복해서 심을 때 연작 방해로 나타난다. 올해는 잘 자랐지만 해가 갈수록 잘 자라지 않는 현상이다. 벼의 경우, 수확 후 볏짚을 논에 두면 세포벽의 리그닌 성분이 분해되어 페놀화합물이 분비된다. 그 결과 토양 내 페놀화합물의 농도가 90피피엠(ppm)에 도달할 수 있다고 한다.

리그닌이 분해되어 나오는 페놀화합물 중 하나인 페룰산은 식물의 발아와 뿌리 성장을 억제한다. 페룰산이 있으면 잎과 뿌리 신장, 영양물질 흡수 등이 방해를 받는다. 또 효소 활성과 지방 산화를 촉진해 막 투과도에 영향을 준다. 리그닌과 세포벽 성분과도 결합해 비정상적인 구조를 만들어 세포벽을 딱딱하게 만든다. 결과적으로 뿌리 성장이 억제된다.

스스로 자기 성장을 억제하는 물질을 만들다니 이상하다. 경쟁에서 이기

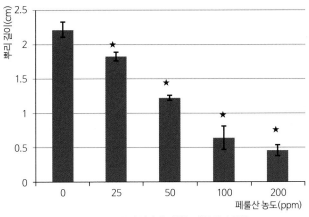

그림 6-2_ 뿌리 성장에 미치는 페롤산의 영향

려면 더 빨리 성장해야 한다는 상식과 정반대다. 더구나 자신의 성장을 억제하면 경쟁에서 질 수 있다. 경쟁만 생각한다면 아무리 생각해도 이런 방식은 패배를 부르는 바보 같은 전략처럼 느껴진다.

다른 관점으로 접근해 보자. 어떤 개체든 자기 혼자서만 살기는 어렵다. 주변에 다른 개체들이 있을 수 있다. 서식지에 특정 종의 개체수가 적다거나 다른 종의 개체가 있다고 가정하자. 이 경우, 특정 종이 내보내는 자가중독을 일으키는 물질은 토양 내 농도가 낮다. 하나는 특정 종의 개체수가 적어 자가중독물질을 적게 합성하기 때문이고, 다른 하나는 주변의 다른 식물종이 자가중독물질을 흡수해 희석하는 효과가 있기 때문이다. 당연히 성장 억제를 덜 받는다.

이 상태에서 특정 종 개체수가 서식지에서 증가하면 자가중독을 일으키는 물질 농도가 올라간다. 다른 종은 자가중독 물질을 낮추는 역할을 하지만, 같은 종에서는 똑같은 물질을 분비하니 농도가 올라간다. 자가중독 물질의 농도가 높다는 것은 다른 종이 서식지 내에서 사라졌음을 의미한다. 따라서 자가중독증이 나타나면 같은 종 내 다른 개체의 성장이 저해될 것이다. 따라서 종내 경쟁에서 승리하려면 자가중독이 필요하다.

자가중독을 일으키는 이유로 다른 가능성도 생각해 볼 수 있다. 어떤 종의 개체가 특정 지역에서 자랐다면 그 종에 특별히 필요한 영양물질이 고갈되었을 가능성이 있다. 자가중독은 이런 토양의 역사를 식물이 판단해 다른 지역으로 자손을 보내는 데 유리한 상황을 만들 수도 있다. 동물은 다 자란 자식을 계속 데리고 살지 않고 밖으로 내보낸다. 더 넓은 곳으로 자손이 퍼져 나가도록 한다. 더 많이 번성하게 할 목적이다.

자신이 사는 지역에 자가중독증이 나타나면 자손도 자라기 어려워질 것이다. 이 경우, 자손을 멀리 보내야 한다. 종의 서식지 확장이다. 따라서 자가중독은 자신이 자라지 못하는 것 이상의 기능이 있다.

어쨌거나 타감작용의 기본 목적은 다른 종을 죽이려는 것도 있지만, 더 넓은 지역에 자신의 후손이 살아가게 함으로써 종의 생존 가능성을 올리기 위한 목적도 있다. 물, 영양물질, 햇빛 등 자원을 놓고 벌이는 앞의 전략과는 확실히 구별된다. 능동적으로 합성하여 환경을 바꾸고, 멀리 떨어진 지역까지 자손을 보내야 하는 근거가 되기 때문이다.

타감작용의 대상

국립환경과학원에서 근무할 때 월악산, 지리산, 점봉산, 설악산 등으로 생태조사를 했다. 조사 목적은 다양했다. 생태조사를 할 때는 등산로를 따라 산행하지 않는다. 등산로를 벗어나 숲속으로 들어간다. 숲속 길은 잘 정비된 등산로와는 차원이 다르다. 발이 푹푹 빠진다. 수북이 쌓인 낙엽 때문에 걷기도 힘들다. 다행인 것은 조사 목적의 산행이라 국립공원 등산로를 이탈해도 벌금은 없다.

지리산 어딘가에 있는 소나무 숲에 들어갔다. 생태조사 자체에 큰 관심이 있었던 것은 아니고, 해야 하는 일이라 다른 연구원 보조로 따라다녔다. 정확히 어딘지는 알 수 없지만, 그곳 소나무는 한 아름이 넘었다. 나무의 지름을 재고 나이를 파악했다. 한 아름이면 지름이 50센티미터를 약간 웃도는 정도고, 수령도 50년 남짓했다. 이런 숲에서는 싱그러운 냄새가 난다.

숲 특유의 냄새를 만드는 화학물질은 종의 적응과 군집구조에 중요한 역할을 한다. 우성, 천이, 군집구조, 극상, 작물의 생산성 등에 영향을 준다. 산과 숲을 다니며 건강을 회복했던 친구도 이런 물질의 도움을 받았을 수 있다. 인간도 자연환경에 적응하며 진화한 몸이라 그런 것 같다.

타감작용을 일으키는 물질은 식물과 식물, 식물과 곤충, 곤충과 곤충, 식물과 미생물 그리고 미생물과 미생물 사이에서 화학적 상호관계를 맺는다. 타감물질은 주로 2차 대사산물이다. 이들은 광합성, 호흡, 증산작용, 물질대사(지질, 지방산, 단백질 및 핵산 합성과 이용 등)에 영향을 주어 식물의 발생과 성장을 조절한다.

이와 더불어 천적을 불러 자신을 방어하기도 한다. 송충이나 배추벌레가 달려들어 갉아먹으면 잎의 상처 부위에서 테르펜이나 세키테르펜 등의 휘발성 화학물질이 나온다. 말벌은 이 냄새를 맡고 쏜살같이 달려와 송충이나 배추벌레를 잡아간다. 자신을 해치는 종의 천적을 이용해 자신을 보호한다. 말벌은 식물이 내뿜는 화학물질 덕분에 먹이를 얻으니 이익이다.

남미에 자생하는 콩과 식물에서도 비슷한 현상이 발견되었다. 이 식물에는 진딧물이 많다. 진딧물은 나무 수액을 먹고 꽁지로 분비물을 낸다. 그런데 메뚜기 떼가 달려들어 식물을 먹으면 식물은 화학물질을 내어 개미를 부른다. 개미는 진딧물의 분비물을 좋아해서 진딧물을 돌보아주는 등 진딧물과 공생관계다. 메뚜기는 개미가 오면 도망간다. 개미와 메뚜기의 관계를 식물이 알 리 없다. 개미를 부르는 능력이 있는 식물, 또는 식물이 분비하는 물질을 인지하는 개미가 생존에 유리했을 것이다. 천적을 몰아내거나 먹이를 얻을 확률이 커지기 때문이다. 따라서 이런 능력을 가진 식물종이 살아남았고, 현재까지 이어지고 있다.

타감물질은 휘발, 잎이나 줄기의 침출, 뿌리 삼출물, 식물 조직의 분해 등에 의해 배출된다. 광합성으로 고정된 탄소의 약 5~21퍼센트는 뿌리 삼출물을 통해 근계(rhizosphere)로 분비된다. 상당히 많은 양이다. 타감작용을 일으키는 물질들은 퀴논류, 페놀화합물류, 플라보노이드류, 아미노산에서 파생된 질소화합물, 테르펜, 알칼로이드가 있다. 또한 탄소 세 개의 지방산인 프로피온산(propionic acid)은 미생물과 곰팡이 성장을 억제하고, 아세트산은 강력하게 곰팡이 성장을 억제한다. 폴리케티드(polyketides)란 물질은 동물에 독작용을 나타내기도 한다.

식물이 만드는 물질은 주변 다른 식물의 생장을 억제하는 긍정적 측면도 있으나 부작용도 있다. 그 대표적인 것이 카이로몬(Kairomone)이다. 카이로몬은 어떤 물질을 생성한 생물보다 이에 접촉한 생물에 유익한 효과를 미치는 물질이다. 예를 들어 카이로몬을 인지한 동물이 숙주식물에 와서 알을 낳고, 알에서 나온 애벌레가 식물을 먹이로 하여 성장한다. 자기가 만든 물질로 인해 다른 생물은 먹이를 얻지만, 자신은 다친다. 이는 식물과 곤충의 공진화 과정에서 생긴 것으로 추정된다.

독작용을 나타내는 물질은 이것뿐만이 아니다. 청산배당체인 아미그달린은 항암제로 잘못 알려진 물질 중 하나다. 그림 6-3에서 'C≡N'이 청산으로,

미토콘드리아 작용을 억제하여 사망을 부르는 치명적인 독극물이다. 청산가리(KCN) 성분이다. 이 물질은 비타민17로 알려져 있으며, 그 자체로는 독성이 없다. 그러나 베타글루코시다아제(β-glucosidase)란 효소에 의해 분해되면 청산이 나와 치명적인 독성을 띤다. 청매실, 살구씨, 복숭아씨 등에 있다. 식물은 미토콘드리아에서 청산에 저항성이 있는 대체 호흡 경로가 작동해 죽지 않는다. 식물이 자신을 보호할 목적으로 청산이 함유된 물질을 만드는 이유다. 그러나 청산은 동물에게는 치명적이다.

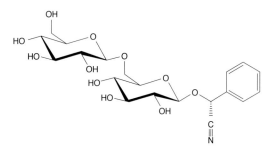

그림 6-3 청산배당체 아미그달린의 화학구조

식물이 만드는 타감물질은 단기적으로 생존에 유리할 수 있다. 하지만 긴 진화의 시간을 고려할 때 항상 유리할지는 장담할 수 없다. 타감물질을 만드는 것 자체가 에너지를 사용하는 일이어서 성장에 저해를 받는다. 식물이 분비하는 물질에 영향을 받는 개체도 유전자 변이를 일으켜 함께 공진화하므로 누군가를 향한 공격은 상대의 방어를 부르기도 한다. 공격하는 물질을 분비하는 식물에 피해를 주는 종을 끌어들일 수 있기 때문이다. 자신을 위해 누군가를 공격한다는 것이 생존에 정말 필요한 일인지 생각하게 한다.

타감물질의 종류

안양천변을 걷다가 한쪽에서 아직 수확하기에는 이른 청보리를 만났다(그림 6-4). 어린 시절 보리밭에서 보던 깜부기가 떠올라 잠깐 둘러보았다. 그런데 깜부기를 찾지 못했을 뿐 아니라 다른 잡초도 잘 볼 수 없었다. 농약 탓인지 타감작용 탓인지 확인할 수는 없었다.

그림 6-4_ 안양천변의 보리

보리도 다른 식물의 성장을 억제하는 타감작용과 관련 있는 물질을 합성한다. 보리는 호데닌(hordenine)과 그래민(gramine)을 합성해 분비한다. 보리밭에 잡초가 잘 자라지 못하도록 만드는 물질이다. 그래민은 여러 식물종의 유묘(幼苗) 성장을 억제한다.

보리 외의 다른 식물도 식물 성장을 억제하는 물질을 합성한다. 이들 중 퀴논류가 있다. 대표적으로 하이드로퀴논이 있는데, 환원제이며 약간 퀴퀴한 냄새가 난다. 이 물질은 파마할 때 머리카락을 돌돌 만 상태에서 이황화 결합을 끊는다. 이후 다시 산화하면 구불구불한 머리를 얻을 수 있다. 하이드로퀴논은 고리가 하나이나 둘, 셋인 것도 있다. 둘인 것을 나프토퀴논, 셋인 것을 안트라퀴논이라 한다.

고리가 하나인 퀴논 중에 잘 알려진 것이 소골레온(Sorgoleone)이다. 수수 또는 그와 관련이 깊은 종들이 합성한다. 이 물질은 여러 종의 목본 식물의 성장을 억제하는 물질이다. 수수 삼출물의 약 85퍼센트를 차지하며, 고등식물의 광계 II 복합체와 결합할 수 있다. 10μg/L(μg, 마이크로그램은 그램의 백만분의 일에 해당하는 중량의 단위)의 낮은 농도에서도 활엽식물과 잔디류의 성장을 억제한다. 또 긴 지방산을 고리로 바꿔 합성한다.

기생근 발생을 유도하는 신호물질 중에도 퀴논류가 있다. 기생식물은 숙주식물의 뿌리에서 나오는 퀴논류 화학물질을 인식해 성장하고 숙주식물의 뿌리에 결합한다. 반기생식물인 *Triphysaria versicolor*의 뿌리에서 알려져 있다. 이 식물이 기생근 유도물질인 디메톡시벤조퀴논(2,6-dimethoxy benzoquinone, DMBQ)을 인식하면 mRNA가 다량 증가한다. 이 mRNA들이 만들어내는 일부 단백질은 퀴논의 독성을 분해한다고 추정되고, 다른 것들은 기생근 형성에 관여한다.

호두나무류의 타감작용에 관여하는 물질은 나프토퀴논이 알려져 있다. 이 물질은 식물의 성장을 억제하며, 뿌리의 삼출물에 있다. 잎과 열매에서도 분비된다. 호두나무 접붙이기를 어렵게 하는 원인으로 작용한다.

안트라퀴논류는 에모딘이 잘 알려져 있다. 이 물질은 17개 과의 식물 또는 그 이상이 만든다. 곰팡이나 초식동물로부터 식물을 보호하는 역할을 할 수 있다. 10–100mg/l에서 옥수수 성장을 억제하고, 50mg/l에서 상추의 유묘 성장을 심각하게 억제하기도 한다. 에모딘 유사체들은 뿌리 형성이나 발

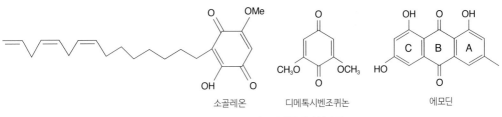

| 소골레온 | 디메톡시벤조퀴논 | 에모딘 |

그림 6-5_ 일부 타감물질의 분자구조

아를 억제한다.

페놀 화합물류 중에 계피산과 그 유도체들이 있다. 계피에서 나는 냄새를 떠올리면 되고, 커피콩에도 많이 있다. 커피산(caffeic acid), 페룰산(ferulic acid), 쿠마린산(p-coumaric acid), 프로토카테츄산(protocatechuic acid), 시나핀산(sinapicnic acid), 바닐릭산(vanillic acid) 등이 잘 알려진 종들이다.

이들은 세포막에 작용해 뿌리의 수리 전도도(水理傳導度), 영양물질 흡수 그리고 이온 흐름을 바꾼다. 이런 변화는 가역적이라 타감물질을 제거하면 기능을 회복한다. 이들이 계속 식물체에 있게 되면 뿌리의 수분과 영양물질 변화로 인해 기공 작용, 광합성률과 호흡률에 변화가 생긴다.

플라보노이드는 안토시아닌과 안토크산틴 같은 비질소성 생물 색소다. UV(자외선)를 막는 역할을 하며, 많은 식물이 만든다. 나무마리골드(*Tithonia diversifolia*)에서 나오는 플라보노이드는 무, 오이, 양파 종자의 발아를 억제한다. 대극과(피마자 등이 포함된 과) 종인 *Celaenodendron mexicanum*에서 나오는 플라본은 비름속과 피속의 종자, 줄기 생장을 억제한다.

플라보노이드는 뿌리에서 분비한다. 동시에 잎에도 존재해 낙엽과 함께 땅으로 떨어질 수 있다. 문득 한 폭의 그림 같은 가을철 단풍이 떠오른다. 단풍잎이 떨어지면 거기서 나오는 안토시아닌으로 인해 앞에서 말한 것처럼 타감작용이 생긴다. 가을철 붉은 단풍이 아름답기만 한 것은 아니다. 어쩌면 단풍이 드는 기간은 식물이 칼을 벼리는 과정일 수 있다.

식물에 다양하게 존재하는 테르펜도 타감작용을 한다. 모든 종류의 테르펜은 두 종류의 중간 대사물질로부터 만들어진다. 하나는 아이소펜테닐 피로인산(isopentenyl pyrophosphate, IPP)이고, 다른 하나는 다이메틸알릴 피로인산(dimethylallyl pyrophosphate, DMAPP)이다. '피로'란 말은 인산이 두 개 연달아 붙어 있다는 뜻이다.

많은 식물에서 생성되는 모노테르펜은 살균, 살충 효과가 있어서 제초제 초기 모델로 사용되었다. 1,8-시네올(1,8-cineole)은 다소 고농도에서 미토콘드리아 호흡을 억제하고, 세포주기의 모든 단계를 억제한다. 1,4-시네올은 아스파라긴 합성 효소를 억제한다. 1,4-시네올과 1,8-시네올은 모두 강력한 성장억제자다. 장뇌(Camphor)도 세포주기와 호흡을 억제하는 효과가 있다. 휘발성 모노테르펜은 종자 발아를 억제한다. 이런 물질은 유묘나 뿌리 성장을 억제한다. 휘발성 물질이라도 우르솔산(ursolic acid)이 있을 경우 물에 더 많이 녹아 억제 효과가 커진다.

테르펜류 중 잘 알려진 물질 가운데 하나가 사포닌이다. 사포닌 하면 인삼을 떠올리지만 다른 식물에도 많이 존재한다. 사포닌은 알팔파에서 타감작용을 하는 물질로 잘 알려졌다. 알팔파의 사포닌은 약 30종의 당과 결합해 있다. 알팔파 뿌리는 약 4~5퍼센트가 사포닌인데, 자가독성효과와 타감작용을 나타낸다. 이런 타감작용 때문에 목화를 알팔파와 같이 심으면 생산성이 떨어진다. 10피피엠(ppm)의 사포닌은 서양에서 '농가 마당 잔디'란 이름이 붙어 있는 돌피(Echinocloa crus-galli)에 독성을 나타낸다.

인삼을 계속 재배하면 뿌리썩음병이 발생해 연작이 어렵다. 이년생 묘삼의 뿌리 생존율은 23.6퍼센트다. 더 길게 재배하면 92.3퍼센트의 개체가 뿌리썩음병에 걸린다. 인삼 연작이 불가능한 까닭은 인삼이 분비하는 사포닌 등을 먹고 사는 뿌리썩음병원균이 원인이다.

사포닌을 많이 함유했더라도 종류가 다르면 상관없다. 사포닌이 많은 도라지는 뿌리썩음병이 생기지 않는다. 10아르(a, 넓이의 단위로 10a=1000m²)당 생도라지 수량도 일반 재배와 비슷했다고 한다. 사포닌 외에 다른 물질이 뿌리썩음병원균을 억제했을 가능성이 있다.

알칼로이드로 알려진 것 중에 담배에 있는 니코틴도 있다. 겨자 등이 속한 다닥냉이속 식물의 유묘 성장을 억제하고, 개구리밥에 독작용을 나타낸다. 식물에 흔한 트리고넬린이란 물질이 있는데, 이것은 세포주기 중간 단계인 G2 단계에서 과정을 멈추게 한다. 살솔린은 약하게 단백질 합성을 억제한다.

이름도 알기 어려운 내용을 복잡하게 설명했지만, 한마디로 요약하면 모든 종류의 식물에는 나름대로 마련한 타감물질이 존재한다. 단지 화학적 성분이 다를 뿐이다. 타감작용은 식물에 있는 능력이자 보편적으로 나타나는 현상이나, 종에 따른 특이성은 분명하게 있다. 보편 속에 존재하는 특수라 할 만하다.

타감물질 분석

흔히 술자리에서 하는 게임 중에 '접어'라는 게임이 있다. '안경 쓴 사람 접어', '몸무게 90킬로그램 이상 접어' 이런 방식으로 순서대로 돌아가면서 손가락을 접고, 다섯 손가락을 다 접은 사람은 벌주를 마신다. 이 게임은 사람이 가진 특성에 따라 그룹을 만든다. 하나의 그룹이 아니라 여러 그룹으로 분류하다가 모든 특징을 가지는 한 사람을 최종적으로 선택한다.

간단한 놀이지만 여기에는 타감물질 특성을 연구하기 위한 분획의 개념이 들어 있다고 할 수 있다. 식물에서 여러 가지 화학물질을 추출한다. 그리고 접어 게임을 하듯이 알코올에 녹는 물질, 물에 녹는 물질, 헥산(hexane)에 녹는 물질 등등으로 나눈다. 이렇게 어떤 특성별로 물질을 나누는 것을 분획한다고 말한다.

각 분획에 따른 물질로 독성 시험을 하면 타감작용이 있는 물질을 골라낼 수 있다. 그리고 그 분획 안에 있는 물질의 화학적 구조를 밝혀 최종 물질을 확인할 수 있다. 그렇게 하기 위해서는 크로마토그래피와 물질 분석을 함께 한다. 일반적으로 GC/MS, LC/MS과 LC/MS/NMR라는 장비를 사용한다. GC는 가스 크로마토그래피고, LC는 액체 크로마토그래피다. MS는 질량분석기, NMR는 핵자기공명장치다.

크로마토그래피는 여러 가지가 섞인 혼합 물질을 특성에 따라 분리하는 방법이다. 액체 또는 기체와 함께 혼합물을 흘려보낸다. 이는 혼합물을 액체나 기체 속에서 달리기를 시키는 것에 비유할 수 있다. 혼합물을 이루는 물질들이 액체나 기체에 섞이는 정도(용해도)에 따라 이동속도가 다른 점을 이용한다. 이런 차이 때문에 액체나 기체가 먼 거리를 달리면서 혼합물이 분리된다. 그러면 질량분석기 등을 이용해 물질의 종류를 확인한다.

화학물질의 타감 능력을 확인하는 과정을 생물검정(生物檢定)이라 한다. 추출한 물질의 분획이 타감 능력이 있으면 취하고, 없으면 버린다. 이를 대량으로 하면 비용이 많이 들어 소위 가성비가 떨어진다. 비용이 저렴한 생물검정은 소형화가 필요해 발아가 균일하거나 성장이 빠른 식물종을 고른다. 쌍떡잎식물과 외떡잎식물을 모두 선택한다. 상추나 서양 잔디의 일종인 애기겨이삭(Agrostis stolonifera)을 많이 사용한다. 그렇다고 항상 이런 종을 사용하는 것은 아니다. 타감작용에 저항성인 종도 있고, 지역에서 얻을 수 있는 종도 다르다. 어떤 종이라고 미리 확정하기가 쉽지 않다.

들깨와 쑥의 타감물질을 확인한 연구 사례를 보면 어떻게 타감물질을 확인하는지 알 수 있다. 실험이 간단해서 집 근처의 식물을 이용해 누구나 해볼 수 있다. 1994년, 임선욱 등은 벼, 무, 상추, 녹두를 생물검정 재료로 사용했다. 들깨와 쑥의 잎을 물(증류수)로 씻고, 15그램과 30그램으로 잘라 공기가 통하지 않는 통에 종자와 함께 두었다.

그 결과, 각 종자들의 발아와 생육에 부정적 영향을 주었다. 들깨와 쑥에서 나오는 휘발성 물질이 타감작용을 일으켰다. 쌀은 하배축 성장을 촉진했다. 억제 정도는 유묘에서 더 컸다. 이렇게 타감작용이 확인되면 휘발성 물질을 포집하고 분획하여 물질을 확인한다. 분획은 수용성 층과 에테르 층으로 나누는 경우가 많다.

타감 능력이 있는 물질을 찾는 이유는 제초제 개발에 이용해 농업 생산성을 높이는 데 있다. 이러한 목적에 적합한 타감물질을 찾으려면 앞에서 설명한 생물검정을 해야 한다. 때때로 생물검정을 수행하는 대상이 식물이 아니라 곤충인 경우도 있다. 이때는 살충제 개발을 위한 물질을 찾는 방법으로 이용된다.

제초 능력이나 살충 능력을 확인하기 위한 타감 반응 확인 지표는 다양하다. 그중 몇 가지를 정해 독성물질의 양과 특정 지표의 반응을 확인하는데, 이를 용량-반응 실험이라 한다. 생물검정에 사용되는 발아율, 유묘 성장, 하배축 길이, 뿌리 길이 그리고 중량과 같은 지표들이 있다. 이 같은 실험에 적합한 어떤 식물종이 있는 것은 아니다. 실험자가 쉽게 얻을 수 있는 종자면 충분하다.

용량-반응 실험 결과는 일반적으로 공통의 특성이 있다(그림 6-6). 생물 반응을 억제하는 물질이라 하더라도 낮은 농도에서는 지표의 반응을 약간 더 높인다. 농도가 증가하면 차차 억제 정도가 강해진다. 그리고 더는 억제하지 않는 농도가 등장한다. 이때 50퍼센트를 억제하는 농도를 IC_{50}이라 하며, 이는 특정 물질의 독성 강도를 비교하는 지표로 자주 사용된다. 그런데 독작용을 하는 물질이라 해도 낮은 농도에서는 성장을 촉진할 수 있다. 정확한 상황을 파악하기 전에는 독성이 좋다 나쁘다 등 어느 한 가지로 단정하기 어렵다.

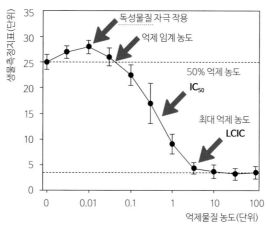

그림 6-6_ 타감물질 또는 독성물질의 용량반응곡선

제초제 후보, 타감물질

식물에 외부 유전자를 도입하는 방법에는 여러 가지가 있다. 그중 하나가 봄바드먼트(Bombardment, 충격)다. 이 방법은 DNA가 붙은 미세한 산탄 총알을 식물 조직에 쏘아서 세포의 형질을 전환하는 방법이다. 총을 쏜 후 일정 기간 항생제가 든 배지에서 세포를 배양한다. 그러면 외부에서 유전자가 도입된 세포만 성장해 캘러스를 만든다. 충분한 캘러스가 만들어지면 지상부가 나오는 배지(Shoot inducing medium, SIM)로 옮긴다. 지상부가 만들어지면 그 부분을 뿌리가 나오는 배지(Root inducing medium, RIM)로 옮겨서 외래 유전자로 형질전환된 식물체를 얻는다.

식물이 원하는 유전자가 들어갔는지를 확인하기 위해 제초제 저항성 유전자를 함께 넣는다. 식물이 만들어지면 제초제를 이용해 유전자가 들어간 개체를 선별한다. 특히 형질전환된 개체가 만든 자손에 유전자가 있는지를 알아보려면 잎에 제초제를 발라 확인한다. 제초제를 발랐을 때 그 부위가 죽어서 쉽고 빠르게 판단할 수 있다. 분자생물학을 이용한 육종에서의 제초제 유용성이다.

한편으로는 제초제 저항성 식물을 개발하기도 한다. 제초제 저항성 콩이 대표적이다. 미국에서 많이 재배한다. 어떤 제초제를 이용하느냐가 중요한데, 사람의 건강에 영향을 주면 안 되기 때문이다. 제초제 중에서 세계적으로 많이 팔리는 것으로 '라운드업'이 있다.

제초제를 개발해야 하는가에 대해서는 논란이 있을 수 있다. 생태계를 보호하면서 농사를 짓고자 하는 사람들은 제초제 사용을 원하지 않는다. 이들은 타감작용 이용을 선호한다. 생태계 파괴가 없는 건강한 관리를 추구하는 것이다.

제초제가 필요하다는 주장도 있다. 특히 상업적으로 농사를 짓는 경우, 인건비 절약을 위해 제초제에 의존한다. 물건이 비싸면 팔리지 않기 때문이다. 그런데 제초제를 많이 사용하면 저항성 식물이 등장한다. 라운드업 저항성 식물도 이미 미국에서 등장해 퍼져가는 중이다. 이러한 제초제 저항성 식물을 피하는 방법은 새로운 제초제를 개발하는 방법뿐이다.

잘 알려진 제초제로 2,4-D(2,4-디클로로페녹시아세트산)가 있다. 합성 옥신으로 잎이 넓은 잡초 제거에 사용되는 것이었다. 쌍떡잎식물의 정단분열조직을 비정상적으로 자라게 해서 식물을 말려 죽인다. 벼과 등 외떡잎식물에는 그다지 효과적이지 않아 선택적 제초제로 많이 사용되었다. 약 1500종 이상의 제초제가 이 물질을 이용하고 있다.

2,4-D는 쥐 연구에서 급성 독성을 일으키는 LD50(검사 집단의 50%를 죽게 하는 양)이 639mg/kg이다. 발암물질일 가능성이 있다. 베트남전에서 에이전트 오렌지(Agent Orange)로 2,4,5-T 등과 혼합해 사용하였다. 당시 제조 과정에서

생긴 다이옥신 혼합으로 사회문제가 됐었다.

합성 제초제의 여러 가지 문제를 고려할 때 타감물질은 제초제의 좋은 후보자다. 환경에 부정적 영향을 줄이면서 식물 성장을 억제할 가능성이 있어서다. 이것이 타감물질에 대한 연구가 이루어지는 중요한 이유다.

그런데 타감물질은 다양한 생리활성에 영향을 준다. 제초제 개발에는 단점이라 할 수 있다. 여러 작용이 있으면 그것이 미치는 영향을 다 확인하느라 시간과 비용이 많이 든다. 타감물질이 나타내는 독성의 특징을 보면 좋다고 다 좋은 것은 아니고, 나쁘다고 다 나쁜 것은 아니라는 사실을 다시 한번 확인할 수 있다.

2 식물의 공격과 방어

타감작용과 식물 밀도

쥐를 좁은 공간에서 많이 키우면 스트레스로 인해 서로 죽고 죽이는 공격을 한다. 하지만 차차 개체수가 줄어 경쟁이 감소하면 스트레스도 줄어 공격이 사라진다. 사람도 마찬가지다. 인구가 늘거나 자원이 줄면 인구수를 조절한다. 특히 먹을 것이 줄면 사람끼리 잡아먹기도 한다. 임진왜란과 현종의 경신 대기근 때 이런 사례가 있었다. 이 같은 일은 중국 등 세계적으로도 흔한 일이다.

먹을 것이 충분치 않은 환경에서 사는 사람들은 나름의 문화를 만들어 적응한다. 고대에서 나이가 많은 사람을 죽이거나, 이누이트인처럼 갓 태어난 여자아이를 죽이는 문화가 만들어진다. 뉴질랜드 원주민인 쿠루족같이 부모나 조부모의 시신을 먹는 풍습이 생길 수도 있다.

식물도 스트레스를 받으면 독작용을 일으키는 타감물질의 합성을 늘린다. 상대방을 더 잘 죽이는 쪽으로 변한다. 타감물질은 소량으로 작용하므로 기후 등의 미세한 변화에도 상당한 영향을 받는다. 그런데 작용 원리는 다르다. 식물 둘을 함께 키울 경우, 타감작용이 경쟁의 영향을 받아 예측하지 못한 현상이 일어나기도 하고, 약한 타감작용은 경쟁으로 인해 마치 성장이 촉진되는 것처럼 보이기도 한다.

예를 들어 식물의 밀도가 높아지면 독성물질은 각 개체의 흡수와 분해에 의해 독성이 줄어든다. 이러한 현상을 밀도의존성 식물 독성이라 하는데, 제초제를 대상으로 한 연구에서 처음 알려졌다. 같은 양의 제초제가 있을 때 식물의 밀도가 높아지면 제초제 독성은 일부 줄어든다. 그러나 식물 밀도가 더 증가하면 경쟁이 심해져 마치 독성이 증가하는 것처럼 나타난다.

위의 현상을 실험하기 위해 타감물질을 처리한 후 식물을 심었다. 그런 다음 타감물질이 개체 밀도에 따라 성장에 미치는 영향을 분석했다. 대조군 비교에서 개체 밀도가 낮을 때 타감물질의 성장 억제가 가장 컸다. 반대로 개체 밀도가 최대일 때도 성장 억제가 줄었다. 중간 밀도일 때 식물의 무게가 가장 무거웠다. 타감물질이 있었음에도 더 잘 자란 것이다. 이러한 결과는 다른 종과 경쟁하는 것과 타감물질의 영향을 분리할 수 있음을 의미한다.

한편, 타감물질이 특정 종의 성장은 억제하지만 다른 종에 영향을 주지 못할 경우 타감물질을 내는 식물은 다른 종의 경쟁자를 없애는 역할만 한다. 자신이 합성한 유기물과 에너지를 써서 다른 종이 잘 자라도록 하는 것이다. 이 때 타감물질을 분비하는 식물은 오히려 성장 가능성이 낮아진다. 따라서 다른 개체를 공격하는 타감물질로 자신이 생존에 유리한 조건을 만든다는 것은 결코 간단한 일이 아니다.

환경과 경쟁

호두나무는 타감작용을 일으키는 대표적인 식물이다. 호두나무가 자란 토양은 타감물질이 축적된다. 그래서 호두나무가 자란 토양에 토마토를 기르면

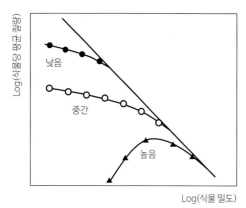

그림 6-7 호두나무 타감물질의 농도에 따른 식물 밀도와
식물당 평균 질량과의 관계

다른 일반 토양에서 키울 때보다 성장이 확연히 억제된다. 일반 토양에서는 토마토의 성장이 방해를 받지 않는다. 그러나 토마토의 밀도를 늘리면 경쟁 때문에 성장이 역시 억제된다.

그림 6-7에서 높음, 중간, 낮음은 토양에 존재하는 타감물질의 농도다. 타감물질의 농도가 높을수록 평균 무게는 크게 감소해서 성장 억제 정도는 크다. 그런데 호두나무에서 나온 타감물질의 농도가 높은 토양에서는 밀도가 증가할 때 식물 개체의 중량도 커진다. 이것은 어떤 종이 타감물질을 내면 주변에 사는 종의 크기는 작아져도 더 많은 개체가 자랄 수 있다는 뜻이다. 그러나 다른 개체가 더 많이 자랄 수 있다고 해서 자신의 성장에 유리하다고 할 수 있는지는 함부로 말하기 어렵다. 불확실성이 있다.

아울러 타감물질은 상당 기간 존속할 수 있으므로 과거에 토양에 어떤 식물이 있었느냐가 개체 성장에 영향을 미칠 수 있다. 특정한 개체가 자라는 데는 주변 환경이 중요하다. 주위 여건이나 환경이 좋지 않으면 개체에 아무리 훌륭한 유전적 능력이 있더라도 제대로 드러날 수 없다. 사람도 유전자가 있으니 이런 규칙을 벗어나지 못한다.

어쨌거나 상대를 향한 공격은 상대방 수에 민감하게 반응한다. 상대가 수적 열세에 있으면 공격한 자가 승리할 가능성이 크다. 반대로 상대가 너무 많으면 승리할 확률이 떨어진다. 따라서 타감물질을 통한 공격은 상황에 따라

이길 수도 있고 질 수도 있다.

타감물질의 공여자 종과 표적자 종

타감물질은 식물이 만들어내는 일종의 공격용 무기다. 지하부의 뿌리는 물질 이동에 제한이 있고 이동속도가 느려 보병으로 이해하고, 지상부의 휘발성 물질은 대기 중을 날아가니 단거리 미사일로 생각하면 좋을 듯하다. 바람이 잘 맞으면 대륙간 탄도미사일이 될 수도 있다. 더 좋고 더 새로운 무기를 만들어서 적을 공격해야 전쟁에서 이길 수 있다. 식물도 이를 위해 부단히 노력한다.

식물은 공격용 무기인 타감물질에 대응해 방어용 무기도 만든다. 해독이다. 방법은 여러 가지가 있을 수 있다. 첫째, 타감물질에 대한 높은 분해능이다. 둘째, 타감물질에 의해 공격 목표가 되는 대사경로 등을 줄이거나 흡수되지 않도록 하는 방법이다. 셋째, 타감물질의 공격 목표가 되는 효소의 수선(修繕) 속도를 높이는 방법이다. 넷째, 타감물질의 작용 능력보다 성장 속도를 높이는 방법이다. 이것 외에 우리가 생각하지 못하는 방법도 가능하다.

타감물질과 같이 공격용 무기를 내뿜는 개체를 공여자(donor)라 한다. 타감물질의 대상은 표적자(target)다. 공여자 종과 표적자 종 중 승리자는 누구일까 생각해 보자. 짧은 시간 동안은 앞에서 살펴본 것처럼 불확실성은 있으나 승리자는 공여자가 된다. 그러나 긴 시간에 걸쳐 둘이 부대끼면 표적자 종이 승리한다. 변이를 통해 방어 능력을 높일 수 있는 확률이 더 크기 때문이다.

자연계에서는 이런 일이 비일비재하다. 타감물질은 다른 식물의 성장을 억제해 최종적으로 죽음에 이르게도 하니 제초제와 비슷하다. 제초제와 관련한 사례를 살펴보면 타감물질에 대한 식물의 대응을 이해할 수 있다.

제초제를 뿌리면 처음에는 식물들이 다 죽지만 반복되면 제초제 저항 식물이 등장한다. 제초제는 점점 더 무용지물이 된다. 이러한 제초제로 유명한 것이 앞에서 언급한 라운드업이다. 식물을 죽이는 글라이포세이트란 물질을 이용한 제품이다. 1974년, 미국 몬산토사(社)에서 개발한 글라이포세이트는 식물은 분해할 수 없고 미생물이 분해할 수 있다.

몬산토사는 과거의 제초제 판매와는 다른 새로운 판매 전략을 취했다. 제초제를 만들면서 이 성분을 분해하는 효소가 발현되는 제초제 저항성 작물을 함께 개발했다. 유전자 조작을 이용해 분자육종(分子育種)한 것이다. 그런 다음 제초제와 제초제 저항성 작물을 함께 팔았다. 작물이 자라고 있는 상태에서 라운드업 제초제를 뿌리면 작물만 살아남고 다른 잡초들은 다 죽는다. 작물 재배 관리가 엄청 쉬워졌고 농사 비용을 획기적으로 절감했다.

사람들이 라운드업을 뿌리고 농사를 짓기 시작했다. 콩 농사가 대표적이다. 처음엔 좋았다. 콩이 자라는 중에 제초제를 뿌릴 수 있었기 때문이다. 그러나 해가 갈수록 라운드업에 저항성을 가진 식물이 생겨났다. 일이 년에 걸쳐 생긴 것이 아니라 장기간 라운드업을 사용하면서 나타났다.

제초제 저항성 잡초가 라운드업을 이겨낸 방법은 빠른 성장 속도다. 제초제를 뿌리면 대부분의 잡초가 죽지만 성장 속도가 빠른 잡초는 죽지 않고 살아남았다. 세포의 숫자를 빠르게 늘려 제초제 독성을 희석하는 것 같다. 이런 잡초들은 라운드업을 뿌려도 계속 성장한다. 농업 생산성을 떨어뜨리니 더 많은 제초제를 뿌려야 한다.

제초제는 타감물질과 비슷하게 작동한다. 제초제를 타감물질이라 가정한다면 제초제를 많이 뿌렸을 때 더 빨리 자라는 종으로 변이가 생긴다. 더구나 표적자 종이 저항성이 높은 식물로 바뀔 수 있는 기작(機作)은 앞에서 설명한 것처럼 다양하다. 이러한 방식으로 타감물질 회피가 일어났을 때 상대방을 죽이는 새로운 타감물질을 만드는 일은 간단치 않다. 특정한 대사경로에 관련된 유전자 발현량이 늘어야 하므로 확률이 낮다. 따라서 오랜 시간이 지났을 때 승리자는 표적자 종이 된다.

특정한 영역에 물리적 또는 화학적으로 강한 힘을 가진 자가 오히려 긴 시간을 두고 보면 패배한다. 다른 개체들이 빠르게 저항 능력을 얻기 때문이다. 상대를 공격하는 능력으로부터 얻는 효과는 일시적일 뿐 오래가지 않는다. 아마도 식물은 진화를 통해 이미 이런 사실을 알고 있는지도 모르겠다. 타감물질의 독성은 특정한 대사경로에만 작용하지 않고 여러 가지에 두루 영향을 미친다. 어쨌거나 다른 종이나 개체에 대한 공격은 긴 시간을 두고 볼 때 승리할 가능성이 낮을 뿐만 아니라 오래가기도 어렵다.

3 광합성과 타감물질

타감물질의 작용

산에 오르다가 땀을 식히려고 중간에 쉴 때가 있다. 그러면 가끔 숲속을 바라보며 그곳에 있는 타감작용이 어떤 것인지를 상상해 본다. 식물 성장을 억제하는 타감작용 기작은 여러 가지로 가능하다. 종류가 다양한 타감물질은 세포분열, 세포분화, 이온과 물 흡수, 식물호르몬 대사, 호흡, 광합성, 효소작용, 신호전달 그리고 유전자 발현에 영향을 미칠 수 있다. 식물의 생존을 위한 거의 모든 영역을 건드린다.

식물의 가장 중요한 물질대사가 광합성이기에 타감물질의 작용도 광합성을 중심으로 많이 알려졌다. 광합성은 식물에서 가장 기본적이고 중요한 대사과정이다. 광합성은 빛에너지를 받아 전자와 양성자를 전달해 ATP와 환원력(NADPH)을 얻는 명반응과 이것을 이용해 이산화탄소로 탄수화물을 만드는 탄소고정 반응(암반응)이 있다.

명반응은 틸라코이드 막에서 일어나며 단백질 복합체, 전자수용체, 클로로필 안테나, 지방 분자가 관여한다. 그리고 두 개의 반응 중심인 광계 I, II가 물을 분해하여 $NADP^+$를 NADPH로 환원한다. 아울러 전자전달 과정에서 틸라코이드 막을 경계로 생긴 양성자 농도차와 전위차를 이용해 ATP를 만든다. 막을 따라 이동한 전자는 NADPH를 만든다.

명반응에서 만들어진 NADPH와 ATP는 캘빈회로라는 탄소 환원 과정에 전달된다. 캘빈회로는 엽록체 스트로마에서 일어나는 대사경로다. 루비스코 (Ribulose 1,5-bisphosphate carboxylase/oxygenase, Rubisco)가 첫 반응을 촉매하여 무기물인 이산화탄소가 유기물로 전환된다. 필요한 이산화탄소는 기공을 통해 흡수한다.

광합성은 빛과 온도, 이산화탄소 농도, 수분 상태, 미생물 같은 환경적 요소 외에도 타감물질의 영향을 받는다. 타감물질은 광합성에 심각하게 영향을 미쳐 이산화탄소 고정을 줄인다. 타감물질이 광합성에 영향을 주는 부분은 기공, 틸라코이드 막의 전자전달계, 탄소환원 과정 등이다.

타감물질은 명반응에서 빛을 흡수하는 안테나와 관련된 엽록소 함량을 줄인다. 엽록소 함량 감소는 합성 억제, 분해 촉진 그리고 둘 모두에 작용할 수 있다. 돼지풀아재비(Parthenium hysterophorus)에서 나오는 타감물질은 엽록소 분해를 늘린다.

엽록소에 있는, 적혈구 헴(heme, 헤모글로빈의 색소 성분)과 구조가 비슷한 물질로 포르피린(porphyrin)이 있다. 이 물질은 적당히 분해되면 노란색을 띤다. 시들거나 망가진 잎이 누렇게 변색하는 이유이기도 하다. 그런데 페놀류는 포르피린 물질 합성에 관여하는 효소를 억제하기도 한다. 이 같은 사례는 타감물질이 직접 광합성의 중요한 기능을 망가뜨려 저해할 수 있음을 의미하지만, 정확한 작용 기작은 아직 불분명하다.

어쨌거나 타감물질의 광합성 억제는 두 가지가 가능하다. 하나는 직접 억제하는 것이고, 다른 하나는 간접 억제다. 간접 억제는 광합성과 전혀 관련이 없는 부위를 건드려서 억제하는 경우로 직접 억제보다 다양한 가능성이 존재한다.

광합성 간접 억제

간접 억제는 뿌리 기능을 떨어뜨려 광합성을 저해하는 사례가 대표적이다. 타감물질은 뿌리의 막 구조를 방해하여 막 기능과 능동수송 능력을 망가뜨린다. 계피산의 경우, ATP 가수분해효소(능동수송과 관련된 효소)와 피로인산을 분해하는 효소 활성을 억제한다.

ATP 가수분해효소가 억제되면 양성자를 필요한 곳으로 퍼내지 못해 이온과 물 흡수가 줄어든다. 이것이 세포의 팽압을 줄여 뿌리가 물을 흡수하지 못하면 건조 스트레스가 생긴다. 이에 따라 증산작용 억제를 위해 잎에서는 기공 닫힘이 일어난다. 타감물질이 기공을 완전히 닫지는 못하지만, 기공이 일부 닫히면 공기 흐름이 나빠지고 잎의 세포 내 이산화탄소 농도가 낮아진다. 이산화탄소 양이 부족해지면 잎의 광합성률이 떨어진다.

타감물질이 탄소고정 반응(암반응)도 억제할 수 있다. 광합성의 탄소고정 반응은 인산의 양에 영향을 받는다. 탄소고정 반응 관련 대사에 포함된 물질은 인산을 가지고 있으며, 엽록체 안에 인산이 부족하면 명반응이 느려질 수 있다. 그런데 많은 타감물질은 뿌리에서 인의 흡수를 억제하므로 광합성의 탄소고정 반응에 부정적 영향을 미칠 가능성이 있다. 그러나 아직 확실히 확인되지는 않았다.

나무의 뿌리, 줄기, 잎은 거리가 수 미터에서 십수 미터 떨어져 있다. 서로 동떨어져 있는 것처럼 보인다. 그러나 이들은 물관과 체관으로 이어져 있다. 한 개체 안의 모든 조직은 서로 연결되어 신호를 주고받는다. 뿌리 같은 곳은 광합성 산물 수용부(sink)로 이곳이 망가지면 광합성능도 함께 저하된다. 따라서 수용부의 광합성 산물 이용 능력이나 저장 능력이 광합성에 중요하게 영향을 미친다. 어느 한 곳이 고장 나면 다른 조직에도 해를 끼칠 수 있다. 참고로 체관에서의 이동속도는 초당 0.25밀리미터 수준이다. 어쨌거나 연결과 관계가 생명에 중요하다는 것을 타감물질의 광합성 간접 억제로도 확인할 수 있다.

광합성 직접 억제

간접적인 광합성 억제 외에 타감물질이 광합성을 직접 억제할 수도 있다. 직접 억제 효과를 확인하기 위해서는 엽록체나 틸라코이드 막을 분리해 실험해야 한다. 분리한 세포소기관에서 광합성 명반응을 직접 억제하는 물질이 알려졌다.

국화과 식물 중 하나인 *Iostephane heterophylla*에서 분리한 물질인 트라킬로반-19-오익산(trachyloban-19-oic acid)은 광계 II의 광수확 복합체에 작용해 짝풀림 효과(그라나 막을 사이에 두고 양성자 농도차를 만들어 ATP를 합성하는데, 애써 만든 양성자 농도차를 없애버리는 효과)를 낸다. 수수의 소골레온 그리고 레조르시놀지방, 수생식물인 이삭물수세미(*Myriophyllum spicatum*)의 페놀화합물도 광계 II를 억제한다. 그러나 분리된 세포소기관에서는 광합성을 억제하더라도 온전한 식물에서도 같은 효과가 나오는지는 알 수 없다.

광합성의 특정 부위를 억제한다 해도 식물 성장이 억제되는 데까지 이어지려면 여러 요소가 결합해야 한다. 식물에서 타감물질은 주로 뿌리를 통해 흡수되어 물관을 통해 잎으로 가는데, 이때 세포질과 엽록체를 통과해야 한다. 만약 이 과정에서 타감물질이 분해된다면 광합성을 직접 억제하지 못한다.

표 6-1 | 광합성에 미치는 타감물질의 영향

영향	타감물질	농도(mM)	종 또는 재료	작용
엽록소 함량	페룰산	0.5	대두	감소
	모노테르펜	0.1	*Cassia occidentalis*	감소
	세칼론산	0.3	수수	감소
	마이크로시스틴		*Ceratophyllum demersum*	감소
	페놀산	0.2	벼	감소
뿌리, 세포막 기능	주글론	0.01~1.0	옥수수, 대두	감소
기공 전도도	페놀산	0.25	오이	감소
	주글론	0.01~0.1	대두, 옥수수	감소
	프린시피아 유틸리스	휘발성 오일	*Vicia faba*	감소
	히드록시벤조산	0.50	대두	감소
	히드로퀴논	0.25	흰대극(Leafy spurge)	감소
탄수화물대사	시나믹산	0.25	오이	감소
수분퍼텐셜	히드록시벤조산	0.75	대두	저하
	페룰산	0.25	수수	저하
전자전달계	*Prymnesium parvum*		발틱해 플랑크톤	억제
	카페익산	0.1~0.25	*Euphorbia esula*	억제
	소골레온			억제
	─			
	트라킬로반-19-오익산		시금치	억제
	레조르시놀지방			억제
	폴리페놀		시금치	억제
	Myriophyllum spicatum		식물 플랑크톤	억제
	히드록시벤조산	0.75	대두	
	피셔렐린 A			
	크리콜로린 A	0.02	시금치	
	아세토제닌		시금치	
	잔소리졸		시금치	
	히드로퀴논	0.25	흰대극(Leafy spurge)	

(출처: Reigosa et al., 2006 Allelopathy 자료 재정리)

타감물질의 양이 충분하다면 직접 억제할 수도 있을 것이다. 하지만 근계(根系)의 타감물질 양이 적고, 지상부로 이동하더라도 여러 잎이나 조직으로 흩어져서 희석된다. 따라서 타감물질이 직접적으로 광합성을 억제하기란 쉽지 않다. 수생식물에서는 타감물질의 직접 억제가 가능하다. 물을 따라 이동하면서 목표 식물에 영향을 미칠 수 있다. 휘발하는 물질이라면 잎에 작용할 수도 있다.

타감물질 중 계피산이 오이 잎의 광합성을 억제했다. RuBP 재생과 카르복실화반응 저해 때문이었다. RuBP는 탄소고정 반응에서 이산화탄소와 결합하는 첫 번째 물질이다. 이 물질이 재생되지 않으면 광합성은 줄어들 수밖에 없다.

RuBP에 이산화탄소가 붙는 카르복실화반응은 탄소고정 반응의 첫 번째 단계로 루비스코가 촉매한다. 이 단계가 억제되면 탄소고정 반응의 캘빈회로가 돌아가지 못한다. 탄소고정 능력이 떨어질 수밖에 없다. 구체적으로 이 단계가 어떻게 억제되는지는 아직 모른다. 루비스코의 양을 줄이거나, 활성을 억제할 가능성을 추정할 뿐이다.

타감물질이 어떻게 작용하는지에 대해 일반적으로 관심이 없다. 제초제 개발 등에 의미가 있기는 하나, 먹고 사는 문제와 직결되지 않는다. 더구나 타감물질의 억제 효과에 대한 결과는 하루 이틀에 만들어지지 않는다. 한 사람 한 사람의 수많은 노력이 모여 커다란 진전을 이루는 것이다. 이 때문에 다른 사람들은 관심을 갖지 않아도 스스로의 발전을 위해 묵묵히 연구하는 분들에게 감사를 표하고 싶다. 새벽의 쓰레기 청소를 비롯해 아무도 알아주지 않으나 자신의 삶을 충실히 사는 분들도 마찬가지다.

어쨌거나 식물이 만드는 타감물질은 주변 환경이나 스트레스와도 얽히고, 상대의 성장을 억제하거나 광합성과도 연결된다. 이것 때문에 때때로 심각한 생존 저하가 일어나기도 하지만, 상황에 따라서는 생존 촉진도 가능하다. 나름대로 멋을 낸(?) 능력의 조화가 식물의 타감작용이고 또 삶이다. 수억 년을 넘는 오랜 시간 함께 살아온 덕분인지 식물의 능력을 한 가지 잣대로 재단하기가 쉽지 않지만, 서로 다른 물질을 합성하는 능력과 회피하는 수단들 사이의 어울림이 타감작용에 있다.

사람의 유전자도 이런 오랜 진화 과정을 거쳐 형성되었다. 다양한 능력이 있다는 것쯤은 쉽게 추론할 수 있다. 그런데 우리는 사람의 능력을 몇 개의 기준으로 판단한다. 능력 있는 자를 선발하겠다는 이유에서다. 하지만 그런 정도만으로 사람을 충분히 평가할 수 있는지에 대해서는 의문이 들 때가 정말 많다.

ᄂ 타감작용의 예

소나무

타감물질은 수용성(水溶性) 또는 휘발성(揮發性)이 있다. 식물체에 맺힌 이슬에 녹아 흙에 들어간다. 또 식물의 고사체로부터 휘발하거나 낙엽의 부식질로부터 휘발된다. 잎에서 세탈(洗脫)하거나 뿌리에서 침출되어 식물 주변의 토양에 축적된다.

타감물질은 새 제초제 개발 외에 생태계 관리에도 중요하다. 타감작용의 응용 가능성으로 온난화 대응, 귀화식물 관리, 친환경적 농업 등을 생각해 볼 수 있다. 따라서 타감작용 사례 몇 가지를 소개하고자 한다.

타감작용을 말할 때 가장 먼저 떠올리는 나무가 소나무다. 우리나라 어디에서나 자라 쉽게 관찰할 수 있다. 소나무 서식지는 남북으로 한라에서 백두까지, 동서로 울릉도에서 백령도까지다. 한마디로 전국이다. 보통 해발 200~400미터에서 잘 자란다. 그러나 우리나라가 남북으로 길어 소나무가 자라는 해발 고도에는 다소 차이가 있다. 남부는 해발 1,200미터 이하, 중부는 1,000미터 이하, 북부는 900미터 이하까지 자란다.

소나무의 타감작용은 갈로탄닌이란 물질 때문에 생기는 것으로 소나무 주변에 다른 식물이 자라지 못하게 한다. 이뿐만이 아니다. 소나무 주위로 탄닌이 강력한 항생작용도 한다. 미생물의 성장도 막아 잎이 잘 썩지 않는다. 주변에 떨어진 소나무 잎을 흔히 볼 수 있는 이유다. 잎이 잘 썩지 않으면 식물은 토양 속에서 계속 필요한 영양물질을 섭취해야 한다. 이는 소나무의 영양 상태를 좋지 않게 할 수 있다. 실제로 잎이 썩지 않아 소나무 스스로 자신의 성장을 해치기도 한다.

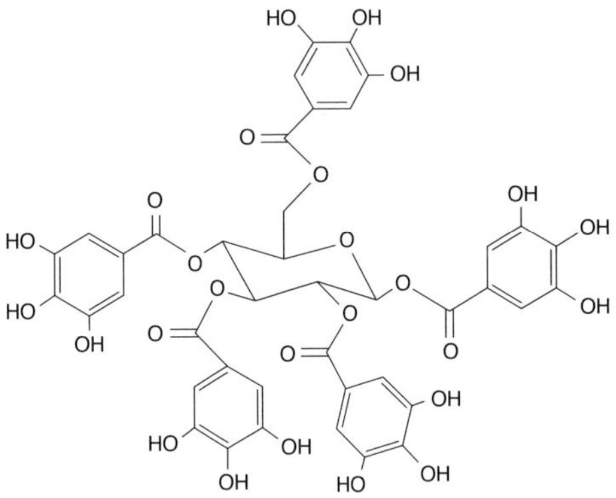

갈로탄닌은 가운데에 포도당 같은 물질을 두고 갈릭산이 주변에 결합한 형태의 물질이다. 이것은 α-아밀라아제의 비특이적 억제물질이기도 하다. α-아밀라아제는 종자발아 때 녹말을 엿당으로 바꾸어주는 효소다. 유묘 성장을 위한 영양물질 공급에 필수 효소라서 이 효소를 억제하면 발아가 어려워진다.

그림 6-8 _ 갈로탄닌의 화학적 분자구조

예를 들어 볍씨가 발아할 때 배젖(우리가 먹는 부분)에 저장된 녹말을 α-아밀라아제가 분해해 엿당을 만든다. 그러면 배(쌀눈)가 이것을 영양분 삼아 성장하면서 뿌리와 줄기를 키운다. 벼는 처음에 뿌리가 하나만 나온다. 이후 여러 개가 나온다. 그런데 주변이 소나무가 분비하는 갈로탄닌이 많은 지역이라면 발아가 잘 안 될 것이다. 녹말을 분해하는 α-아밀라아제가 작동하기 어려워 영양물질을 만들지 못하고 쌀눈의 성장이 방해받기 때문이다. 이것은 갈로탄닌이 발아를 억제하는 기작 중 하나다.

종자의 발아 과정을 이용해 엿기름으로 식혜를 만들기도 한다. 엿기름은 보리에서 α-아밀라아제 효소를 얻어 밥을 엿당으로 분해한다. 식혜가 달달한 이유는 엿당 덕분이다. 식혜의 물이 증발되도록 졸이면 점도에 따라 조청도 되고 엿도 된다. 다른 곡물도 비슷한 방법을 응용해 엿을 만들 수 있다. 무를 이용해 엿을 만드는 것도 기본 원리는 같다.

종자의 발아 과정이나 식혜를 만드는 방법 중 한 가지라도 잘못되면 전체 반응이 일어나지 못한다. 타감물질이 작동하는 원리도 이런 방식이다. 대사경로 가운데 중요한 경로 하나를 방해함으로써 전체 과정이 어그러진다. 이는 타감물질로 식물의 성장을 억제하는 방법이 매우 많다는 뜻이기도 한데, 대사경로의 효소와 연결되어 있기 때문이다.

기후변화와 타감작용

지리산 천왕봉 주변을 오르락내리락한 적이 있다. 지리산의 수목 생태를 조사하기 위해서였다. 대피소에서 며칠 묵으며 여러 날 조사했다. 당시에 살펴본 나무가 가문비나무였다. 가문비나무는 한대성 수종이며, 구상나무와 잘 구별되지 않는다. 멀리서 가문비나무처럼 보여서 가까이 가보면 구상나무인 경우가 많았다. 말 그대로 허탕이라 실망하고 다시 걸어야 했다. 더 나은 방법은 없었다. 멀리서도 구상나무와 가문비나무를 구별할 수 있어야 했다. 이런 경험 때문에 가문비나무와 구상나무는 뇌리에 깊이 박혔다.

우리나라 구상나무가 미국으로 건너가 크리스마스트리용으로 육종되었고, 전 세계에서 가장 많이 사용되는 품종으로 꼽히고 있다. 그런데 이런 구상나무가 기후변화의 직격탄을 맞을 가능성이 커서 2000년대 초에 조사를 한 것이다.

가문비나무나 구상나무는 소나무과에 속한다. 한반도에 자생하는 소나

그림 6-9_ 생김새가 비슷한 가문비나무(A)와 구상나무(B)

무과는 소나무속, 가문비나무속, 이깔나무속, 전나무속, 솔송나무속에 총 16종이 있다. 소나무속에는 소나무, 잣나무, 눈잣나무, 섬잣나무, 해송이 있다. 전나무속에는 전나무, 구상나무, 분비나무가 속한다. 리기다소나무, 곰솔, 개잎갈나무, 잣나무에도 타감 효과가 있음이 밝혀졌다.

구상나무는 상록교목이다. 중생대 백악기에 아시아를 중심으로 등장했고, 윌슨(Wilson)과 나카이(Nakai)가 1915년에 새로운 종으로 명명했다. 구상나무는 한반도 고산 지역에서 자란다. 한라산, 지리산, 백운산(광양), 영축산(영남알프스), 금원산, 덕유산, 가야산, 속리산 등이 서식지다.

특히 구상나무는 추운 기후에서 잘 자라는데, 지구온난화로 산림 식생대가 변화해 산림쇠퇴 현상이 나타나고 있다. 산 정상 부근의 구상나무는 소멸할 가능성이 높다. 이처럼 기후변화 등에 민감한 수종이어서 현재 국가기후변화생물지표종(CBIS: Climate-sensitive Biological Indicator Species)으로 선정되었고, 멸종위기에 처하면서 구상나무 복원과 보전 방안이 모색되고 있다.

이를 위해 제주도에서 구상나무의 하부식생을 조사했다. 하부에 출현하는 종은 눈향나무, 제주조릿대, 산철쭉, 주목 등이었다. 하부식생은 구상나무 종자가 주변으로 퍼질 확률을 줄인다. 이들이 뿜어내는 타감물질 때문이다. 따라서 구상나무의 타감물질과 함께 하부식생에 의한 타감물질을 조사하여 구상나무가 좀 더 잘 살 가능성을 분석하기도 했다.

구상나무의 수용성 추출물이 배추, 부추, 울산도깨비바늘, 유채 등의 발아와 유묘 성장, 뿌리털 길이, 단위면적당 뿌리털 개수를 줄였다. 추출물에 함유된 물질을 분석한 결과, 페놀과 플라보노이드 화합물이 발견되었다. 구상나무 수관에서 토양으로 방출된 추출물이 하부식생의 발아와 생장을 억제해 경쟁 우위를 확보한 것 같다.

지리산에서 구상나무 하부식생을 구성하는 조릿대나 털진달래도 타감물질을 분비한다. 조릿대 군락에서 잎이 떨어져 형성된 부엽층에서 타감물질인 파라히드록시벤조산(p-hyroxybenzoic acid)이 발견되었다.

관목이나 조릿대에서 분비되는 타감물질은 거꾸로 구상나무 또는 다른 교목의 종자발아나 성장을 억제할 수 있다. 아무리 키가 작아도 관목의 잎은 유묘에 비치는 햇빛을 가려 유묘 성장을 억제한다. 키 작은 관목이 교목을 향해 벌이는 복수다. 작거나 능력이 없다고 무시할 일은 아니다.

어쨌거나 구상나무의 생육에 영향이 적은 하부식생으로 식생 변화를 유도하면 종 보존에 유리할 것 같다고 한다. 구상나무가 잘 자라는 하부식생을 조성하고자 하는 의미로 이해된다. 그러나 타감작용은 서로 얽혀 있어서 좋은 효과가 나올지 판단하기 어렵다. 구상나무와 하부식생과의 관계 전체를 잘 살필 필요가 있다. 인간관계처럼 그들의 관계도 단순하지 않기 때문이다. 아울러 온도 상승에 의한 서식지 변화를 하부식생 변화로 막을 수 있을지는 우려가 된다.

귀화식물의 타감작용

초등학교 때 하얀 토끼풀 꽃으로 반지 등을 만들던 기억이 어렴풋하게 떠오른다. 조금 커서는 행운의 상징이라는 네잎클로버를 찾으려 토끼풀밭을 뒤진 적도 여러 번 있었다. 몇 개를 찾아 책갈피에 넣어 두었던 것 같기도 하다. 나름대로 추억을 담은 식물이 토끼풀이고, 토끼풀은 흔히 볼 수 있다. 때로는 꽃색이 붉은 토끼풀도 만나는데 이상하거나 어색하지 않다. 유럽이 원산지인 귀화식물이지만 어린 시절부터 익숙해서인지 귀화식물이라는 느낌은 전혀 없다.

귀화식물 중에는 흔히 알려진 식물도 많다. 개망초(*Erigeron annuus*), 망초(*Erigeron canadensis*), 비름(*Amaranthus mangostanus*), 돼지풀(*Ambrosia artemisiifolia var. elatior*) 등이다. 귀화식물은 국내에 287 분류군이 있다. 국내에 분포하는 식물(4620 분류군)의 약 6퍼센트를 차지한다.

귀화식물은 자생식물과의 전쟁에서 성공한 종들이다. 생식적 성숙과 개화가 빠르며, 종자를 많이 생산하고 산포 범위가 크다. 여기에 더해 폭넓은 발아 조건, 새로운 생육지에 대한 높은 환경적응능력과 더불어 타감물질이 이들의 정착에 영향을 주었다. 타감물질을 분비함으로써 다른 식물의 종자발아와 성장을 억제해 그들의 영역을 확보한 것이다. 그리고 개체수를 늘려 커다란 군락을 형성한다.

토끼풀(*Trifolium repens*)에서 타감작용을 하는 14개의 물질이 알려졌다. 카페인산, p-히드록시벤조산, 페룰산, 갈릭산, p-쿠마린산, 바닐산, 트랜스시나믹산, 2,5-이히드록시벤조산, 시링산, 2-히드록시시나믹산, 벤조산, 살리실산, 플로로글루시놀, 페닐아세트산이다. 이런 물질이 뿌리, 잎, 줄기에서 발견되고, 토끼풀은 이들을 통해 잔디와의 경쟁에서 우위를 점하기도 한다.

타감물질은 경쟁에서 자신들이 살아갈 수 있는 서식지를 만드는 데 유리한 측면이 있다고 할 수 있다. 그러나 다른 식물이 자라지 못하면 자기들끼리 경쟁해야 하므로 결국은 마찬가지다. 시간이 흐르면서 그들을 먹고 사는 곤충 등이 많아지고 질병도 늘어난다. 특정 지역에 한 종만 살게 되면 오히려 자신들도 생존하기 어려워진다.

이런 현상은 농작물에서 흔히 나타난다. 사람들이 생산성 좋은, 또는 특정 목적의 농작물만 심을 때 주로 일어난다. 한 품종의 농작물만 재배하면 병해로 인해 심각한 흉작이 생기기도 한다. 그 예로 아일랜드 대기근이 유명하다.

1845년에서 1852년까지 영국 아일랜드에서 일어난 기근으로 대략 백만 명의 사람이 죽었고, 비슷한 수의 사람들이 해외로 이주하였다. 대기근의 원인은 감자 역병이었다. 감자에 병이 생겨 생산량이 떨어지면서 먹을 것이 사라져 기근이 발생했다. 당시 아일랜드 인구의 1/3은 식량이 감자였다.

감자 역병이 대기근의 원인이었지만, 그보다 더 중요한 문제는 지주의 착취였다. 감자 외에 다른 옥수수나 밀은 지주들이 가져갔다. 먹을 게 감자밖에 없는데 이 작물이 역병에 걸리는 바람에 사람들은 굶주릴 수밖에 없었고, 아일랜드를 떠났다. 아일랜드 인구는 1900년대 중반까지 계속 감소했다고 한다. 인간이든 식물이든 먹어야 산다.

이처럼 어떤 한 지역에서 소수가 자원을 독점하면 살기 힘든 다른 개체는 떠난다. 식물도 어떤 지역에 특정 종이 우점하면 다른 종은 잘 들어오지 못한다. 경쟁에 밀려 사라지는 것이다. 이 경우 남는 것은 종내 경쟁인데, 더 치열하다. 생태적 지위가 같아서 동일한 자원에 대한 요구가 크기 때문이다. 특정한 소수 종이 자원을 독점하는 것은 오히려 더 위험한 일이 될 수 있다.

7

나누기 전략

생명체는 자신의 유전자를 후세에 남기려고 한다. 이를 위해 식물은
자신이 만든 자원을 다른 개체에 나누어 줌으로써 협력을 이끌고
이동성이나 영양물질 흡수, 발아 능력을 키운다. 곧 식물은 협력으로 배우자를 찾고,
자손을 만들어 멀리 퍼뜨리며, 영양물질을 흡수하고, 적합한 환경과 때를 기다리는
행위 등을 통해 유전적 한계를 뛰어넘는 능력을 발휘한다.

1 이타적 행동

도와주기

식물도 살아남기 위해서는 서로 돕는다. 같은 종 사이에서 돕는 것이 촉진과 공생이고, 다른 종 사이에서 돕는 상호작용은 협동과 이타적 행동이다. 협동은 편리공생과 상리공생으로 나뉘며, 이타적 행동은 대표적으로 혈연선택이 있다. 이타적 행동은 상대를 배려하느라 자신의 에너지나 자원을 사용해도 대가를 요구하지 않는다. 이것이 이타적 행동과 공생의 중요한 차이점이기도 하다.

공생은 서로 주고받는 이익이 있을 때 이루어진다. 어느 한쪽이 해는 없고 이익만 보는 편리공생이 있기는 하지만, 일반적인 공생은 상호 이익을 주고받는다. 따라서 공생은 각자 손해가 없고 이익을 함께 나누며 협동을 가능하게 하는 원동력으로 작용한다.

서로 돕는다는 행위는 여러 가지 형태로 나타날 수 있는데 이 행동에는 자원 이동이 발생한다. 그것으로부터 상호 간의 번식이나 성장의 이점을 얻어 생존 가능성을 올린다. 혼자 독립적으로 살아가는 식물이 서로를 돕고 있다는 사실이 선뜻 다가오지 않는다.

누군가를 돕는다는 것은 다른 개체에 대한 인식이 전제되어야 한다. 옆에 있는 개체의 존재를 알아야만 도움을 줄 수 있기 때문이다. 그런데 식물은 사람과 같은 눈이 없으니 상대를 알아보려면 다른 능력이 필요하다.

식물은 기계적 자극에서부터 옆에 있는 개체의 정체성을 확인하는 것까지 환경의 여러 측면을 감지할 수 있다. 이뿐만이 아니다. 서로 다른 종들끼리 정보도 교환할 수 있다. 가장 대표적인 것이 휘발성 물질이다.

어떤 식물의 잎에 병이 들었다면 그 잎에서 휘발성 물질인 살리실산이 나와 공기 중으로 퍼진다. 살리실산의 주된 기능은 질병을 막는 것이다. 살리실산을 같은 개체의 인접한 잎이 인식하면 병원균과 관련된 단백질을 합성해 병해에 대비한다. 다른 개체의 잎도 이 물질을 인식할 수 있다. 종이 달라도 가능하다. 살리실산 농도가 충분히 높으면 주변 식물도 덩달아 병원균 방어에 들어간다. 옆에 있는 같은 종의 식물이나 다른 종 식물에 도움을 주는 것이다. 종내 또는 종간의 유익한 상호작용이다.

이러한 협력이 가능한 이유는 식물호르몬에 대한 반응이 식물들 사이에서 크게 다르지 않기 때문이다. 노화나 잎의 탈리는 에틸렌, 섭식에 대한 반응은 자스몬산 등 종이 달라도 반응은 비슷하다. 곧 식물은 같은 종뿐 아니라 서로 다른 종과도 화학물질 정보를 주고받을 수 있다.

지상부에만 이런 작용이 있는 것이 아니다. 지하부인 뿌리에도 있다. 뿌리는 '핫라인'을 통해 정보와 물질을 주고받는다. 유선과 무선을 모두 이용해 주변 상황을 인식하며, 필요에 따라 이타적 행동을 할 수 있다. 그 덕분에 숲에 사는 식물의 생존에 유리한 상황을 만든다. 이 내용은 뒤에 곰팡이 균근 네트워크에서 다시 설명할 것이다.

혈연선택

이타적 행동의 가장 대표적인 모습이 혈연선택이다. 이것은 "자연선택에 의한 생물의 진화를 볼 때 개체가 스스로 남긴 자손의 수뿐만 아니라 유전자를 공유하는 혈연관계인 개체의 번식 성공에 미치는 영향도 고려해야 한다"는 이론이다. 이 이론을 간단한 수식으로 설명하면 유전자는 $rB \rangle C$일 상황에서 증가한다. 여기서 C는 비용(cost), r는 유전적 연관도(the coefficient of relatedness) B는 이득(benefit)이다. 이 법칙은 동물의 이타적인 행동의 조건을 알려주며, 영국의 생물학자 해밀턴(Hamilton, William)이 포괄적응도(inclusive fitness)란 이론으로 발전시켰다.

유전적 연관도란 유전적으로 얼마나 가까운지를 알려주는 것으로 촌수라 생각하면 쉽다. 자식은 부모에게서 1/2의 유전자를 받아 유전적 연관도는 0.5다. 형제는 엄마와 아빠 쪽 각각 1/4을 공유한다. 그러나 이 두 가지가 한 몸속 유전자에 있어서 둘의 합인 1/2의 유전적 연관도를 가진다. 촌수로 1촌의 부모 자식과 2촌인 형제의 유전적 연관도는 모두 0.5다.

3촌 관계인 작은아버지는 아버지와 1/2을 공유해 조카와는 1/4의 연관도를 가진다. 이렇게 촌수가 늘어나면 연관도는 그것의 승수로 줄어든다. 1/2(촌수-1)의 수식을 이용하면 부모 자식을 제외한 친척들 사이의 유전적 연관도를 계산할 수 있다. 이때 부모 자식 간은 제외다. 형제들이 결혼해서 일가를 이루면 혈연선택에 따른 행동은 다소 줄어든다. 그리고 서로 이익을 주고받는 호혜적 이타주의가 좀 더 중요하게 작용한다.

인간을 포함해 동물에서 이러한 혈연선택이 잘 알려졌다. 남보다 자신과 혈연관계에 있는 상대방에게 더 잘해준다. 자식에게 더 잘해주고 싶고 형제에게도 마찬가지다. 인간도 이것을 뛰어넘지 못한다. 전 세계에서 이것을 막기 위한 어떤 이성적 제도도 아직 성공하지 못했다. 혈연선택에 따른 본능을 막는 것이 불가능하다고 받아들이는 것이 오히려 타당해 보인다.

혈연선택은 식물에도 존재한다. 형제 사이에서는 서로 햇빛이나 영양물질을 양보하고 배려한다. 식물이 형제를 인식하기란 간단치 않으니 놀라운 일이다. 사람은 일반적으로 함께 살아서 형제를 쉽게 안다고 생각하지만, 어릴 때부터 떨어져 살았다면 이야기가 달라진다. 유전적으로 아무리 형제라도 유전자 분석을 실행하기 전에는 알지 못한다. 그런데 식물은 유전자 분석도 없는데 형제를 알아보고, 햇빛을 잘 받게 잎의 각도를 틀어주고, 뿌리 발달을 덜 해 더 나은 자손을 남기도록 한다니 놀라운 일이다.

식물에서 친족 사이의 경쟁은 화분에 친족을 함께 심거나, 친족이 아닌

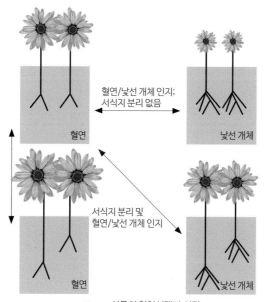

그림 7-1_ 식물의 혈연선택과 성장

개체를 함께 심어 비교하여 확인할 수 있다. 화분은 자원이 제한되어 있다. 만일 친족이 다른 개체처럼 똑같이 경쟁한다면 뿌리와 줄기, 꽃이나 열매 등의 크기에 대한 영향은 같을 것이다. 반대로 친족의 영향이 있다면 유전적으로 친족이 아닌 개체와 함께 심었을 때와 분명하게 다른 결과를 얻을 것이다.

그림 7-1에서 보는 것처럼 친족을 같은 화분에 심으면 서로 뿌리가 덜 발달한다. 뿌리를 덜 뻗어 경쟁을 피하는 것이다. 동시에 열매 등의 지상부가 커진다. 지상부도 서로 햇빛을 잘 받도록 잎의 위치에 변화를 준다. 이때 세포벽이나 세포신장 등을 바꿔야 하는데 그렇게 하려면 에너지를 써야 한다. 자신에게 이익이 없음에도 그렇게 행동한다. 친족 사이에 분명한 이타적 행동이 있다.

식물이 어떻게 옆의 개체가 친족인지를 아는지는 아직 정확히 모른다. 서로 떨어져 있음에도 인식하니 휘발성 유기화학물질을 이용할 가능성이 크다. 그러나 이런 물질에 대해서 구체적으로 알려진 바는 없다. 돌연변이를 만들어 혈연선택이 사라지는 개체를 찾으면 유전적 변화도 확인할 수 있을 것이다. 이는 앞으로 할 일이 많다는 것을 의미한다.

식물도 형제를 알아보고 상대방이 잘 살도록 돕는다. 이것을 알고 나니 우리의 삶의 모습을 돌아보게 된다. 우리가 식물보다 더 낫다고 할 수 있을지 의문이 들기도 한다. 어쨌거나 각 식물종에서 이와 관련한 유전자를 알아낼 수 있다면 작물을 키울 때 그들끼리의 경쟁을 줄이고 성장을 늘려 생산성을 올릴 수 있다. 한 개체에서 더 많은 수확이 가능해진다는 말이다. 인구 증가나 기후변화에 적응해야 하는 현대에 식물의 혈연선택은 매우 중요하고 필요한 특징이다.

2 꽃과 나눔

꽃과 현화식물

식물은 은행나무처럼 암나무와 수나무로 나뉜 종도 있고, 오이나 호박처럼 암꽃과 수꽃이 따로 피는 종도 있다. 같은 꽃에 암술과 수술이 있다 하더라도 서로 수정되지 않는 경우도 많다. 유전적 다양성을 늘릴 목적이다. 이 경우 자손을 남기는 데 해결해야 할 난제가 발생한다. 한 지역에 고착되어 있어 동물처럼 배우자를 찾아다닐 수 없다. 개구리처럼 소리를 내거나 곤충처럼 페로몬을 분비해 배우자를 부르는 것은 상상하기도 어렵다. 어떻게든 멀리 떨어진 배우자에게 자신의 유전자를 전달해야 한다. 그래서 물리적으로 떨어져 있는 배우자를 얻기 위한 독특한 전쟁을 벌인다.

기린은 긴 목과 뿔로 배우자를 차지하기 위해 싸운다. 배우자를 두고 벌이는 수컷들의 전쟁은 때로 죽음을 부르기도 한다. 그러나 식물의 전쟁은 동물과 차원이 다르다. 그들이 사용하는 무기는 흥미롭게도 아름다운 꽃이다. 서로 죽고 죽이는 피비린내 나는 싸움이 아니라 서로의 아름다움을 자랑하는 우아한 전쟁이다.

꽃은 식물의 번식을 위한 전쟁에서 필수 요소지만, 모든 식물이 꽃을 피우지는 않는다. 조류, 선태식물, 양치식물 등은 꽃이 없다. 꽃을 피우지 않고 포자를 이용해 번식하는 식물을 은화식물이라 한다. 은화식물 중 양치식물의 생활사는 홀씨부터 시작한다. 잎에서 만들어진 홀씨가 습기가 많은 곳에 떨어진다. 이들이 세포분열을 하고, 다세포체인 엽상체로 자란다. 장정기(藏精器)와 장란기(藏卵器)가 만들어지면 이 둘이 합쳐져 새로운 개체를 이룬다.

꽃이 피는 식물은 일반적으로 속씨식물이다. 소나무 같은 겉씨식물도 봄철에 수꽃과 암꽃이 달리기는 하지만 엄밀하게 꽃은 아니다. 화려한 꽃은 대부분 속씨식물이어서 현화식물이란 말은 속씨식물만을 지칭하기도 한다.

현화식물문 하나에 약 25만 종이 있다. 이들은 백악기 초기인 약 1억 4000만 년 전에 진화했고, 꽃과 종자를 만든다. 그리고 자신이 만든 유기물

표 7-1 | 현존하는 식물계의 10개 문에 따른 종수

	일반명	구성 종(대략)
비관다발식물류(선태류)		
태류식물문	태류(우산이끼류)	9,000
선류식물문	선류(이끼류)	15,000
각태류식물문	각태류(뿔이끼류)	100
관다발식물류		
비종자관다발식물류		
석송식물문	석송류	1,200
양치식물문	양치류	12,000
종자식물류		
겉씨(나자)식물류		
은행식물문	은행	1
소철식물문	소철류	130
마황식물문	마황류	75
구과식물문	구과류	600
속씨(피자)식물문		
현화식물문	현화식물류	250,000

을 꽃과 종자를 통해 다른 생명체와 나눔으로써 멀리 떨어진 아름답고 잘생긴 배우자를 만난다. 충매화를 통한 수정 방식이다. 효과는 크지만 자신의 자원을 다른 개체에게 주는, 차원이 다른 방향이다.

현화식물류의 종수는 엄청나게 많다. 자원을 독점하는 것이 아니라 나누는 방향으로 진화한 종자식물이 지구상에서 가장 번성하고 다양한 식물군이 되었다. 다른 식물종은 많아야 1만 5000종에 불과하다. 생존 경쟁에서 대승을 거둔 현화식물의 전략이 나눔이었다니 뜻밖이긴 하다. 하지만 나눔은 진화적으로 동물, 더 나아가 식물과 인간에게까지 배우자 선택을 위한 전쟁에서 승리할 수 있는 강력한 전략이다.

꽃색과 공진화

꽃은 암술과 수술, 꽃잎, 꽃받침, 화탁(꽃턱), 화경 등으로 구성된다(그림 7-2). 벚꽃은 암술과 수술이 한꽃에 있다. 암술만 있거나 수술만 있는 경우에는 암꽃과 수꽃이 분리되기도 한다. 호박의 암꽃은 꽃 아래 화탁 부분에 자방이 있고, 오이도 이와 비슷하다. 민들레, 코스모스 등은 꽃이 하나인 것처럼 보이지만 사실은 매우 많은 꽃이 모여 있다. 꽃잎처럼 보이는 것 하나하나가 각각 암술과 수술이 있는 개별적인 꽃이다. 꽃의 형태나 종류가 다양하다.

꽃의 화려함은 다양한 색소가 만드는 색깔에서 나온다. 식물의 색소는 크게 네 가지로 클로로필, 카로티노이드, 안토시아닌, 베타레인이다. 엽록소는 잎에서 녹색을 내는 대표적인 색소로 가장 잘 알려진 물질이다. 여러 차례 설명했지만 광합성에서 빛에너지를 화학에너지로 바꾸는 데 중요한 역할을 한다.

카로티노이드는 광합성 반응중심이나 광수확 복합체 같은 엽록소결합 단백질에 결합해 있다. 잉여에너지를 열로 방출하게 하고, 빛으로부터 생기

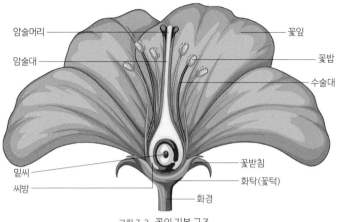

암술머리

암술대

꽃잎

꽃밥

수술대

밑씨

씨방

꽃받침

화탁(꽃턱)

화경

그림 7-2_ 꽃의 기본 구조

는 활성산소 등에 의한 산화를 막아 강한 빛에 의해 광저해가 발생하지 않도록 방어한다. 식물에 많이 존재하는 카로티노이드는 여섯 가지로, 네오잔틴(neoxanthin), 비올라잔틴(violaxanthin), 안테라잔틴(antheraxanthin), 제아잔틴(zeaxanthin), 루테인(lutein), 베타카로틴(β-carotene)이다. 루테인은 과일과 채소에서 발견되는 노란색 색소이고, 또 다른 카로티노이드 계통인 리코펜(Lycopene)은 토마토의 붉은색 물질이다.

안토시아닌은 봉숭아로 물들인 손톱으로 쉽게 확인할 수 있다. 봉숭아 꽃잎과 잎을 찧어 손톱을 감싸면 손톱과 살에 분홍색 물이 든다. 첫눈이 올 때까지 색이 남아 있으면 사랑에 성공한다는 믿지 못할 옛날 이야기가, 은근하게 물든 분홍 빛깔에 아름다움을 더한다. 그러나 간혹 잘못 물들이면 분홍색이 아니라 보라색을 띠기도 한다. 안토시아닌은 수소이온농도(pH)에 따라 다른 색을 띠기 때문이다. 안토시아닌은 산성에서는 붉은색이며, 알칼리성에서는 푸르스름한 보라색을 보인다. 이것이 손톱에 봉숭아를 물들일 때 식초를 넣거나 백반을 넣는 이유다. 산도를 잘못 맞추면 보라색으로 물든다.

꽃의 대명사 중 하나는 장미다. 붉은색 장미는 꽃말이 '정열적 사랑', 흰색 장미는 '비련의 사랑'이다. 장미의 꽃색은 안토시아닌과 카로티노이드의 조합이지만, 꽃말이 색깔마다 있을 정도로 꽃색이 여러 가지다. 그림 7-3은 장미 색소의 합성 경로다. 장미는 일반적으로 붉은색이지만 푸른색을 띠게 할 수도 있다.

꽃말이 어떻게 정해졌는지는 알 수 없으나 붉은색 장미의 꽃말이 정열적 사랑이라는 것은 벌과 연결해 보면 살짝 어울리지 않는 느낌이다. 붉은색이 인간의 눈에는 정열적으로 보이는 것이 분명하지만 벌은 의외로 붉은색을 보지 못한다. 벌이 좋아하는 꽃색은 대부분 흰색, 노란색, 파란색 계열이다. 벌은 단파장과 적외선을 볼 수 있다. 붉은색을 보는 생물은 새다. 흔히 남성을 꽃에 꿀을 따러 오는 벌에 비유하지만 붉은색 꽃만큼은 새에 빗대는 것이 과학적으로 타당하다.

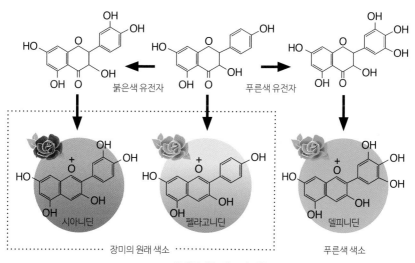

그림 7-3_ 꽃색을 내는 색소의 화학구조

꽃색이 무엇이냐에 따라 어떤 수분(受粉) 매개자가 오는지가 결정되고, 이것은 꽃의 형태에 영향을 끼친다. 예를 들어 노란색 꽃이 있다고 가정하자. 이 경우, 수분 매개자는 주로 벌이 온다. 갑자기 돌연변이로 인해서 꽃이 붉은색으로 바뀌면 벌은 잘 오지 않는다. 사랑이 식은 것이다.

벌이 다시 오게 하는 방법도 있다. 그중 하나는 꽃의 특정 부분을 공항의 비행기 착륙 유도선처럼 벌을 유인할 수 있도록 바꾸는 방식이다. 붉은색으로 꽃색의 돌연변이가 일어나더라도 특정 부분이 하얗게 변할 경우 벌을 충분히 유인할 수 있다.

만일 벌을 부를 수 있는 도구가 없다면 문제가 커진다. 수분 매개자가 오지 않으면 자손을 남길 수 없으니 붉은색 꽃을 만드는 돌연변이 유전자는 사라진다. 그러나 돌연변이 식물이 자라는 동네에 꽃 꿀을 먹는 새가 있다면 상황은 달라진다. 새는 붉은색 꽃에 와서 꿀을 먹기 때문에 꽃은 얼마든지 자손을 남길 수 있다.

꽃이 새와 만나면 벌과 만날 때와는 다른 차원의 공진화가 일어난다. 벌의 구기(입에 해당하는 부위)는 길이가 수 밀리미터에 불과하다. 새의 주둥이와는 비교할 수 없을 만큼 짧다. 꽃이 더 커야 하고 더 빨개져야 하며 긴 관 모양으로 변한다. 이렇게 되어야 새의 눈에 더 잘 보이고, 새가 꽃꿀을 섭취하기 유리해진다. 따라서 주둥이가 긴 새가 꿀을 먹기에 좋도록 꽃이 변한다. 처음에는 하나의 종이었으나 우연한 변이로 수분 매개자가 바뀌면서 꽃이 다른 형태로 진화하고, 나중에는 서로 다른 두 개의 종으로 분화한다.

수분 매개자와 식물의 관계는 이처럼 꽃의 형태뿐 아니라 구조를 바꾸기도 한다. 대표적 사례가 마다가스카르의 혜성난초와 나방이다. 1862년, 다윈(Darwin, Charles)은 길이가 27~43센티미터의 '거'를 가진 혜성 모양의 난초과 식물 표본을 받았다. '거'란 꽃받침이나 꽃잎 아래 길게 돌출된 부분으로 밀선을 포함한다.

다윈은 이 표본을 받았을 때 마다가스카르에는 주둥이가 약 30센티미터나 되는 긴 곤충이 있을 것이라 예측했다. 처음엔 사람들이 이 가설을 믿지 않았다. 그런 곤충이 발견되지 않았기 때문이다. 그러나 다윈이 죽은 지 40년 뒤에 주둥이 길이가 30센티미터인 나방이 발견되었다.

곤충 또는 새와 식물의 관계를 보면 식물은 이렇게 상대방의 요구에 맞추는 전략을 사용했다. 자신을 고집한다기보다 꽃가루를 나르는 곤충이나 새의 조건에 맞추는 방식이다. 번식에 이점을 주는 상호관계의 의미가 새삼스럽다.

곤충 부르기

누군가 내게 전공을 물어 식물생리라고 대답하면, "이 풀 이름은 뭔가요?", "꽃에서 똥 냄새가 나는 것도 있는데 왜 그런가요?" 등등의 질문이 이어진다. 식물생리학은 이런 질문에 답할 수 있는 연구 분야는 아니다. 식물 분류나 생태를 연구하는 분이 잘 알 수 있는 영역이다. 식물생리학자는 주로 향기가 만들어지는 대사경로나 꽃색이 만들어지는 대사과정을 연구한다.

식물을 보고 이름을 아는 것은 잘 몰라도 이론 공부는 관심이 있으면 누구나 할 수 있으니, 식물의 이름이나 꽃에서 똥 냄새가 나는 이유 등은 확인이 가능하다. 꽃향기는 외형적 특징과 더불어 꽃의 기능에 중요한 영향을 미친다. 식물이 다른 곤충을 부르는 방법 중 하나이기 때문이다. 향기로운 냄새가 나는 경우도 있고, 고약한 냄새를 풍기는 경우도 있다. 이러한 차이는 부르는 곤충의 종류가 다른 데서 비롯된다.

어떤 향기든 멀리 퍼지게 하는 것도 꽃의 역할이다. 확산하는 향기 물질에 식물이 영향을 주어 어느 정도 향기를 퍼뜨릴 수 있다. 그 덕분에 향기가 수동적이 아니라 능동적으로 퍼진다. 향기가 주변으로 널리 흩어지도록 식물은 열을 이용한다. 종과는 상관없이 다 비슷하다.

식물 중에 *Sauromatum guttatum*의 꽃이 열을 내어 향기 있는 인돌이나 아민류의 화학물질을 휘발시킨다는 것이 1937년에 알려졌다. 열을 내는 물질을 칼로리젠(calorigen)이라 했다. 나중에 이 물질이 살리실산(salisylic acid)이라는 것이 밝혀졌는데, 해열진통제 아스피린의 성분이다.

식물은 아름다운 색깔의 꽃을 활짝 피운 후 향기를 내보내 곤충을 꼬드긴다. 그리고 그들이 와서 수분하는 것에 대한 '수고비'를 준다. 일종의 자원 나눔으로 형태는 꽃꿀이다. 꽃꿀의 당은 7~70퍼센트 수준이다. 벌이 날아오면 꽃꿀을 포도당과 과당으로 분해해 저장한다. 당분의 농도가 높을수록 벌이 많이 찾아오고, 다소 낮으면 나비가 찾아온다.

그림 7-4는 천일홍에 호랑나비가 앉은 모습이다. 이것으로 우리는 천일홍의 꽃꿀이 당 농도가 낮을 것이란 추측을 할 수 있다. 동백 등을 제외하면 우리나라에서 새가 날아오는 꽃은 별로 없다. 새가 오는 경우 꽃꿀의 농도는 더 낮다.

한편, 모든 꽃에서 좋은 향기가 나는 것은 아니다. 어떤 꽃은 형태는 아름다우나 향기는 구린내 같은 악취를 풍기기도 한다. 가장 잘 알려진 꽃 가운데 하나

그림 7-4_ 천일홍 위에 앉은 호랑나비

가 '타이탄 아룸'이다. 고기 썩는 냄새가 나서 '시체꽃'이라는 별명이 붙었는데, 세계에서 가장 큰 꽃이다. 지름이 1미터, 무게는 10킬로그램에 이른다니 어마어마하다. 식물이 좋지 않은 냄새를 피우는 데에도 치밀한 계산이 깔려 있다. 수분해 주는 곤충의 종을 달리하여 경쟁을 피하는 것이다.

구린내가 나는 꽃 중에 누리장나무꽃이 있다. 이런 꽃은 벌이나 나비가 오지 않는다. 대신 풍뎅이나 파리가 날아온다. 배설물 따위가 있는 지저분한 곳에서 먹이를 먹기 때문이다. 꽃에서 나는 배설물 냄새는 '고객 맞춤형' 유인책이다.

향기는 곤충이 꽃꿀을 잘 찾도록 돕는 역할을 한다. 사람 눈과 달리 곤충의 시력이 충분히 좋지 않은 탓이기도 하다. 특히 밤에 피는 꽃은 향기가 중요하다. 빛이 부족한 밤에 꽃을 찾아온 수분 매개 곤충이 잘 보지 못할 수도 있다. 이러한 특징 덕분에 식물종마다 수분을 매개하는 곤충이나 동물이 다르고, 꽃의 모양이나 냄새 그리고 크기는 더욱 다양해진다.

향기는 식물에 이로운 수분 매개 곤충만 부르는 것이 아니다. 자신에게 도움을 주려고 온 곤충을 잡아먹는 포식자도 부를 수 있다. 만일 시각적 자극만으로도 수분 매개 곤충을 부를 수 있다면 굳이 향기는 필요치 않다. 향기는 식물의 입장에서는 자원 낭비와 함께 수분 매개자에게는 위험이 될 수 있다. 이런 이유로 향기가 없는 꽃도 있다.

우리가 잘 아는 꽃과 벌에 관한 일화가 있다. 신라 선덕여왕이 즉위했을 때 당나라 왕이 붉은색·자주색·흰색의 모란꽃 그림과 꽃씨를 축하의 메시지로 보냈다. 선덕여왕은 모란꽃 그림을 보고 "이 꽃은 틀림없이 향기가 없을 것이다"라고 말했다 한다. 씨앗을 궁전 뜰에 심고 꽃이 핀 후에 보니 향기가 없었다. 신하들이 신기해서 어떻게 향기가 없는지 알았느냐 물었더니 그림에 꽃과 나비가 없었기 때문이라 했다는 것이다.

이러한 일화는 재미로 듣기에는 좋다. 누군가를 돋보이게 하려는 낭만적인 내용 같기도 하다. 그러나 과학적으로 타당하다고 말하기는 어렵다. 향기가 없어도 수분을 매개하는 벌이나 새가 꽃으로 올 수 있다. 때론 꽃꿀이 없는 화려한 색상의 꽃도 있다. 이런 경우, 곤충이 왔다가 꿀을 얻지 못하고 허탕을 친다. 어쨌거나 향기나 꽃꿀이 없더라도 벌 같은 수분 매개자를 유인할 능력이 있다면 그것으로 충분하지 않을까 싶다.

수분 확률을 높이기 위해 꽃이 필 때 순서도 한몫을 한다. 이것을 꽃차례(화서)라 한다. 꽃차례는 무한꽃차례와 유한꽃차례로 나뉜다. 무한꽃차례는 아래쪽이나 가장자리에 있는 꽃부터 피어 올라가며, 유한꽃차례는 그 반대다. 먼저 피는 꽃이 일반적으로 나중에 피는 꽃들에 비해 다소 크다.

꽃이 피어 있는 시간이 짧으면 매개자가 찾아오거나 종자를 맺을 확률이 낮아진다. 그렇다고 꽃이 피어 있는 시간을 무한정 늘리기는 어렵다. 꽃을 유지하는 데 에너지도 들어가고, 수분과는 상관없이 다른 벌레가 먹을 수도 있다. 꽃이 광합성을 못 해 주위에서 영양물질을 보내주어야 하니 소모가 많다. 되도록 효율적으로 배우자를 찾아야 하는 고민이 화려한 꽃에는 있다.

더구나 식물은 다른 종의 꽃과 매개자를 두고 경쟁해야 한다. 만일 예상하지 못한 이유로 매개자를 유인하는 능력이 약해졌다면 자손을 남기지 못할 것이다. 꽃을 하나만 피운 채 오랫동안 매개자가 올 것이라 기대하는 것은 종자를 맺을 확률을 떨어뜨린다. 더구나 온대지방은 계절적 요인도 있어 광합성을 통해 열매를 맺고 성숙시킬 시간이 짧다.

이를 극복하기 위해 발달한 것이 여러 개의 꽃을 순차적으로 피우는 전략이다. 꽃들이 시간을 달리해 피면 개화 시간이 길어지는 효과를 얻는다. 매개자 방문 가능성도 올라간다. 더구나 작은 꽃 여러 개가 모여서 피면 매개자를 시각적, 후각적으로 더 강하게 자극한다. 매개자가 찾아올 확률을 더욱 늘린다. 꽃이 피는 꽃차례가 가지는 생태적 의미다.

봄에 피는 아까시나무(흔히 아카시아라 불리는 나무)는 작고 하얀 꽃이 여러 개 달린다. 6월의 밤꽃도 마찬가지다. 밤꽃 꿀인 느지꿀(경기도 가평 지역 사투리로 추정되는 말이다. 어린 시절 가평에 사시던 외할머니가 풀 이름, 벌레 이름과 함께 알려주셨다. 할머니와의 추억이 떠올라 기분이 좋아지는 말이기도 하지만, 지금은 아무도 사용하지 않는 듯해서 내겐 슬픔도 주는 말이다)은 이런 진화의 방향에 따라 만들어지는 꿀이다. 어쨌거나 꽃차례는 매개자를 이용한 타가수분의 효율성을 올리는 전략이다. 그 덕분에 인간은 이들에게서 얻은 꿀을 맛있게 먹는다.

개화 시기와 생식 격리

벌 등이 꿀을 얻기 위해 이꽃 저꽃을 다니니 이론적으로는 종간 잡종을 만들기 쉽다. 그러나 종간 잡종은 생각만큼 빈번하지 않다. 수분을 하는 매개자 수가 부족하지 않도록 식물종마다 조금씩 다른 시기에 꽃이 피기 때문이다. 이런 이유로 식물의 종간 교잡이 잘 일어나지 않는다. 대표적인 것이 자귀나무와 왕자귀나무다.

자귀나무는 서식지가 전국에 걸쳐 있다. 이에 비해 왕자귀나무는 전라남도 목포가 생육한계선이다. 둘은 꽃의 형태가 매우 유사하고 개화기도 비슷하다. 두 종이 같은 서식지에 있으나 잡종은 보이지 않는다. 생태학자들이 이것을 확인했다. 이 연구를 살펴보면 식물의 경쟁과 생식 격리의 관계를 이해하는 데 유리하다.

수분 매개자에 의해 자귀나무와 왕자귀나무에서 생식 격리(집단 내 개체 간

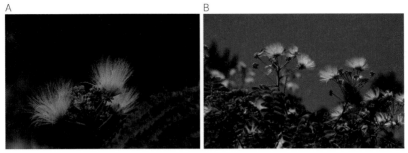

그림 7-5_ 중간 교잡이 잘 일어나지 않는 자귀나무(A)와 왕자귀나무(B)

의 유전자 교류를 방해함으로써 유전적 차이에 의한 종 분화를 유도하는 현상)가 발생할 수 있다. 두 나무의 꽃을 찾는 곤충이 다르면 교잡종이 생기지 않는다. 꽃을 방문하는 곤충은 산란, 포식, 먹이, 서식의 행동을 한다. 수분에 영향을 줄 수 있다. 따라서 방문 곤충이 겹치는지 확인하고자 두 나무의 꽃을 찾는 곤충의 종류를 조사했다.

왕자귀나무를 찾는 곤충은 5목 13과 19종이었고, 자귀나무는 5목 16과 24종이었다. 붉은가슴호리비단벌레(*Agrilus spinipennis*)와 청잎벌레(*Chrysolina nikolsky*)는 잎에 알을 낳으려고 방문한다. 푸른부전나비(*Celastrina argiolus*)는 꽃봉오리에 산란하지만, 에사키개미살이좀벌(*Eucharis esakii*)은 꿀을 먹으러 꽃을 찾는 개미의 몸에 산란한다. 알이 부화하면 개미를 먹고 자라니 결국 개미는 죽는다. 먹이 행동은 때때로 날벼락을 맞는다.

다른 곤충이 산란한 후 알에서 나온 애벌레를 먹기 위해 포식성 벌이 날아온다. 잎벌레살이감탕벌(*Symmorphus captivus*)은 청잎벌레의 애벌레를, 어리곤봉자루맵시벌(*Habronyx elegans*)과 땅감탕벌(*Euodynerus quadrifasciatus*), 별쌍살벌(*Polistes snelleni*)은 나비의 유충을 잡아먹으려고 꽃을 방문한다. 진딧물을 먹으려는 큰딱부리긴노린재(*Geocoris varius*)와 무당벌레(*Harmonia axyridis*), 칠성무당벌레(*Coccinella septempunctata*)도 찾아온다. 먹을 것이 있으면 어디든 온다.

식물의 즙액이나 꽃, 또는 잎을 먹으려는 곤충도 있다. 썩덩나무노린재(*Halyomorpha halys*)는 식물 즙액, 콩풍뎅이(*Popillia mutans*)와 벚나무풍뎅이(*Anomala daimiana*)는 꽃과 잎을 먹는다. 쥐머리거품벌레(*Eoscartopsis assimilis*)는 식물 즙액을 먹고 산란도 한다. 꿀을 먹으러 오는 곤충은 나비류와 Apidae(꿀벌과)에 속하는 벌류다. 이외에도 도쿄왕개미(*Camponotus tokioensis*), 마쓰무라꼬리치레개미(*Crematogaster matsumurai*), 곰개미(*Formica japonica*)가 꿀을 먹으러 온다(표 7-2). 진딧물한테서 감로를 보상으로 받는 개미는 무당벌레로부터 진딧물을 지켜준다. 상리공생인데 자귀나무와 왕자귀나무에서 다 있다.

방문 곤충을 보니 겹치는 종이 있다. 특히 꽃가루를 옮기는 벌과 나비는 자귀나무와 왕자귀나무 양쪽에서 모두 발견되었다. 두 종의 생식 격리가 수분 매개자의 차이에서 오는 것은 아니다. 수분하는 곤충이 생식 격리의 원인이 아니라는 말이다.

연구자들은 전남 무안군 오룡산 고도 50미터 부근의 왕자귀나무와 자귀나무의 개화 시기를 비교했다. 왕자귀나무의 개화는 6월 5일부터 6월 19일까지이고, 자귀나무는 6월 26일부터 7월 25일까지로 종간 개화 성숙기에 7일의 차이를 보였다. 이것은 식물이 개화 시기를 달리하여 서로 다른 종과의 교잡을 피한다는 뜻이다. 수분하는 곤충을 두고 경쟁하지 않고 수분을 도울 자원을 시간적으로 나누어 사용하는 것이기도 하다.

이와는 반대로 시간적, 공간적 환경이 비슷한 종의 잡종 형성은 식물에서는 흔하다. 이런 종간 잡종은 유전자의 새로운 조합을 만들어 종 분화를 이루기도 한다. 남산제비꽃과 제비꽃의 잡종인 가리산제비꽃, 남산제비꽃과 뫼제비꽃의 잡종인 우산제비꽃 등이 알려졌다. 참나무류는 떡신갈나무(*Quercus McCormicko-mongolica* T.B.Lee), 떡신졸참나무(*Q. dentata-serratoides* T.B.Lee), 떡갈졸참

표 7-2 | 자귀나무와 왕자귀나무를 찾는 곤충의 종류와 목적

곤충의 종류	방문 목적	
	왕자귀나무	자귀나무
Hemiptera		
Reduviidae		
Sphedonolestes impressicollis	Larva seeking(애벌레 찾기)	
Lygaeidae		
Geocoris varius	Aphid predation(진딧물 포식)	Aphid predation(진딧물 포식)
Pentatomidae		
Halyomorpha halys		Sap feeding(먹이)
Homoptera		
Machaerotidae		
Eoscartopsis assimilis		Habitat(서식)
Coleoptera		
Rutelidae		
Anomala daimiana		Flower, leaf feeding(먹이)
Popillia mutans		Flower, leaf feeding(먹이)
Buprestidae		
Agrilus spinipennis Lewis	Egg laying(산란)	Egg laying(산란)
Coccinellidae		
Coccinella septempunctata	Aphid predation(진딧물 포식)	Aphid predation(진딧물 포식)
Harmonia axyridis	Aphid predation(진딧물 포식)	Aphid predation(진딧물 포식)
Chrysomelidae		
Chrysolina nikolsky		Egg laying(산란)
Hymenoptera		
Eucharitidae		
Eucharis esakii		Egg laying(산란)
Ichneumonidae		
Habronyx elegans		Larva seeking (애벌레 찾기)
Formicidae		
Camponotus tokioensis	Nectar feeding(먹이)	
Crematogaster matsumurai		Nectar feeding(먹이)
Formica japonica		Nectar feeding(먹이)

(표 계속)

Eumenidae		
Euodynerus quadrifasciatus		
Orancistrocerus drewseni	Larva seeking(애벌레 찾기)	Larva seeking(애벌레 찾기)
Symmorphus captivus	Larva seeking(애벌레 찾기)	
Vespidae		
Polistes snelleni	Larva seeking(애벌레 찾기)	
Apidae		
Apis mellifera	Nectar feeding(먹이)	
Crocisa emarginata	Nectar feeding(먹이)	
Halictus aerarius	Nectar feeding(먹이)	
Megachile japonica		Nectar feeding(먹이)
Xylocopa appendiculata circumrdans		Nectar feeding(먹이)
Diptera		
Syrphidae		
Epistrophe grossulariae	Seeking aphids(진딧물 찾기)	
Lepidoptera		
Hesperiidae		
Parnara guttata		Nectar feeding(먹이)
Zygaenidae		
Illibeis tenuis	Nectar feeding(먹이)	
Papilionidae		
Graphium sarpedon		Nectar feeding(먹이)
Papilio bianor Cramer	Nectar feeding(먹이)	Nectar feeding(먹이)
Papilio xuthus Linnaeus	Nectar feeding(먹이)	Nectar feeding(먹이)
Pieridae		
Eurema hecabe	Nectar feeding(먹이)	Nectar feeding(먹이)
Pieris rapae (Linnaeus)		Nectar feeding(먹이)
Lycaenidae		
Celastrina argiolus (Linnaeus)	Egg laying(산란), Nectar feeding(먹이)	Egg laying(산란), Nectar feeding(먹이)

(출처: 손현덕 2010 논문 자료 재정리)

나무(*Q. McCormicko-serrata T.B.Lee*), 신갈졸참나무(*Q. alieno-werratoides T.B.Lee*) 등의 삼원교잡(세 개의 품종을 '(가×나)×다' 식으로 교배하여 유전적 성질을 이용한 새로운 품종을 만드는 방법)에 의한 잡종이 알려졌다.

기후변화로 개화 시기가 비슷해진다면 식물 간 생식 격리가 깨질 수 있으며, 수분에 참여하는 곤충에 대한 경쟁이 심해질 수 있다. 생식 격리가 깨진다는 것은 경쟁에서 지는 종이 나올 수 있다는 의미이기도 하다.

어쨌거나 옛날에 개나리는 벚꽃보다 훨씬 일찍 피었지만 요즘은 벚꽃과 꽃 피는 시기가 겹치는 경우를 종종 본다. 개나리가 좀 더 일찍 피기는 하나 개나리가 지기 전에 벚꽃이 만개하기도 한다. 이는 꽃이 피는 시기에 따라 생식 격리가 되는 종들의 경우, 새로운 교잡종이 생겨나거나 곤충 경쟁이 심해질 수 있다. 경쟁에서 진 종은 사라질 수도 있다.

3 열매 퍼뜨리기

과실의 종류

어린 시절, 사과와 배를 헛과일이라 하고 복숭아 같은 것이 참과일이라 들었다. 이유를 몰랐는데, 가과나 진과라 부르는 것은 식물 분류에서 어떤 부위가 과육으로 발전했느냐로 결정된다는 것을 대학 때 알게 되었다.

과실(fruit)은 성숙한 암술(암술들)로 피자식물의 과실은 과피(pericarp)와 종자(seed)로 나뉜다. 과피는 다시 외과피(epicarp), 중과피(mesocarp), 내과피(endocarp)로 구분된다. 과실은 진가와 가과로 크게 나뉜다. 진과(true fruit)는 암술이 발달하여 사람이나 동물이 먹는 과실이 된다. 앵두, 복숭아등이 대표적이다. 가과(false fruit)는 암술 주위의 것이 발달하여 과실이 되는 것으로 사과, 배 등이다.

진과는 건폐과, 건개과, 육질과로 세분할 수 있다.

건폐과란 '과실이 성숙하면 과피가 말라서 목질 또는 혁질이 되는 열매로 외부적 요인이 작용하지 않으면 과피가 열리지 않는 과실'이다. 벼 따위가 그 예인데 수과, 시과, 견과 등이 있다. 수과(achene)는 한 개의 종자가 하나의 방에 있는 것으로 작고 과피가 얇으며 날개가 없고 깃털, 강모 등이 달렸다(민들레, 우엉, 으아리, 서양등골나물, 미국가막사리, 도깨비바늘). 시과(samara)는 바람에 날리는 날개가 달렸다(단풍나무, 물푸레나무, 튤립나무, 가죽나무). 견과(nut)는 과피가 목질이며 보통 한 개의 종자가 들어 있다(밤나무, 상수리나무). 그 밖에 소견과(nutlet)는 한 개의 종자로 이루어져 있다(골무꽃, 산박하).

건개과는 '성숙하면 과피가 벌어져(열개, 裂開) 종자를 방출하는 과실'이다. 골돌, 협과, 분리과, 삭과, 분열과 등이 있다. 골돌(follicle)은 단일 심피(한 개의 방)로 하나의 봉선(과피가 벌어지는 선)에 따라 벌어지는데, 한 개 또는 여러 개의 종자가 안에 들어 있다(박주가리, 일본목련, 모란, 투구꽃). 협과(legume)는 콩꼬투리를 생각하면 된다. 단일 심피에 두 개의 봉선에 따라 벌어진다(완두, 자귀나무, 등나무, 아까시나무, 박태기나무). 분리과(loment)는 콩꼬투리와 비슷하나 종자 사이가 잘록해서 익으면 각각 떨어진다(도둑놈의갈고리). 삭과(capsule)는 다심피(여러 개의 방)이며, 벌어지는 봉선이 두 개 이상이다(무궁화, 모감주나무, 마, 질경이). 분열과(schizocarp)는 중축 좌우의 열매가 두 개로 쪼개지는 것으로 각 열매를 분과라 한다(당귀, 당근, 단풍나무, 파드득나물).

육질과는 '내과피나 중과피 중 어느 하나라도 딱딱하지 않고 즙이 있는 육질의 과실"이다. 장과, 감귤과(감과), 석류과, 핵과 등이 있다. 장과(berry)는 육질의 내외벽 안에 여러 종자가 들어 있다(포도, 구기자, 으름). 그림 7-6의 과실은 으름인데, 먹을 수는 있지만 검은색 씨가 많아 먹기가 쉽지 않다. 바나나처럼 씨 없는 품종이 육종이 되면 좋을 듯하다. 감귤과는 귤처럼 과육이 여러 방으로 나뉘어 있다(감귤). 석류과(balausta)는 상하로 방이 여러 개이며, 종피도 육질이다(석류). 핵과(drupe)는 내과피가 매우 굳은 핵으로 중과피가 육질이다. 외과피는 얇고, 보통 하나의 방에 한 개의 종자가 들어 있다(복숭아, 벚꽃나무, 대추나무, 산수유, 맥문동).

그림 7-6_ 으름이 봉선에 따라 벌어진 모습

가과는 한 개의 꽃에서 열매가 생기는 단화과와 여러 개의 꽃이 모인 후 일부가 다즙질의 열매가 되는 다화과로 나뉜다. 단화과에는 이과, 장미과, 취과가 있고 다화과에는 구과, 상과, 은화과가 있다.

단화과 가운데 이과(pome)는 화탁이 발달하여 육질이 되며, 심피는 연골질 또는 지질이고 다심피, 다종자다(사과, 꽃사과, 배, 팥배나무). 장미과(hip)는 화탁이 발달하여 육질이 되고 심피는 각각 떨어져서 소견과로 된다(덩굴장미, 마가목). 취과(aggregate fruit)는 심피나 화탁이 육질로 되고 많은 소견과로 이루어져 있다(딸기, 목련).

다화과 가운데 구과(cone, strobile)는 솔방울 같은 비늘 모양의 돌기(포린) 위에 두 개 이상의 소견과가 달려 있다(자작나무, 오리나무). 상과(sorosis)는 화피가 육질 또는 목질로 붙어 있고 자방은 수과 또는 핵과상이다(뽕나무, 버즘나무). 은화과(syconium)는 주머니 같은 육질의 화탁 안에 수많은 수과가 있다(무화과나무).

종자는 그 첫 번째 기능이 개체수 확대다. 두 번째는 개체가 다음 대로 이어지게 함으로써 생명을 지속한다. 생명의 이어짐이 곧 승리다. 따라서 종자는 경쟁에서 승리한 것만이 만들 수 있다. 진 것은 종자를 남길 수 없다. 종자를 남겼어도 다음 대를 이어가지 못하면 이것 또한 패배다.

개체 능력을 통한 종자 퍼뜨리기

버클리에 있을 때 자주 가던 뮤어우즈(Muir Woods)란 숲이 있다. 미국 샌프란시스코에서 일 번 국도를 따라 북쪽으로 가다 보면 1936년에 완공된 세계적으로 유명한 금문교가 나온다. 이 다리를 건너 좀 더 올라가면 뮤어우즈에 갈 수 있다. 영화 「혹성탈출: 진화의 시작」에서 유인원인 시저가 성장한 후 놀던 숲이다.

이 숲은 미국삼나무(redwood)가 무성하다. 미국삼나무는 캘리포니아가 원산지로 세상에서 가장 키 큰 나무다. 나무껍질(수피) 색은 붉은빛이 있는 갈색이다. 뮤어우즈를 거닐다 보면 대략 여섯 개 정도의 나무가 동심원을 그리면서 자라고, 한가운데는 비어 있는 경우가 있다. 원래 엄마 나무가 자라던 곳이지만, 씨앗이 떨어져 자식들이 주변에서 자라면서 엄마가 죽어 버려 생긴 빈 공간이다. 세대 간 경쟁이 그 이유다. 세대 간 경쟁으로 부모가 죽는다면 같은 종이 번성하는 데 유리하다고 보기 어렵다. 이런 경쟁을 피하려고 식물은 진화 과정에서 종자를 멀리 보내는 능력이 발달했다.

길거리를 지나다 하얗게 종자들이 달린 민들레를 꺾어 '훅' 하고 불면 자그마한 씨앗들이 날아간다. 씨앗에 붙은 가는 털 모양의 돌기가 멀리 날아가도록 도와주는 것이다. 그런데 여기에는 부모 자식 사이의 세대 간 경쟁을 피하려는 엄청난 배려가 포함되어 있다.

종자를 퍼뜨리는 방법에는 여러 가지가 있다. 가장 대표적인 것 중 하나는 바람을 이용하는 것이다. 종자 확산에 가장 많이 이용된다. 우선 종자에 날개가 있어서 헬리콥터처럼 날아가는 종은 키가 큰 나무에서 많이 발견된다.

앞서 말한 민들레씨처럼 표류하는 종자도 있다. 이들은 가벼워서 약한 바람에도 멀리 날아간다. 멀리 퍼질 수 있는 특성이 있는 종은 요즘과 같은 기후변화에 적응하기 좋다. 빠르게 북상해서 적합한 서식지를 찾는 데 유리한 까닭이다. 그러나 섬같이 좁은 지역에서는 멀리 날아가는 능력이 바람직하지 않다. 멀리 날아가면 바다에 빠지기 때문이다. 섬에 사는 민들레는 대체로 씨앗의 깃털 길이가 짧다.

바람을 이용해 종자를 퍼뜨리는 종 중에는 콩처럼 꼬투리가 있는 것이 있다. 꼬투리가 벌어지면서 종자가 튀쳐나간다. 이런 종은 상대적으로 종자가 멀리 퍼지지 않지만 경쟁을 피할 수 있는 정도는 된다.

종자를 물에 띄워 보내는 종도 있다. 연꽃 같은 수생식물에 많고, 동남아시아 바닷가에 있는 맹그로브 나무도 종자를 물에 띄워 보낸다. 이들 중에는 모체에서 싹을 틔운 후 물에 떨어져 물에 뜬 채 이동하는 것도 있다.

동물 털을 이용해 이동하는 종도 있다. 도깨비바늘이 대표적이다. 도깨비바늘은 옷 같은 데 붙으면 잘 떨어지지 않는다. 어렸을 때 풀밭에서 도깨비바늘을 던져 옷에 붙이며 놀기도 했다. 재미있는 장난감 중 하나였지만 지금은 쉽게 보기 어렵고, 가을에 서울 하늘공원을 올라가는 계

그림 7-7_ 도깨비바늘의 열매

단 근처에서 본 적이 있다.

폭발하는 종도 있다. 종자를 둘러싼 외피가 터지면서 그 압력으로 종자가 멀리 흩어지는 방법이다. 흔히 보는 괭이밥의 종자가 이런 특성을 보인다. 가끔 괭이밥이 자라는 화분을 옮기거나 건드려서 종피가 터지는 소리에 놀라기도 한다. 식물이 자신을 건드리는 사람을 놀라게 하려고 터뜨리는 것은 아니니 화낼 이유는 없다.

현화식물은 다양한 방법으로 종자를 멀리 퍼뜨린다. 종자를 통해 자신의 후손을 늘릴 수 있으니 어찌 보면 삶의 최종 결과물이 자손이라 할 것이다. 가까이에서 자신의 성공적인 삶을 상징하는 자손과 쟁탈 경쟁을 해야 한다면 바람직하다고 보기도 어렵다. 그렇다고 아랫세대가 윗세대에 모든 것을 양보한다면 더 나은 발전은 없다. 신구 세대 간의 조화를 위한 식물의 묘책을 생각해 볼 필요가 있다.

자원을 나누어 퍼뜨리기

몇 년 전에 내 강의를 들었던 어떤 학생이 여왕개미를 잡아서 키우기 시작했다. 처음에는 개미에 관해 이런저런 대화를 나눌 때 학생은 개미를 잘 알지 못했다. 그러나 시간이 갈수록 개미를 키우는 것에 대한 정보를 점점 더 많이 알았다. 나중에는 아마도 전국의 대학생 중에 개미 키우는 것에 대해서는 가장 많이 알지 않을까 싶은 수준이 되었고, 거꾸로 그 학생에게서 개미 키우는 것에 대해 배우며 약간의 호기심을 충족할 수 있었다.

개미의 먹이는 꽤 다양하고 거기에는 씨앗이 포함된다. 개미가 종자 자체를 먹는 것은 아니다. 식물은 개미가 좋아하는 물질이 담긴 것을 종자에 달아 둔다. 이것을 엘라이오솜(elaiosome)이라 한다. 우리말로는 종침(種枕)이다. 종자에 붙어 있는 돌기란 의미로 이해할 수 있다.

종침이란 말의 기원은 그리스어다. 기름이라는 뜻의 엘라이온(elaion)과 몸체라는 뜻의 소마(soma) 합성어로 지방 덩어리라는 말이다. 종침에는 지방과 단백질이 들어 있다. 개미가 좋아하는 먹이여서 이것을 집으로 가져가 애벌레 먹이로 쓴다. 종침 외에는 필요가 없어 나머지는 개미집 밖이나 쓰레기장에 버린다. 식물의 종자가 버려지는 것이다. 개미의 이 같은 먹이활동 덕분에 종자가 멀리 이동한다. 개미에게 유용한 먹이가 되는 물질을 통해 개미를 식물이 원하는 대로 교묘히 이용한다.

식물은 새의 능력을 이용하기도 한다. 육질이 많은 열매를 만들어 이것을 새가 먹게 함으로써 종자를 퍼뜨린다. 새의 소화관이 짧아 종자는 소화관을 통과더라도 발아 능력을 잃지 않는다. 때때로 새의 소화관을 통과하면 발아율이 올라가기도 한다. 주목, 벚나무, 팥배나무 등은 새가 과일을 먹어서 토하거나 배설해서 퍼지는 종이다. 새가 과일을 한곳에서 많이 먹고 배설하면 종자는 이동하지 못한다. 이를 막기 위해 과육에는 열매를 오랫동안 먹지 못하게 하는 물질이 들어 있기도 하다.

고추의 매운맛은 새는 먹어도 포유류는 먹지 못하게 할 목적으로 생겼다. 새는 매운맛을 느끼지 못하지만 포유류는 매운맛을 느끼기 때문이다. 고추가 익으면 색이 붉게 변해 색깔로도 새의 먹이가 되기 좋다. 따라서 새를 이용해 종자를 퍼뜨렸을 것이다.

상황이 바뀌어 사람들이 매운맛을 즐기기 시작하면서 일부 종은 새를 이용해 이동하는 것이 어려워졌다. 그 대신 인간이 육종해서 고추 종자를 퍼뜨린다. 애초에 원했던 방식은 아니나 여전히 매운맛은 종자를 퍼뜨리는 데 유용하다. 이는 획일화한 능력이나 기능은 없다는 것을 보여준다. 관점을 바꾸면 세상의 모든 것들은 능력이나 기능이 달라질 수 있을 것 같다.

발아와 휴면

식물에서 수정과 발생을 통해 종자가 만들어져도 바로 탄생으로 이어지지는 않는다. 종자는 후숙 과정을 거친 후 다른 곳으로 이동한다. 발아될 때까지는 시간이 걸리는데 먼저 새나 곤충 또는 바람에 의한 이동이 필요하다. 부모 몸에서 벗어나야 한다. 이동한 후에는 어딘가에 떨어진다.

씨앗이 떨어진 곳은 어디가 될지 모른다. 바윗돌 위가 될 수도 있고 물속이 될 수도 있다. 식물이 성장할 만한 조건이 안 된다면 새로운 탄생은 없다. 자신이 자랄 조건이 아닌 곳에서 발아하면 곧 죽음이다. 번식은 물 건너가고 만다.

어딘가에 떨어진 종자는 추운 겨울로 인해 해를 넘기기도 하고, 때로는 화재를 만나기도 한다. 이런 것들을 견딜 필요가 있어 종자는 발아 전 휴면이란 단계를 거친다. 종자의 휴면(seed dormancy)은 발아를 위한 준비 상태다.

종자가 발아하려면 휴면이 타파되어야 한다. 휴면 타파는 숲의 화재로 발생하는 열 등에 의해 자연 상태에서도 일어나지만 저온, 호르몬 등을 처리해 해결할 수도 있다. 또한 종자 채취 시기를 조절해 휴면 기간을 줄일 수도 있다.

휴면에는 다른 기능도 있다. 가을에 벼가 무르익을 때면 이삭에 씨앗이 달린다. 씨앗에서는 싹이 나오지 않는다. 씨앗에서 싹이 나면 큰일이다. 엄마에게 매달린 채 공중에 뿌리를 내리고 잎이 나오기 때문에 시간이 지나면 영양이 부족해 죽는다. 자손을 퍼뜨릴 방법이 사라진다. 벼뿐만이 아니다. 밀도 마찬가지다. 이삭에 달린 씨앗에서 싹이 나면 뿌리를 둘 곳이 없다. 종자를 멀리 퍼뜨리는 기능이 사라지고 죽음을 맞을 가능성이 더 높다. 자손의 개체

동형접합자　부재 분리개체　　　동형접합자　부재 분리개체　　　동형접합자　부재 분리개체

그림 7-8_ thioredoxin h 과량 발현체에서 보이는 수확 전 싹트임 현상

수를 늘리는 데 바람직하지 않다.

　그림 7-8은 산화환원반응을 조절하는 티오레독신(thioredoxin)이라는 단백질이 종자 휴면과 관련이 있음을 보여준다. 식물에 티오레독신이란 유전자를 외부에서 도입하면 염색체 한쪽의 자매염색분체에만 들어간다. 일반적으로 염색체는 엄마와 아빠로부터 각각 와서 하나의 쌍을 이룬다. 그런데 외부에서 유전자를 넣으면 엄마 또는 아빠 쪽 염색체 중 어느 한 곳에만 주로 들어간다. 이렇게 되면 한쪽 염색체에는 대립형질이 있으나 다른 쪽에는 없는 형태, 곧 반접합체(hemizygote)가 된다.

　이런 개체가 열매를 맺으면 동형접합자와 이형접합자, 도입 유전자가 없는(부재) 분리개체 종자가 만들어진다. 부재 분리개체(Null segregant)는 형질전환 전의 상태와 가장 비슷하다. 따라서 외부 유전자가 들어간 동형접합자(homozygote)와 부재 분리개체를 비교하면 유전자의 기능을 확인할 수 있다.

　사진은 휴면이 잘 되지 않은 품종의 밀에 티오레독신 유전자가 많이 발현되도록 형질전환을 한 것이다. 사진에서 보는 바와 같이 티오레독신이 많이 발현되는 세 가지 형질전환된 동형접합자에서 밀이 수확 전 싹트는 현상이 억제 되었다(특정 식물을 이용해 외부에서 도입하는 유전자 기능을 확인할 때는 본래 있던 유전자가 망가져서 나타나는 현상이 아니라는 것을 증명하기 위해 세 개의 서로 다른 독립된 형질전환체를 분석해 결과가 일치하는지 알아본다). 이것은 종자 휴면이 산화 환원에 의해 조절됨을 의미한다.

이와는 달리 앞서 언급한 열대의 맹그로브 나무처럼 부모에게 매달린 채 싹을 틔우는 것도 있다. 더운 지역이고, 물을 따라 이동하는 특수한 환경에서 자라기 때문에 휴면 없이도 성장할 수 있다. 그러나 온대지방에서 겨울을 난다면 부모에게 매달린 채 싹을 틔우는 종이 더 많은 개체수를 남길 가능성은 낮다. 계절이 바뀌는 온대지방에서는 가을에 싹이 난 식물은 겨울 추위로 죽는다.

종자의 휴면은 종자를 만드는 것만큼이나 확산과 번식을 위해 필요한 과정이다. 종자가 제때 그리고 필요한 때 싹을 틔우도록 돕기 때문이다. 종자의 휴면은 화재와 같은 숲의 급격한 변화에 대응하고 지속적 이어짐이 가능하게한다. 자원 이용에 대한 시간적인 나눔 또는 배분이라 할 수 있다. 계절을 고려한 종자의 휴면 능력이나 숲의 상태를 헤아린 발아 능력의 변화를 보며 시의적절한 능력 발휘가 얼마나 중요한지를 새삼 깨닫는다. 때에 맞지 않는다면 좋은 능력도 소용없다.

4 뿌리의 공생

뿌리 삼출물과 근권 미생물

식물은 빛, 물 그리고 필수영양원소 등 필요한 자원을 두고 서로 협력과 경쟁을 한다. 흙 속 영양소를 두고도 치열한 다툼을 벌인다. 같은 자원을 두고 다투면 경쟁 배타의 원리가 적용된다. 경쟁에 우월한 어느 한 종이 있다면 이 종이 다른 종을 대체한다는 원리다. 경쟁에서 패배한 종은 완전히 사라지고 만다.

뿌리의 식물세포는 세포 밖으로 양성자(수소 이온)를 퍼낸 후 양성자와 함께 다른 이온들을 흡수함으로써 자신에게 필요한 물질을 얻는다. 뿌리털을 길게 뽑기도 어렵고, 뿌리 굵기가 있어서 토양 입자 사이를 섬세하게 헤집고 들어가기도 어려울 때는 '작은 것 하나라도 나누는 전략'을 통해 해결한다. 자원을 나누어 우군을 만드는 전략이다. 그 덕분에 주변에 미생물이 모이고, 자신에게 유리한 상황이 만들어진다.

식물 뿌리 주변을 근권이라 하는데, 뿌리는 근권에 삼출물(exudates)을 분비한다. 다른 생명체가 삼출물 속의 영양소를 먹고 자랄 수 있도록 뿌리 주변 환경을 바꾸는 것이다. 삼출물에는 이온, 분자의 크기가 비교적 작은 유기산, 스테롤, 아미노산 등이 포함되어 있다. 자신이 매력적임을 알리기 위해 다른 종에 자원을 나누어 주는 방법이다. 이로써 타가영양을 하는 미생물이 달려들고, 식물은 이들을 통해 필요한 것을 얻는다.

식물이 분비하는 삼출물은 미생물의 영양물질이라 뿌리 주변 토양에 미생물 개체수가 늘어난다. 미생물이라는 다른 종과 협력 관계가 된다. 그런데 미생물이 많아지면 모두가 이롭다는 장담을 하지 못한다. 때로는 자신에게 해로운 미생물도 있다. 이들이 질병이라도 일으키면 큰일이다. 해로운 미생물이 자기 주변에 오지 못하게 막아야 한다. 이런 역할을 하는 물질이 타감물질이다. 식물 뿌리가 땅에서 영양물질을 흡수하는 일은 엄청난 에너지가 필요하며, 위험을 무릅쓴 전쟁이자 투쟁이다.

수렵채집사회에서는 사냥을 잘하는 사람이 주변 사람들과 많은 자원을 나눈다. 고기를 나누어 줄 기회가 많다. 커다란 사냥감을 잡는다면 더욱 인심을 쓴다. 고기는 쉽게 상해서 장기 보관이 어렵다. 어차피 못 먹을 것이라면 베푸는 편이 더 낫다.

주변 사람들에게 인심을 쓰면 어려울 때 도움을 받을 수 있다. 수렵채집사회에서 같은 무리는 평생을 함께 산다. 과거에 자신에게 고기를 준 사람이 어렵다면 당연히 돕는다. 질병에 걸리거나 나이를 먹거나 하는 상황은 누구에게나 온다. 이때 많이 베푼 사람은 도움도 많이 받는다. 나눔이 복지며 보험과 같다.

뿌리의 삼출물도 미생물에게 이와 비슷한 역할을 한다. 자신이 만든 유기물을 내주면서 그들의 도움을 받는다. 식물은 이것을 치열한 경쟁에서 살아남는 비법으로 사용한다. 그들은 이동성이 없으니 달리 필요한 누군가를 찾아갈 방법이 없다. 그래서 부르는 방법을 택한 것 같다. 나눔을 더 잘해서 경쟁에서 이기고 생명을 이어간다. 마치 덕을 베풀어 자신이 원하는 바를 이루는 듯하다. 나누지 않으면 살 방법이 없어 어쩔 수 없이 하는 것일 수도 있겠지만, 경쟁에서 이기는 중요한 수단이 나눔임에는 틀림없으며 이는 미래가 불확실할수록 유용한 방법이다.

질소고정과 세균

어린 시절, 비가 올 때 번개가 많이 치면 그해 풍년이 든다는 말을 듣곤 했다. 풍년의 이유는 알지 못한 채 번개랑 풍년이 연결되었다. 번개는 주로 여름철에 일어나는데 번개가 공기를 가를 때 공기 중의 질소가 산소와 결합해 질소산화물을 만든다. 그리고 이것이 빗물에 녹아 땅에 떨어져 식물에 필요한 질소를 공급한다.

질소는 아미노산에 들어가는 성분이라 단백질 합성에 필요하다. 대기 중에 가장 많지만 불행히도 식물은 가스 상태의 질소를 이용할 수 없다. 식물이 이용할 수 있는 질소의 형태는 질산 이온 또는 암모늄 이온 등이다. 일반적으로 질산 이온이나 암모늄 이온 형태의 질소는 토양에 많지 않다. 식물 성장을 제한하는 요소다. 그런데 번개가 이러한 성분의 공급을 늘려주니 당연히 식물이 잘 자랄 수밖에 없다. 하지만 무한정 생산할 수 없기에 여전히 한계는 있다.

질소 성분 부족을 협동으로 해결한 식물이 있다. 미생물과 공생하며 대기 중 질소를 암모니아로 바꾸는 것이다. 미생물과 함께 질소를 고정함으로써 일부 식물은 영양분이 부족한 척박한 땅에서도 자랄 수 있다. 다른 종과의 경쟁에서 우위를 점하게 되었다. 대표적으로 콩과 식물들이다.

질소고정을 위한 미생물은 식물의 뿌리에서 공생한다. 리조비아(아조리조비움속. 브라라디리조비움속. 포토리조비움속. 리조비움속. 시노리조비움속 미생물) 미생물과 콩과 식물의 공생이다. 이들은 공생을 하면서 뿌리혹이라는 것을 만드는데 일반적으로 연분홍색을 띤다. 질소고정은 산소가 없는 혐기성 상태에서만 가능하다. 질소고정을 하는 니트로게나제라는 효소의 활성이 산소에 의해 억제되기 때문이다. 프란키아속 토양 박테리아와 오리나무 같은 일부 목본 식물과 공생해 질소고정을 한다.

공생하지 않으면서 질소를 고정하는 생물로 남세균이 있다. 남세균은 세포벽이 두꺼운 이형세포를 만들어 산소 유입을 차단하는데, 이 세포들은 광합성을 하지 않아 산소를 생성하지 않는다. 그 덕분에 질소를 고정할 수 있는 환경을 만든다. 물이 찬 논에 가면 이끼 같은 형태의 남세균을 흔히 볼 수 있다. 남세균은 논에 질소를 공급하는 주요 수단이다. 물이 있으면 질소를 고정하고, 땅이 마르면 죽어서 질소를 내뿜는다. 땅에 질소 성분이 늘어난다.

논에서의 질소고정은 수생 양치류인 물개구리밥과 아나배나(남세균의 일종)의 공생으로 이루어지기도 한다. 하루에 헥타르당 약 0.5킬로그램의 대기 질소를 고정한다고 하니 어마어마한 양이다. 이것이 적절한 쌀 수확량을 얻을 수 있는 시비(施肥) 속도라 한다.

질소고정세균은 벼과 식물의 신장대, 뿌리털, 또는 뿌리 표면에 고착하여 공생한다. 이들의 공생은 뿌리혹을 만들지 않는다. 질소고정세균인 아세토박터는 사탕수수와 공생하여 필요한 질소 비료량을 줄였다고 한다. 질소를 화학적 방법으로 고정하면 에너지를 많이 사용해 이산화탄소 배출이 늘어날 수밖에 없다. 따라서 자연 공생을 이용하면 탄소 중립 사회로 가는 데 도움이 될 것이다.

뿌리혹의 형성 과정

콩과 식물에서 일어나는 공생형 질소고정은 일반적으로 혹을 만들고, 이곳에 미생물이 살게 한다. 혹은 질소고정세균을 감싸는 숙주식물의 특수기관인데, 미생물이 혹 형성을 유도한다(그림 7-9).

식물이 분비하는 이소플라보노이드와 베타인을 인지한 질소고정세균이 식물로 이동한다. 주화성(走化性) 반응이다. 식물의 화학물질을 인지한 세균은

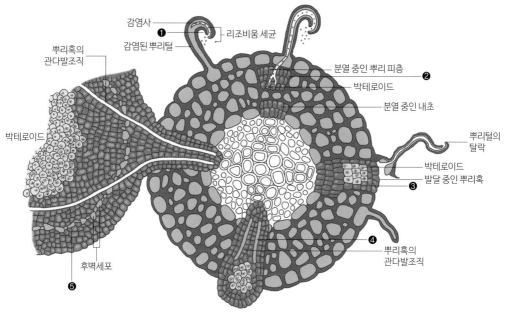

그림 7-9_ 뿌리혹 박테리아와 식물의 공생을 통한 뿌리혹 생성 고정

① 뿌리에서 리조비움 세균을 유도하는 화학 신호를 보내면 세균은 이에 응답하여 뿌리털을 신장하고 세포막 침입에 의해 감염사를 만들도록 지시하는 화학신호를 방출한다.
② 세균이 들어 있는 감염사는 뿌리 피층을 관통하고, 피층과 내초 세포는 분열을 시작한다. 그 후 감염사는 소낭을 만들어 세포 속으로 들어가며 이때 소낭속 세균은 질소고정을 하는 박테로이드로 발달한다.
③ 피층과 내피 세포의 생장이 지속되어 둘이 서로 합쳐지고 뿌리혹을 형성한다.
④ 뿌리혹에 영양소를 공급하고 질소화합물을 식물 전체로 보낼 수 있도록 관다발 조직이 생성된다.
⑤ 성숙한 뿌리혹은 뿌리 지름보다 몇 배 두껍게 성장하며, 리그닌이 풍부한 후벽세포 등이 만들어져 산소 흡수를 막아 질소고정에 필요한 혐기성 상태를 유지한다.

NodD란 단백질을 활성화한다. 활성화된 단백질은 노드(nod)라 불리는 유전자들의 발현을 촉진한다. 노드 유전자들은 뿌리혹 형성 단백질을 만들고, 이 단백질들은 노드 인자(Nod factor)라는 신호 분자인 리포키닌 올리고당을 만든다. 이것의 최종 구조는 미생물의 종류에 따라 다르다. 식물종에 따라 공생하는 미생물종도 다른데, 이는 노드 인자가 결정한다.

세균이 뿌리털을 만나면 노드 인자를 방출한다. 노드 인자를 인식한 식물의 뿌리털은 돌돌 말린다. 말린 뿌리털은 원형질 안으로 세균이 들어오는 통로인 가는 관 모양의 감염사를 만든다. 감염사는 골지체에서 나오는 작은 소포들의 융합으로 이루어지는데, 원기 쪽으로 형성된다. 감염사를 따라 이동하며 증식하는 세균은 식물 피층의 원기에 있는 세포에 도달한다.

뿌리의 물관부 근처의 피층 세포가 분열하여 뿌리혹 원기를 만들고, 이것이 자라 뿌리혹이 된다. 피층 세포에 도달한 감염사는 세균을 원형질막으로 포장하여 소낭 형태로 내놓는다. 소낭 속 세균은 처음에 증식하다가, 일정 시간이 지나 식물의 신호를 받으면 분열을 중지한다. 식물의 통제를 받는 것이다. 그런 다음 박테로이드라고 하는 내부기관으로 분화한 후 질소를 고정한다.

질소 1그램을 고정하는 데 12그램의 유기탄소를 소모한다. 에너지가 많이 들어가는 과정이다. 반응 속도도 매우 느리다(단위 시간당 환원되는 질소 분자의 수: 5분자/초). 박테로이드에 있는 니트로게나제(nitrogenase)는 전체 단백질의 20퍼센트를 차지한다. 느린 속도를 보완하기 위해서다. 질소고정이 힘들고 어려운 작업임을 알 수 있다.

뿌리혹 안에는 레그헤모글로빈(leg hemoglobin)이 있다. 이것 때문에 뿌리혹이 분홍색을 띤다. 과거에 레그헤모글로빈은 산소를 붙잡아 혐기성을 만들어주는 것이라 생각했다. 그러나 산소를 붙들고 있는 시간이 매우 짧아 산소를 없애는 역할이라 보기 어렵다. 지금은 혹 안에 사는 미생물에 산소를 운반해 준다고 믿는다. 동물에서 산소를 운반하는 헤모글로빈의 기능과 같다.

뿌리혹에서 고정된 질소는 암모니아로 배출된다. 암모니아는 독성이 있어서 독성이 없는 유기물로 전환된다. 이때 식물의 종에 따라 유레이드 또는 아미드가 만들어진다. 유레이드는 대두, 강낭콩 등에서 만들며 알란토산, 알란토인, 시트룰린이 그 성분이다. 아미드는 클로버, 완두, 잠두 등에서 만들며 아미노산인 글루타민과 아스파라긴산 등이 그 성분이다. 이 물질들이 물관을 따라 질소가 필요한 지상부로 이동한다.

식물은 미생물로부터 질소를 얻고, 그들의 성장에 필요한 유기물을 제공한다. 서로의 필요를 충족하며 상생한다. 이처럼 협력은 어려움을 극복하며 더 잘 성장하고 살아남는 데 유리하게 만든다. 질소고정을 하는 종들은 질소가 없는 척박한 땅에서도 살아남을 수 있어 서식지 확장이 가능하다. 협력을 통해 경쟁에서 승리할 수 있는 능력을 갖추었다.

인 채굴과 곰팡이

사람들에게 소변이라 말하면 살짝 꺼린다. 아무래도 지저분하다는 생각이 들기 때문인 듯하다. 그러나 소변을 통해 인을 발견했다. 1600년대 중반에 독일의 연금술사 헤니히 브란트(Hennig Brand)는 사람의 소변을 화로로 가열해 농축하던 중 빛을 내는 증기와 액화를 관찰했다. 그는 빛나는 물질을 분리했는데 이것이 인이다. 인(Phosphorus)의 영어 이름이 빛(phos)의 전달자(phorus)라는 뜻이 된 이유다.

인은 생명현상에 매우 중요한 물질로 생명체가 이용하는 인의 형태는 인산 이온(PO_4^{3-})이다. DNA(deoxyribonucleic acid), RNA(ribonucleic acid), ATP(adenosine triphosphate), 인지질(phospholipid)의 핵심 구성 요소다. 그뿐만이 아니라 해당작용, 광합성의 대사경로에 있는 물질은 거의 인산과 결합한 상태로 존재한다.

이외에도 인산은 에너지 대사, 호르몬 신호전달에 중요한 역할을 한다. 인산이 단백질과 결합해 효소 활성을 조절하기 때문이다. 인이 단백질과 결합하면 구조 변화를 일으키고, 활성화 또는 불활성화되어 다음 단계 단백질을 변화시킨다. 이런 과정을 신호전달과정이라 하는데 이것에 의해서 유전자 발현이 조절된다. 호르몬 자극이 끝나면 인산이 떨어져 나가고, 관련 단백질은 불활성화 또는 활성화되어 세포 내 신호전달이 정지된다.

인은 질소와 달리 대기 중에 없다. 에너지를 써서 필요한 형태로 합성할 수도 없다. 그러나 다행히 식물에 필요한 인산은 거의 토양에 흔하게 존재한다. 식물이 채굴을 제대로 하면 성장을 촉진할 수 있다. 불충분한 양을 채우려면 오직 채굴을 늘리는 수밖에 없다. 무기 요소의 채굴을 늘리려면 뿌리 표면적을 넓혀야 한다. 식물이 이런 목적으로 세근과 뿌리털을 발달시켰으나 이것만으로 필요한 인을 얻기는 부족하다. 식물의 채굴 능력이 약해 획득량이 충분하지 않은 것이 문제다.

인은 토양의 pH에 따라 채굴량이 달라진다. 토양이 지나치게 산성이면 철이나 인이 알루미늄과 반응해 식물이 이용할 수 없는 형태가 된다. 반대로 지나치게 알칼리성이면 칼슘과 반응해 고형물로 바뀌어서 이용이 불가능해진다. 그런데 식물은 뿌리에서 다른 영양물질을 흡수하기 위해 산성 물질을 분비한다. 그러다 보니 세근을 만들어도 인 채굴이 간단치가 않다.

인산은 질산염과 마찬가지로 음전하를 띤다. 토양 입자가 음전하여서 양전하를 띤 금속처럼 토양이 잘 붙들지 못한다. 비가 오면 물에 쉽게 쓸려 간다. 이런 토양과 인의 전기적 특성 때문에 식물에 비료를 주어도 인이 부족할 수 있다. 그런데 비료를 너무 많이 주면 질산과 인산이 하천과 바다로 흘러나가 수질이 부영양화한다. 청조와 적조가 생겨 피해가 커질 수 있다. 비료도 함부로 주기 어렵다.

식물 입장에서는 성장을 위해 인 채굴 효율성을 올려야 했다. 하지만 자신의 능력만으로는 한계가 있으니 곰팡이와 공생을 택했다. 곰팡이는 균사로 자란다. 균사는 한 줄의 세포라서 매우 가늘며, 뿌리털보다 길고 멀리 뻗을 수 있어 식물 뿌리 주변의 근권이나 결핍대를 벗어날 수 있다. 산을 분비하더라도 걱정할 필요가 없다. 그 덕분에 공생할 때 더 많은 영양물질을 흡수한다. 식물이 가진 단점을 협력을 통해 극복한 또 하나의 사례다.

유전자에 남는 성향이라는 것은 환경의 영향을 받는다. 무엇인가가 계속 우호적이었다면 좋게 느꼈을 것이다. 뿌리에서 자라는 곰팡이의 일종인 균근은 식물에 우호적인 존재다. 식물은 이들에게 탄수화물을 제공한다. 곰팡이는 영양소와 물을 식물에 준다. 서로 주고받으며 함께 산다. 공생이다.

뿌리와 곰팡이의 공생은 식물에서 보편적이다. 쌍자엽식물의 83퍼센트 그리고 단자엽식물의 79퍼센트가 공생한다. 배추과(예: 양배추), 명아주과(예: 시금치) 그리고 수생식물은 균근을 가지는 경우가 드물다. 소나무 같은 겉씨식물은 모두 곰팡이와 공생한다. 이는 침엽수들이 주로 척박한 토양에서 자라는 현상에 한 몫 한다. 어쨌거나 식물의 뿌리와 곰팡이의 균사가 협력해서 영양소, 물, 탄소 이동을 한다. 서로 돕는 것이다. 우리가 흔히 보는 소나무는 뿌리와 공생하는 곰팡이 덕분에 더 빨리 자랄 수 있다.

식물과 균근과의 공생은 토양 상태나 식물 연령에 따라 달라진다. 매우 건조한 토양, 염분 토양, 또는 토양의 비옥도가 극단적으로 높거나 낮은 경우 균근과의 공생은 잘 나타나지 않는다. 수경 재배로 키울 때도 마찬가지다. 빠르게 성장하는 어린 작물도 균근과의 공생은 거의 없다. 어린 식물은 자신이 성장하기도 바쁘다 보니 나누어 줄 자원이 부족하다. 식물도 곰팡이와 공생하려면 수요가 있어야 하며, 자신이 가진 자원에 여유가 있어야 한다. 결국 공생도 자신의 자원량에 따라 결정되는 현상이다. 곳간에서 인심 난다는 말이 식물에도 적용된다.

균근의 구분

식물에는 두 가지 균근이 있다. 하나는 외생균근 곰팡이고, 다른 하나는 세분지체 균근 곰팡이다. 전자는 뿌리 주위의 균사가 조밀해 두꺼운 피복을 형성하고 일부는 뿌리 피층의 세포 사이에 침투한다. 이것이 식물세포를 관통하지 않는다. 후자는 반대로 밀도가 낮으며 세포를 관통한다. 관통한 균사는 계란형 소포와 세분지체라는 분지(分枝)를 만든다.

외생균근과 공생하는 식물은 너도밤나무과, 자작나무과, 소나무과 일부 그리고 콩과 식물들이다. 외생균근은 부엽토에서 잘 자라며, 뿌리로 인을 보내기 위해 유기인(有機燐)을 가수분해하기도 한다. 이들은 뿌리에서 밖으로 뻗어 나온 균사가 모여 자실체를 만들어 번식한다. 자실체는 홀씨를 만드는 구조물이다. 사람이 먹는 버섯이 곰팡이 중 하나인 담자균류 자실체다.

세분지체 균근 곰팡이와의 공생은 식물세포를 관통해 안으로 들어간 균사가 서로에게 필요한 물질을 교환함으로써 일어난다. 뿌리 밖의 외부 균사체들은 수 센티미터를 토양 속으로 뻗어갈 수 있다. 아울러 이들은 뿌리 밖에서 번식을 위한 포자를 만들기도 한다. 이러한 공생을 하는 뿌리는 그렇지 않은 뿌리에 비해 네 배나 더 빨리 인산을 흡수한다. 인산 외에도 아연, 구리와 같은 미량원소와 물의 흡수를 촉진한다.

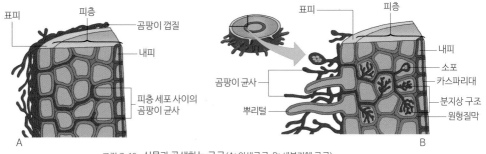

그림 7-10_ 식물과 공생하는 균근(A: 외생균근, B: 세분지체 균근)

세분지체 균근과 비슷한 곰팡이가 4억 년 전의 식물 화석에서 발견되었다. 이것은 관속식물의 진화 초기부터 공생이 있었다는 것을 말해준다. 현존하는 곰팡이 DNA 연구를 통한 분류도 이러한 결과를 뒷받침한다. 정말 오랜 친분 관계다.

뿌리와 균근의 공생도 식물의 영양 상태에 달려 있다. 인과 같은 영양소가 부족하면 공생을 촉진하지만, 충분하면 거꾸로 억제한다. 무기염류의 영양 상태가 좋으면 곰팡이의 도움이 필요 없다. 공생이 아니라 기생으로 바뀌기도 한다. 이렇게 되면 식물은 손해가 난다. 그래서 영양소 농도가 높은 환경에서 이들을 병원균처럼 대하기도 한다. 달면 삼키고 쓰면 뱉는다. 그렇더라도 나눔은 협력을 얻을 수 있으며, 자신에게 부족한 단점을 보완하는 좋은 수단임은 분명하다.

문득 코로나로 힘들어진 우리가 어떤 세상에 살고 있는지 궁금해진다. 나누지 않아도 잘 살 수 있는 체계라면 굳이 나누려 하지 않을 것이다. 그렇게 되면 점점 사람들이 이기적으로 변할 것이라는 생각이 든다. 식물이든 동물이든 유전자가 있고, 이것의 지향점은 똑같기 때문이다.

8

달리하기 전략

같은 종 또는 다른 종 사이의 수평적 유전자 전달, 생식, 배수화, 돌연변이
그리고 유전자 발현 양상의 차이로부터 만들어지는 다양성을 서로 연결하면,
종 전체의 생존 가능성을 높이는 새로운 기능이 창출된다. 그뿐 아니라
불확실한 미래에 대응하는 능력을 강화해 각각의 종이 오래 존속한다.

1 생식과 유전적 다양성

다양성의 역할

생물은 지구상에서 38억 년을 살아왔고 지금도 살아가고 있다. 대멸종의 위기에 직면하기도 했지만 모든 생물종이 사라지는 완전한 멸종은 일어나지 않았다. 환경이 바뀌고 상황이 달라져도 어떤 개체는 살아남는다. 그런 개체는 과거와는 다르게 관계를 맺으며 번식해 개체수를 늘린다. 시간이 흐르면서 유전적 변이는 다시 축적되고 다양성은 증가한다. 그 결과, 종이 지속적으로 유지되고 지구 역사와 함께 유전자 속에 그들의 경험이 새겨진다. 오랜 기간 생명체가 살아남는 데에 유전적 다양성만큼 중요한 것은 없다.

경쟁에서 이기기 위해서는 단기전이 중요하다. 단기전에서 패하면 장기전을 치를 기회가 사라진다. 마치 예선 리그에서 떨어진 팀이 본선에 올라갈 수 없는 것과 같다. 단기전에서 승리하기 위한 식물의 전략은 키를 키우거나 옆으로 퍼져 나가거나 자신을 강하게 만드는 것이다. 더 많은 햇빛을 받고 더 많은 영양물질을 흡수할 기회를 얻으면 살아남을 수 있다.

짧은 시간에서는 이러한 규칙이 타당하지만 긴 시간에서 보면 달라진다. 어떤 세대나 개체가 살아남았다고 해서 다음 세대가 똑같이 강한 존재로 살게 되리란 보장이 없다. 결국 식물을 포함한 생명체는 단기전에서 승리한 후 장기전을 치를 준비를 제대로 해야 오랫동안 종을 유지할 수 있다. 여기서 긴 시간이란 천 년이나 만 년 정도가 아니다. 십만 년, 백만 년처럼 정말로 아주 긴 시간이다. 이렇게 오랜 시간을 두고 살아남아야 하는 장기전은 단기전과는 다른 차원의 전략을 써야 한다. 바로 게임에서 이기는 것이 아니라 조화롭게 함께 승리하는 것이다. 따라서 다양성을 추구하여 나눔을 이용해 협력을 꾀한다.

무성생식과 유성생식

암수가 함께 자식을 만드는 형태를 유성생식이라 한다. 난자와 정자가 만나 수정이 된다. 사람도 유성생식을 하는 생명체다. 발생과정을 거쳐 아이가 태어나면 함께 자손을 키운다. 식물은 자식을 키우지는 않는다. 단지 꽃이 핀 후 수분하고 열매 맺는 방식의 유성생식을 통해 종자를 만들어 멀리 보내는 것으로 생식은 끝난다.

유성생식 과정에서 엄마와 아빠의 유전자는 교차해서 섞인다. 교차는 엄마에게서 온 유전자와 아빠에게서 온 유전자가 다음 대(代)로 옮겨 갈 때 섞이는 현상이다. 교차 덕분에 다양한 유전자를 후손에 전달할 수 있다. 교차 과정에서 유전적으로 결함이 있는 부분을 제거할 수도 있다. 이는 자손의 생존 가능성을 높이는 장점이 있다.

단점도 빼놓을 수 없다. 부모가 현재의 환경에서 잘 자라 전쟁에서 승리했다고 가정하자. 유전자를 섞어서 다양성을 늘리면 주어진 환경에 부적합한 자손이 나올 수 있다. 이런 경우에는 부모 유전자를 그대로 가진 개체가 나오는 편이 낫다. 다시 말해 유전적으로 같은 개체로 번식하는 것이 더 유리하다.

이러한 접근이 무성생식으로 개체수를 늘리는 방법인데, 식물의 경우 세포분열 및 생장의 무한성에서 비롯된다. 식물은 분열조직에서 새로운 세포를 계속 만들어낼 수 있고 잃어버린 부분을 재생할 수 있다. 예를 들어 행운목은 줄기를 따로 떼어내더라도 뿌리와 잎을 만들어 온전한 개체로 발달한다.

부모 식물체의 일부를 떼어내 새로운 개체를 만드는 것을 '꺾꽂이'라 한다. 칡처럼 줄기가 뻗어가다가 땅에 닿아 뿌리를 내리는 '휘묻이'도 있다. 이러한 식물 생식을 모두 영양생식이라 한다. 더 나아가 세포 하나에서 완전한 식물체를 만들 수 있는 전형성능(totipotency)도 있다. 대표적인 무성생식으로 이 능력 유전자가 변형 식물 개발에 이용된다.

이외에 수분이나 수정 없이 씨를 만드는 무수정생식이 있다. 밑씨가 그대로 배가 되어 종자로 성숙하는 방식인데 민들레 등에서 보인다. 이와 비슷한 것을 나리꽃에서도 확인할 수 있다. 나리꽃 잎과 줄기 사이에 짙은 갈색의 주아(珠芽)가 달리는데, 수정하지 않고 주아가 땅에 떨어져 발아해 번식한다.

종자생식은 발아할 때 위험한 상황에 놓일 수 있는 단점이 있다. 물고기가 알을 낳으면 다른 동물이 다 먹어버릴 수 있다. 마찬가지로 종자생식에서도 포식자, 해충, 바람 등에 의해 생존이 어려운 상태가 생길 수 있다. 물고기 중 하나인 개복치는 약 3억 개의 알을 낳는다고 한다. 그러나 대부분 죽고 극히 일부만 성체까지 자란다.

알로 번식하면 방어 능력이 부족한 자어나 치어는 항상 위험에 직면한다. 알을 낳는 동물은 개수를 많이 낳아야 한다. 살아날 확률을 높이기 위해서다. 그런데 다음 세대를 위한 자원은 자신을 위해 이용할 수 없다. 예를 들어 엄마가 뱃속의 자식을 키우고자 태반을 통해 보낸 영양물질은 자신이 결코 이용할 수가 없다. 자식에게 보내는 자원 양이 많다는 것은 엄마 생존에는 불리하다. 엄마가 살려면 자식에게 자원을 덜 보내야 하는데 자원을 제대로 받지 못하는 자식은 살기가 힘들다. 엄마와 아기 사이에는 자원 쟁탈을 위한 싸움이 늘 존재한다. 그 결과, 때때로 임신중독처럼 서로의 손해로 이어지기도 한다.

식물의 종자생식은 동물의 알과 유사하다. 유전적 다양성은 확보할 수 있으나, 종자가 모두 산다는 보장이 없다. 종자가 떨어진 곳이 생존에 유리하다고만 할 수가 없다. 더구나 종자를 만들려면 꽃을 피우고 종자 성숙과 함께 수정을 위한 매개체를 불러야 한다. 상당히 많은 자원을 써야 한다. 효율 측면에서 낭비다.

알로 번식하는 경우, 손해를 피할 목적으로 등장한 방식이 긴 보육 기간이다. 자식이 스스로 살아갈 수 있을 만큼 충분히 돌본다. 자식도 살아날 확률이 높고, 돌봐야 할 자손의 수도 적어진다. 사람의 보육 기간은 20년도 넘는다. 대학을 졸업할 때까지를 보육 기간으로 볼 수 있기 때문이다. 동물 중 가장 길다. 동물원에서 의료서비스와 건강관리를 잘 받은 사자가 최대로 살 수 있는 수명인 약 20년보다 길다.

식물은 보육 기간을 길게 하기는 어렵지만 이미 충분한 보살핌을 받은 존재처럼 생식하는 방법이 있다. 앞서 잠깐 언급했던, 부모 조직의 일부를 떼어내는 영양생식이다. 감자는 괴경(덩이줄기)에서 잎과 뿌리가 나온다. 종자생식의 단점과 비교할 때 영양생식은 후손이 훨씬 더 강하다. 살아남을 가능성이 높다.

영양생식은 유전적으로 부모와 거의 같아서 새로운 질병 등 환경 변화에 취약하다. 질병이 창궐할 경우 멸종할 수도 있다. 대표적으로 바나나를 예로 들 수 있다. 바나나는 약 3~10미터 높이로 자라는 파초과의 여러해살이풀 열매다. 이렇게 말하니 엄청 어색한데 사람들이 즐겨 먹는 과일이다. 야생 바나나는 씨가 많고 단단해서 먹기 어렵다. 앞서 소개한 우리나라의 으름 같다. 결국 야생 바나나를 먹기 편하게 육종해서 씨를 없앤 품종을 개발했다. 1950년대까지 바나나는 그로 미셸(Gros Michel)이 대세였다.

그로 미셸 품종은 뿌리에 감염되는 곰팡이병인 파나마병이 유행하면서 1960년대에 불가피하게 생산이 중단되었다. 병해 때문에 선택의 여지가 없었는데, 대표적인 영양생식의 한계다. 지금은 캐번디시(Cavendish) 바나나를 주로 재배한다. 그로 미셸보다 파나마병에 잘 견뎠기 때문이나, 맛은 그로 미셸이 더 좋았다고 한다. 최근 파나마병에 변종이 생겼고 캐번디시가 감염되면서 바나나 멸종 문제가 대두되었다. 이는 무성생식만으로는 종을 장기간 유지하기 어렵다는 사실을 명확히 보여준다.

단기적으로 무성생식은 유용성이 있다 할지라도 긴 시간을 생각하면 유성생식의 유용성이 더욱 뚜렷해진다. 유전자가 다양하지 않으면 그 종은 오래가지 못하고 금방 멸종한다. 시시각각 변하는 환경에 적응할 능력이 작기 때문이다. 따라서 유성생식을 하는 종들이 오랜 시간 더 잘 살아남았다.

근친교배 피하기

근친교배는 다양성을 떨어뜨리며 열성 유전자가 발현되게 함으로써 식물의 적응도를 낮춰 생존을 불리하게 만들 수 있다. 이에 따라 식물에서도 근친을 피하려는 다양한 기작이 만들어졌다. 소나무의 암꽃이 높은 위치에 피고 수꽃이 낮은 위치에 피는 것도 이와 관련이 있고, 암꽃과 수꽃의 개화 시기가 다른 것도 마찬가지다. 은행나무처럼 암나무와 수나무로 분리된 것도 있다.

식물의 자가 불화합성도 이와 같다. 식물의 유전자 풀(pool)에는 자가 불화

합성에 관여하는 S-유전자가 있다. 이것은
서로 일치하는 대립유전자가 몇십 개 존재
한다. 꽃가루가 암술머리에 묻었을 때 S-유
전자의 대립형질이 일치하면 꽃가루에서 꽃
가루관이 자라지 않는다. 그렇게 되면 알세
포와 수정하지 못하니 근친교배를 피할 수
있다.

그림 8-1 암술이 긴 개나리꽃(왼쪽)과 수술이
긴 개나리꽃(오른쪽)

우리 주변에서 근친교배를 피하는 수단
을 관찰할 수 있는 꽃이 하나 더 있다. 개
나리꽃이다. 개나리는 너무 흔하다고 생각
해 꽃이 피어도 피었나 보다 하고 지나치기

일쑤다. 그러나 꽃을 세세히 보면 두 종류의 꽃이 있음을 알 수 있다. 하나는
암술이 긴 꽃이고, 다른 하나는 수술이 긴 꽃이다(그림 8-1). 둘은 서로 다른
나무에서 핀다.

이렇게 두 가지 형태로 피는 꽃을 이가화(二家花)라 하는데 두 종류의 꽃
모두 암술과 수술이 있다. 그러나 하나는 긴 수술과 짧은 암술이 있는 꽃이
고, 다른 하나는 짧은 수술과 긴 암술이 있는 꽃이다. 수술이 긴 꽃밥에서 나
오는 꽃가루는 긴 암술에 수분되고, 짧은 꽃밥에서 나오는 꽃가루는 짧은 암
술에 수정된다. 암술의 길이를 달리하는 것은 근친교배를 피하고 유전적 다
양성을 높이려는 것이며, 이를 통해 경쟁에서 살아남았다. 그리고 개나리꽃
과 같은 진화가 계속될 경우 암꽃과 수꽃으로 완전히 분리될 수도 있다

어떤 목적을 달성하는 방법이나 수단은 여러 가지일 수 있다. 새로운 것이
지금의 시각으로는 이상할 수 있다. 그러나 이상하다고 해서 과거의 것이나

특정한 어떤 것이 생존에 더 유리다고 아무도 장담할 수 없다. 오히려 다양한 것들이 조화를 이룰 때 생존 가능성은 더 높아진다. 이러한 이유로 다름을 인정하고 받아들이는 포용력이 식물에 있다.

수평적 유전자 전달

생식과 상관없음에도 다른 개체에 유전자를 전달할 수도 있다. 이 현상은 1959년, 일본의 오치아이(Ochiai) 등이 발견했다. 연구자들은 세균 중 *Shigella spp.*와 *Escherichia coli*를 이용해 항생제 내성 유전자를 주고받을 수 있음을 확인했다. 이러한 연구 결과는 항생제를 먹으면 인간의 몸 또는 장에 사는 세균 중 일부가 항생제 내성이 생겨서 다른 병원균이 들어왔을 때 항생제 내성 유전자를 병원균에게 접합 등의 방법으로 전달함을 의미한다. 이렇게 되면 항생제 내성이 있는 병원균이 만들어져 같은 항생제로 치료할 수 없게 된다. 이것이 항생제를 남용하지 말라는 이유다.

이처럼 생식과 상관없이 다른 개체에 유전자를 전달하는 것을 수평적 유전자 전달이라 한다. 이 현상은 식물에서도 발견되는데, 현화식물 사이에서만 일어나는 것은 아니다. 현화식물과 나자식물, 현화식물과 양치식물 그리고 현화식물과 착생 이끼류 사이에서도 발생했다. 그런데 수평적 유전자 전달이 일어나려면 식물의 직접 접촉이 필요하다. 매마등속처럼 접촉이 빈번한 덩굴성 식물에서 많이 보이는 이유다.

수평적 유전자 전달은 자가수분을 막는 일과 함께 유전적 다양성을 늘리는 요소다. 서로 다른 종 사이에 유용한 유전자를 교환할 수도 있다. 이는 여러 능력을 갖춘 건강한 후손을 얻으려는 노력이다. 미래 환경에 적응하고자 현재 발생하는 모든 것에 준비하기 위한 것이라고도 할 수 있다.

전위유전단위

유전자 다양성을 늘리는 방법 중 하나가 전위유전단위(transposon)의 존재다. DNA상에서 뛰어다닐 수 있는 유전자다. A 위치에서 B 위치로 옮겨 갈 수 있다. 어디로 뛰어가는지는 정확히 알 수 없지만 이는 다양한 변이를 만든다. DNA를 뛰어다니는 현상은 옥수수알의 색깔 형성 과정에서 처음 밝혀진 후 동물에서도 확인되었다. 보라색 옥수수알의 경우, 색깔이 다양한 편인데 그 원인을 밝히는 과정에서 전위유전단위를 찾았다.

그림 8-2 사진은 연세대학교 김수환 교수로부터 얻은 사진이다. 하나의 개체에서 서로 다른 색의 꽃이 있다. 붉은 보라색 계열의 꽃이 대부분이지만 흰색 꽃도 보인다. 뛰어다니는 유전자가 색을 만드는 유전자 어딘가로 들어가서 색깔을 내는 물질 합성을 막아 나타난 현상이다. 전위유전단위의 '작품'이다. 이런 작품은 어떤 형태로 나올지 짐작하기 어렵다. 꽃이 발달하는 초기에 이루어진다면 꽃 전체가 하얗게 된다. 다소 늦은 시기라면 일부만 하얗게 된다. 꽃색뿐만 아니라 전위유전단위가 이동하기 위해서 뛰어나올 때 주변에 있는

그림 8-2_ 꽃 색깔 변화(전위유전자에 의한 변화로 추정)

유전자를 함께 데리고 나오기도 한다. 이 경우, 옮겨 간 곳에 새로운 기능이 추가되어 다양성이 증가하기도 한다.

유전체 배수화

버클리에서 밀이나 보리 등의 외떡잎식물에 대한 형질전환 실험을 했다. 형질전환 기술을 가졌던 조명제 박사 덕분이다. DNA를 입힌 작은 총알을 수천 개 세포에 쏘아 도입하는 방법이었다. 형질전환이 된 식물 중에는 키나 잎이 두 배 가까이 커진 것도 있다. 이런 식물은 열매도 더 큰데, 염색체가 2n이 아니라 4n으로 두 배가 된 동질배수체(autopolyploid, 같은 종의 염색체 수가 두 벌 이상 있는 개체)다.

식물은 배수체가 되어도 잘 산다. 배수체 형성은 새로운 종 분화의 중요한 기작이다. 이를 전체 유전체중복(whole genome duplication, WGD)이라 하며, 식물에서는 일반적인 종 분화 방법이다. 포유류는 이런 방법으로 종 분화가 잘 이루어지지 않으나 칠레 설치류의 일종인 *Tympanoctomys barrerae*에서 발견되었다. 이 쥐의 염색체는 102개로 사배체로 추정된다. 어류나 양서류에서는 좀 더 많은 종이 WGD를 통해 분화했다.

유전체가 두 배가 되면 발현되는 유전자 개수도 두 배 늘어난다. 세포가 더 커지고, 추위와 같은 스트레스에도 더 강해진다. 더 달고 더 큰 열매가 생기기도 한다. 사람에게 유용한 특징을 갖는다.

육종가에게는 매력적인 신품종 개발 방법이기도 하다. 우리가 먹는 밀은 육배체다. 배수체 육종 결과, 짝수 배수체는 씨앗을 만들지만 홀수 배수체는 그렇지 못하다. 이런 점을 이용해 3n인 씨 없는 수박을 만들었다. 씨가 없어 종자 번식은 못 해도 더 달고 추위에 더 강한 특성을 보인다.

전체 유전자가 두 배가 되면 유전자 발현에서 매우 다양한 변화가 생길 수 있다.

첫째는 유사 유전자가 생기거나 유전자를 상실하는 것이다. 두 개가 된 유전자 중에서 하나가 일부만 발현되다가 기능을 못 해 억제되는 경우를 말한다. 이런 유전자는 처음과 같은 양의 단백질을 만들 것으로 추정된다.

둘째는 유전자에서 발현되는 단백질의 양이 증가하는 것이다. 단백질이 많아지고 이와 관련한 기능이 활성화된다. 어떤 단백질인가가 중요한데 효소라면 촉매가 많아지니 기질이 충분하면 반응 속도가 빨라질 수 있다. 효소가 아니라 세포분열을 조절하는 단백질이라면 더 빠른 세포분열도 가능해진다. 그러나 변이가 축적되면서 양상이 달라질 수 있다.

셋째는 기능이 나누어지는 것이다. 같은 단백질 두 개가 각각 다른 부분의 발현을 잃어서 둘이 합쳐야만 기능을 하는 경우다. 이때는 서로 다른 유전자가 만들어져서 둘 사이 단백질량의 조절이 필요해진다.

넷째는 발현량의 불균형이다. 특정한 기능을 하는 데 필요한 A와 B 두 개의 유전자가 각각 두 배가 되는 경우다. 이러한 유전자가 기능하려면 서로 다른 A와 B가 결합해야 한다. 그런데 각각 두 개가 된 A, B 두 유전자에서 B 유전자 중 하나가 발현되지 않은 변이가 생기면 발현된 단백질량에 차이가 생긴다. 그러면 남아도는 단백질이 어떤 다른 기능에 영향을 줄 수 있다.

다섯째는 만들어진 단백질이 결합해서 작용하는 것이다. 두 배가 된 유전자 중 어느 한쪽이 단백질의 일부 기능을 잃을 수 있다. 이 경우 정상적인 기능을 하는 단백질과 그렇지 않은 단백질 사이에 간섭이 일어난다. 제대로 기능하는 조합이 만들어지기 어려워진다.

여섯째는 두 배가 된 유전자가 처음에는 기능이 같았지만, 돌연변이로 새

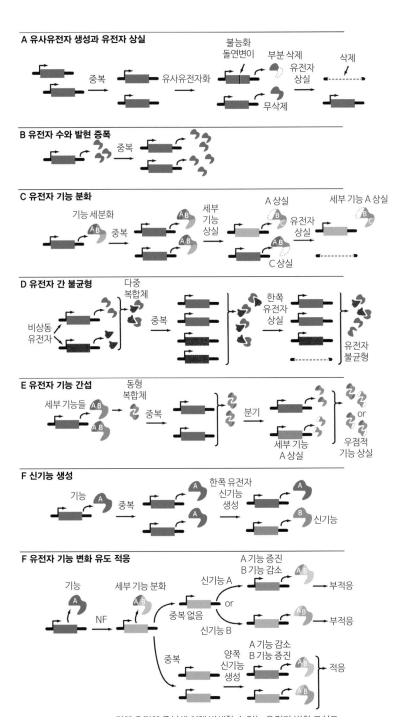

그림 8-3 전체 유전체 중복에 의해 발생할 수 있는 유전자 변화 모식도

로운 기능이 생기는 것이다. 이로써 전혀 다른 기능이 추가되어도 정상적으로 작동하는 단백질이 존재하게 된다. 과거에 없던 기능을 안정적으로 확보할 수 있다.

일곱째는 적응 능력의 향상이다. 원래 유전자가 변이로 인해서 이미 변한 후에 두 배가 되는 것이다. 유전자가 두 배로 늘어나지 않을 때는 변이된 유전자에 재차 변이가 일어나 기능을 잃을 수 있다. 그러나 두 배가 되었을 때는 다시 일어난 변이를 두 개가 된 유전자가 서로 보완해 적응 확률을 높인다.

유전체에 배수화가 일어나면 여러 가지 방법으로 유전자 변이의 다양성이 증가한다. 이 현상은 실제로 식물의 진화에 매우 중요한 역할을 했다. 현화식물은 약 1억 6000만 년 전에 지구상에 등장했다. 기원은 암보렐라(Amborella)라는 호주의 한 섬에 있는 식물이다. 현재 지구상에 존재하는 현화식물은 약 25만 종 이상이 전체 유전체 배수화의 덕택으로 다양한 종으로 분화할 수 있었다.

온대식물 대부분은 이질배수체(allopolyploid)다. 거의 70~80퍼센트쯤 차지한다. 온대지역의 배수체 증가는 빙하기와 관련이 있다. 날이 추워졌을 때 살아남은 식물이 배수체가 된 식물이었을 것으로 추정된다.

새로운 것은 언제나 과거의 것에서 나온다. 과거에 가졌던 특징을 버리는 것이 아니다. 고치고 다듬고 땜질하여 생존에 알맞게 발전시킨다. 유전자가 두 배가 되면 변이 가능성은 더 많아진다. 수선 기회가 더 많아지는 것이다. 다양함을 만들어내는 데 유리하나, 공통의 것들도 공유한다. 비슷한 특징을 가지면서도 다양성을 함께 포함한다.

노이즈 현상-유전자 발현의 조절

영양생식을 통해 번식한 개체는 부모와 유전자가 똑같다. 그러나 유전자 발현은 똑같지 않다. 더욱이 같은 유전자를 가진 세포가 거의 비슷한 환경에서 자라고, 동일한 역사를 가지더라도 유전자 발현 양상은 다르다. 이를 유전자 발현의 노이즈(noise)라 한다. 특정한 유전자 발현이 방해를 받거나 더 많이 생기는 현상이다.

유전자가 발현되려면 먼저 DNA에 있는 유전정보를 mRNA로 만들어야 하며, 다음에 단백질을 합성한다. 첫 번째 단계를 전사(轉寫), 두 번째 단계를 번역(翻譯)이라 한다. 전사는 RNA 중합효소가 촉매한다. 하나의 유전자가 RNA 중합효소에 의해 엄청난 수의 mRNA로 전사된다. 그런데 여러 환경적 요소로 RNA 중합효소의 양이나 활성이 세포마다 다를 수 있다. 우연히 중합효소 활성이 증가한다면 세포 내 유전자의 mRNA가 더 많이 만들어지고, 덩달아 단백질량도 늘어난다. 유전자 발현이 달라져 다른 능력을 가진 세포가 된다.

모든 세포는 동시에 똑같은 공간에 함께 있을 수는 없다. 개체도 마찬가지다. 아주 조금이라도 간격을 두고 옆에 있어야 한다. 그 덕분에 미세한 환경 차이가 생기고, 이것이 유전자 발현에 영향을 준다. 유전자가 일치하는 일란성 쌍생아도 엄마 뱃속에서의 위치 차이가 유전자 발현에 영향을 준다. 이는 지문의 차이를 만든다. 따라서 타고난 DNA 염기서열이 똑같더라도 발현까지 완벽히 일치하는 개체는 존재하지 않는다. 환경과의 상호작용 때문이다. 그래서 어떤 개체든 지구 역사상 유일무이한 존재로 만든다.

이완 맥그리거(링컨 6-에코), 스칼렛 요한슨(조던 2-델타)이 주인공으로 나온 「아일랜드」라는 영화가 있다. 링컨 6-에코는 자신이 스폰서(인간)에게 장기와 신체 부위를 제공할 복제인간이라는 것을 알게 된다. 그리고 '아일랜드'로 뽑혀 간다는 것은 신체 부위를 제공한 뒤 무참히 죽음을 맞는 것임을 알고 탈주를 감행한다. 결국 탈주에 성공한 링코 6-에코는 자신의 스폰서를 찾아간다. 이 때 지문으로 시동을 걸어 자동차를 몰고, 홍채 인식으로 문을 통과한다.

그러나 과학적으로 보면 복제인간에게 이런 일은 생기지 않는다. 유전자 발현의 노이즈 효과로 홍채와 지문은 일란성 쌍생아조차 다르다. 복제인간 또한 당연히 다를 수밖에 없다. 영화적 픽션에 속은 것이다.

그림 8-4는 일란성 쌍생아의 지문(A)과 복제 고양이의 털색(B)이다. 이 둘은 각각 유전자가 같다. 하지만 모양은 분명히 다르다. 비슷한 느낌이 나는지는 모르나 결코 똑같지 않다. 고양이의 털색을 좌우하는 유전자는 X염색체에 있다. 암컷은 X염색체가 두 개라서 하나는 불활성화된다. 그런데 어느 것이 불활성화되는지는 정해진 규칙이 없다.

그 결과, 어떤 세포는 검은색 털을 만드는 유전자를 가진 X염색체가 불활성화되고 어떤 세포는 주황색 털을 만드는 유전자를 가진 X염색체가 불활성화되기도 한다. 군데군데 다른 색의 털이 나오게 되는 것이다. 이것이 암컷에서만 삼색 고양이가 생기는 이유다. 수컷은 희귀하다. 수컷에서 삼색 고양이가 나오려면 XXY여야 하는데, 이것은 염색체가 생식 세포분열 과정에서 발생하는 비분리 현상으로 만들어진 염색체 이상 개체다. 이런 개체가 만들어질 확률

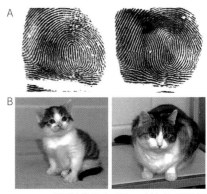

그림 8-4_ 일란성 쌍생아 지문(A)과 복제 고양이 털색(B)

은 매우 낮다.

식물도 마찬가지다. 영양성장한 개체는 부모로부터 동일한 유전자를 받았으니 비슷할 수 있다. 그러나 완벽하게 같을 수는 없다. 조금이라도 서로 다른 환경에서 살기 때문에 다소 다르게 자란다. 여기에는 중요한 함의가 들어 있다. 각각의 개체는 유전자가 같더라도 늘 유일무이한 존재라는 점이다. 유전자 발현 연구를 위한 모델 식물인 애기장대(아라비돕시스)에서도 노이즈 현상이 확인되었다.

세포의 노이즈 현상은 때때로 개체의 특성도 바꾼다. 특정한 기능을 하는 대립형질 중에 엄마 쪽 유전자가 더 많이 나오게 하거나 덜 나오게 할 수 있다. 이렇게 되면 두 개체는 DNA는 같아도 발현은 다르다. 엄마를 더 닮거나 아빠를 더 닮을 수 있다. 둘의 중간적 특성을 가질 수도 있다. 따라서 어떤 개체를 똑같이 복제한다는 것은 이론상 불가능하다. 복제는 가능하지만 성장 과정이나 환경이 달라 언제나 다른 개체로 자란다.

2 다양성 연결

세포 간 연결

움직이지 못하는 식물은 곤충 등 매개자의 협력으로 멀리 떨어진 개체와 꽃가루받이(수분)를 하게 되었다. 이렇게 협력을 통해 문제를 해결한 사례는 꽃에만 있는 게 아니다. 세포 수준에도 있고, 또 뿌리와 미생물 사이에도 있다. 다른 종과의 협력으로 생존 가능성을 올리는 것이다. 특히 세포와 세포 사이의 협력을 세포 운명이라 하는데, 발현된 유전자가 세포 사이를 이동한다. 물과 영양물질을 흡수하는 뿌리털과 관련된 세포 운명이 알려졌다.

줄기 끝에 세포가 분열하는 생장점이 있는 것처럼 뿌리의 끝에도 생장점이 있다. 이 생장점은 뿌리골무가 보호한다. 생장점에서 세포분열이 일어난 후 약간 위쪽에서 세포가 신장한다. 여기부터 물관부가 분화하고 뿌리털이 생긴다. 뿌리털이 있는 뿌리 부위에서 주로 물과 영양소를 흡수한다. 더 위로 올라가면 뿌리털이 사라지고 목질화되어 물과 영양염류를 흡수하는 기능은 떨어진다.

뿌리털은 표피세포에서 아래위로 줄을 맞추어 발달한다. 똑같은 표피세포인데도 어떤 세포는 뿌리털을 만들고 어떤 세포는 만들지 않는다. 같은 표피지만 기능과 구조가 달라진 것이다. 이것은 뿌리털을 만드는 세포 혼자 결정하는 것이 아니다. 한 층의 표피세포와 안쪽에 인접한 피질(cortex)세포의 상호작용에 의해 일어난다. 한마디로 인접한 세포가 어떤 상태냐에 따라 결정된다.

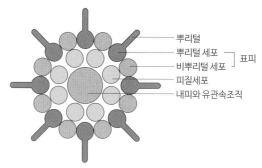

뿌리털
뿌리털 세포
비뿌리털 세포 ﹜ 표피
피질세포
내피와 유관속조직

그림 8-5_ 표피세포의 뿌리털 발달

유전자 발현 양상은 매우 복잡하지만 세포의 상대적 위치가 뿌리털 발생에서 중요하다. 뿌리를 수직으로 자르면 표피세포는 두 가지 형태로 나뉜다. 하나는 두 개의 안쪽 피질세포와 접하는 표피세포고, 다른 하나는 한 개의 피질세포와 접하는 표피세포다. 이 가운데 두 개의 피질세포와 접하는 표피세포만이 뿌리털을 만든다. 한 개의 피질세포만 접하는 표피세포는 인접한 세포의 유전자 발현으로 인해 뿌리털 발생이 억제된다. 우연히 결정된 관계의 차이가 세포의 운명을 결정한 것이다. 어쨌거나 뿌리는 세포들 사이의 연결을 통해 뿌리털이라는 새로운 기능의 구조물을 창출했다.

춘계단명식물의 생태적 연결

어떤 집단이 잘 산다는 것은 자손의 수가 많다는 말이다. 자손의 수가 많다는 것은 생식에 성공했다는 의미다. 이것이 적합도의 척도다. 적합도를 높이는 방법에는 여러 가지가 있다. 그중 하나가 생활사에 변화를 주어 적응한 경우다. 생활사(life cycle)는 개체가 종자에서 발아해 열매를 맺고 다시 죽는 과정이다.

우리나라는 사계절이 뚜렷하여 온대 낙엽수림대에 속한다. 가을에 낙엽이 지고 봄에 다시 잎이 난다. 이 과정에서 양분 순환이 일어난다. 식물이 축적했던 양분을 토양에 떨구기 때문이다. 그런데 토양 내의 양분은 물에 의해 씻겨 나갈 수 있다. 이것을 용탈이라 하는데 눈이 녹거나(융설), 강수가 집중되는 계절에 대량으로 발생한다. 외국의 경우, 용탈이 일어나면 산림생태계 내의 양분고갈이 유발될 정도라고 한다. 대단히 많은 양의 양분이 용탈되는 것이다. 우리나라는 산림생태계가 융설과 강우에 의한 대량의 양분 소실에도 불구하고 자체적으로 안정적으로 유지되고 있다. 이는 숲이 양분을 잃지 않을 능력이 있다는 뜻이다.

양분을 저장하는 능력과 관련된 식물 중 하나가 춘계단명식물(초봄식물 또는 봄살이식물)이다. 이들이 온대 낙엽수림에서 초봄의 융설에 의한 양분 소실을 제어하는 역할을 한다는 이론이 1976년에 등장했다. 춘계단명식물은 다른 식물들이 새잎을 내기 전에 싹을 틔우고 꽃을 피워 열매를 맺는다. 키가 큰 다른 식물들이 잎을 내기 시작하면 그들이 빛을 독차지해 버려 광합성에 필요한 빛을 받지 못한다. 광합성을 할 수 없으니 뿌리가 살아 있어도 지상부가 제 기능을 못 한다. 그래서 일찌감치 종자를 만들어 자신의 후손을 퍼뜨리고 죽는다. 이렇게 되면 초식동물에게 먹힐 확률도 줄어든다. 죽은 춘계단명식물의 몸체는 토양에 양분을 공급하는 역할을 한다. 이것이 춘계단명식물의 '봄의 저장고(vernal dam) 이론'이다.

설악산 옆의 곰배령으로 유명한 점봉산에서 춘계단명식물인 얼레지, 꿩의바람꽃을 이용해 봄의 저장고 이론을 확인했다. 이들의 최대 성장기의 생체량은 각각 49.1g/㎡, 8.2g/㎡였다. 최대 생체량에 대한 질소 흡수량은 각각 1.02퍼센트, 0.51퍼센트였다. 이 두 종이 흡수하는 총 질소량은 점봉산의 연간 임상에 들어가는 질소량의 약 25퍼센트 수준이었다.

춘계단명식물의 지상부가 죽으면 질소가 방출된다. 방출량은 얼레지가 23.02퍼센트, 꿩의바람꽃이 30.05퍼센트로, 흡수된 질소의 약 23.57퍼센트였다. 춘계단명식물의 질소 방출 시기와 맞물려 하록(夏綠)식물인 벌개덩굴, 대사초, 단풍취는 질소 방출량의 약 96.50퍼센트를 흡수하였다. 이러한 결과로부터 춘계단명식물이 영양물질의 봄의 저장고 역할을 한다는 것을 확인할 수 있었다.

춘계단명식물처럼 초봄에 싹이 나서 더워지면 생활사를 마치는 식물로 진화한 데는 이유가 있다. 작은 키라는 조건을 극복하고 포식자를 피하기 위함이었다. 단지 살아남고자 남다른 생활사를 가졌을 뿐인데 예상치 않게 영양물질의 저장고라는 기능을 얻었다. 그 결과, 숲이 영양물질을 안정적으로 유지한다. 다양성이 생존 가능성을 올리는 독특한 방식이다.

춘계단명식물은 아주 이른 봄에 꽃이 핀다. 이때에는 온대지방에서 벌이나 나비를 보기가 좀처럼 어렵다. 초식동물을 피할 수는 있으나 수분 매개자를 만나기는 힘들게 된 것이다. 따라서 이들은 풍매화나 수매화 등을 이용해 수분을 한다. 이는 특정 생존 전략에는 여러 가지 요소가 함께 연관되어 있음을 의미한다.

2019년 봄, 북한산에서 노루귀를 만났다. 노루귀는 춘계단명식물 중 하나다. 눈 속에서 하얀 꽃을 피웠다. 눈이 꽃인지 꽃이 눈인지 알 수 없었다. 아직 옷 속으로 스며드는 추위도 가시지 않은 날이었다. 가녀린 꽃을 피운 모습이 안쓰럽기조차 했다. 그러나 거기에는 살고자 하는 굳건한 의지와 개체 간의 물질순환이란 연결이 숨어 있었다.

그림 8-6_ 북한산의 노루귀 개화 모습

균근 네트워크

2009년에 개봉한 영화 「아바타」는 서기 2154년이 시대 배경이다. 지구에서 4.4광년 떨어진 '판도라'라는 행성을 무대로 대체 자원을 채굴하기 위해 행성을 파괴하려는 지구인과 토착민인 나비(Na'vi)족 사이에서 벌어지는 일을 그렸다. 형 대신 해병대 출신이자 하반신이 마비된 제이크 설리가 행성에 와서 나비족 외형에 인간 의식을 넣어 원격 조정이 가능한 새로운 생명체 '아바타'와 연결되고, 여러 가지 것들을 배우게 된다. 그가 다니는 숲속에는 알 수 없는 하얀 긴 줄들이 나무에 늘어져 있었는데, 왜 그런 것을 만들었는지 궁금했다.

영화를 보던 중에 나무들이 사람과 연결되어 대화(교감)한다는 말을 들었던 기억이 있다. 처음에 이 영화를 볼 때 그 이상의 것은 없었다. 나무들을 이어주는 어떤 것들이 있을 뿐이라 생각했다. 그 후 식물 각 개체는 서로 떨

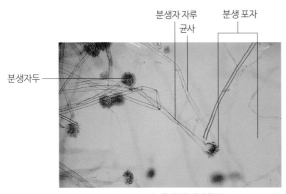

분생자 자루
균사
분생 포자
분생자두

그림 8-7_ 누룩 곰팡이의 균사

어져 있는 것 같지만 토양에서는 균근 네트워크(mycorrhizal networks, MN)에 의해 연결되어 있으며, 이 연결을 통해 식물 간에는 상호 정보전달과 함께 행동 변화를 이끌 수 있는 능력이 있다는 사실을 알았다.

순간, 지저분하다고 느꼈던 '아바타'의 하얀 긴 줄이 떠올랐다. 그것은 아마도 균근을 상징했던 것으로 추정된다.

앞에서 설명한 균근은 영양소, 방어 신호, 또는 대립 화학물질 등과 관련된 정보를 주고받음으로써 식물의 적응 가능성을 올린다. 그런데 균근은 네트워크를 만들어 서로 연결되는 경우가 많다. 연결이 중단되었을 때는 식물에 변화가 일어난다. 따라서 땅속에서 벌어지는 '나무 대화'가 산림생태계에 적응하기 위한 기초과정이라 이해하고 있다.

이미 설명했지만 균근(Amycorrhiza)은 곰팡이로 균사로 자란다. 그림 8-7은 누룩곰팡이의 균사인데, 균근과는 다른 종이지만 균사의 형태를 확인할 수 있다. 균근 균사와 식물의 뿌리는 광합성 산물과 영양소를 서로 주고받으면서 공생한다. 토양 내 곰팡이 균사체의 범위는 광대해서 곰팡이와 식물 간 상호작용을 통해 균근 네트워크 조직이 가능해진다. 이것은 같은 종 또는 다른 종의 식물 두 가지 이상을 연결할 수 있다. 따라서 MN(Mycorrhizal networks, 균근 네트워크)은 복잡한 적응형 사회적 네트워크를 만들어 상호작용하고, 그 결과를 피드백 할 수 있다.

균근 네트워크는 연결된 식물과 곰팡이의 생존, 성장, 생리학, 건강, 경쟁 능력과 행동에 영향을 미친다. 이는 곰팡이를 매개로 한 식물-곰팡이-식물 간의 의사소통과도 관련이 있다. 식물은 곰팡이 균사를 통해 생화학 신호, 자원 이전, 활동전위와 같은 구동 전기신호를 주고받는다. 의사소통을 위한 식물과 곰팡이의 반응은 빨라서 식물의 반응으로 확인할 수 있다.

식물과 균근의 공생은 다수 대 다수 관계를 형성한다. 식물이 곰팡이에 의해서 서로 연결될 때 다양한 곰팡이 종이 참여하며, 곰팡이 종은 식물에 콜로니(미생물이 증식하여 생긴 집단)를 만든다. 그러나 식물종은 특정 곰팡이에 충실도를 보이는 경향이 있다. 가장 폭넓게 공생하는 균근은 AMF(arbuscular mycorrhizal fungi, 수지상 균근 곰팡이)다.

균근 네트워크를 통해 탄소, 물, 질소, 인, 미량영양소, 스트레스 화학물질 및 대립 화학물질이 이동할 수 있다. 식물 간에 이러한 자원 교환은 제공자와 수용자 관계를 만든다. 영양소가 풍부한 하나의 식물이 화합물 공급원(공여자)이 되며, 영양분이 부족한 식물은 수용자가 된다. 그리고 탄소나 영양소가 장거리로 이동한다.

탄소와 질소는 간단한 아미노산으로 함께 균근 네트워크로 들어가 빠르게 이동하는데, 공여자 식물에서 곰팡이 균사체까지 1~2일 이내에 옮겨 간다. 그리고 3일 이내에 인접 식물로 옮겨 갈 수 있다. 균근 네트워크로 연결된 이웃한 식물은 같은 종일 수도 있고, 다른 종일 수도 있다. 아울러 유전적으로 거리가 가까운 친척이거나 아니면 관련성이 멀 수도 있다.

여러 식물이 MN에 의해 서로 연결되면 상호 원조가 가능하고, 이들 사이에 tit-for-tat(이에는 이, 눈에는 눈) 관계나 상호 이타주의 관계가 형성된다. 상호 이타주의 관계에서는 식물끼리 서로 협력하겠지만, 도움을 받고 베풀지 않는 '사기꾼'에게는 응징을 가한다.

균근 네크워크를 따라 자작나무와 더글러스 전나무 사이의 탄소 이동이 관찰되었다. 아울러 서로 연결된 균근 곰팡이와 토양 미생물이 있을 경우 더글러스 전나무 단독으로 키우는 것보다 산림 생산성과 나무 질병 저항성이 높아진다. 이는 균근 곰팡이 네트워크가 저항성 향상에 영향을 줄 가능성이 있음을 의미한다.

지하의 '트리 토크(tree talk)'인 균근 네트워크는 그 연결이 복잡하고, 규모는 적어도 수십 미터로 추정된다. 단일 곰팡이가 때로는 수백 헥타르의 숲에 걸쳐 있어 잠재적으로는 규모는 더 크다. 어쨌거나 균근 곰팡이에 의해 생성된 네트워크는 적응을 위한 식물 간 협력과 처벌(?) 등의 의사결정을 할 때 교량 역할을 한다.

3 다양한 식물 생존 방법

착생식물-거인의 어깨 위

제주의 추사기념관 밖을 어슬렁거리다가 나무에 붙은 식물을 보았다. 일엽초로 보이는 양치식물이었다. 해를 쬐지 않으면 생존할 수 없는 식물이 다른 개체를 이용하고 있었다. 편리공생으로 키는 작지만 커다란 나무에 붙어 자람으로써 햇빛을 더 많이 받는 전략을 쓰는 식물이다.

그림 8-8 다른 나무에 붙어 자라는 착생식물 일엽초(제주도)

'거인의 어깨 위'에 올라 자라는 듯한 이러한 식물을 착생식물이라 한다. 대표적인 것으로 일엽초나 난 등을 들 수 있다. 이들은 기생하지 않고 광합성을 한다. 착생식물은 뿌리가 땅에 있지 않고 공중에 떠 있다. 나무 표면에서 새어 나오는 물질, 안개, 이슬, 빗물, 미스트(안개 같은 비산 물질) 그리고 분해되는 부식물 등에서 물과 영양물질을 얻는다. 획득한 자원을 이용해 광합성을 하여 성장함으로써 생태계에서 중요한 먹이 공급원 역할을 한다.

착생식물은 생존에 필요한 영양물질을 잎에서 흡수하는데, 잎의 돌기형 구조가 이에 관여한다. 흙에서 영양물질을 흡수하지 않는다는 점에서 전혀 다른 생존 방식을 취하고 있다. 다시 말해 착생식물은 공중에 뿌리가 완전히 노출되었는데도 생존에 필요한 수분을 유지하고 영양물질을 흡수하는 능력을 발전시켰다. 상식을 뛰어넘는 발상의 전환이 엿보인다.

착생식물에는 지의류, 이끼, 고사리류 등이 있다. 이들은 뿌리와 몸체가 생애 일부 기간만 공기 중에 있다가 뿌리가 땅에 도달하면 흙에서 영양물질을 흡수하는 반착생식물과 생애 전체 기간을 공기 중에 있는 전착생식물로 다시 나뉜다.

일반적으로 빠르게 성장하는 유기체는 탄소(C) : 인산(P) 및 질소(N) : 인산(P) 비율이 낮다. 그러나 착생식물은 질소와 인산 비율이 높다. 이것은 착생식물의 성장이 느리다는 것을 의미한다. 아무래도 공기 중에서는 빠른 성장에 필요한 영양물질을 충분히 흡수하기 어려울 것이다. 따라서 착생식물은 성장 속도를 포기하고 햇빛을 얻었다고 할 수 있다. 다른 식물에 붙어 높은 곳으로 올라가기 때문이다. 착생식물은 나무뿐만 아니라 바위나 인위적인 구조물에도 붙어서 살 수 있다. 생존을 위해 가능한 모든 방법을 개발한다.

기생식물과 흡기

식물이면서 광합성을 포기한 종도 있다. 기생식물로 현화식물의 약 1퍼센트다. 거의 모든 기생식물은 특수한 흡기를 숙주의 도관과 연결해 물과 영양분을 얻는다. 새삼은 약 194종으로 전 세계에 널리 분포하는 전형적인 실 모

양의 기생식물이며, 메꽃과에 속한
다. 국내 자생식물인 새삼(*C. japonica*
Choisy.), 실새삼(*C. australis* R.Br.), 갯실
새삼(*C. chinensis* Lam.)이 있다.

최근에는 미국실새삼이 우리나라
에 들어와 피해를 주고 있다. 이들은
국내 자생 기생식물과 달리 숙주 종

그림 8-9_ 실 같은 덩굴이 자라는 실새삼

류가 다양하고, 콩의 생육을 79퍼센트까지 줄이며, 감자를 10일 만에 고사시
킨다. 말린 새삼씨(토사자)는 강장제나 강정제로 한방에서 사용하기도 한다. 하
지만 농사에 피해가 커서 이들에 관한 연구에 관심이 높다.

기생식물은 미량의 엽록소가 있으나 광합성으로 홀로 생명을 유지할 수
는 없다. 새삼류가 반쪽 기생인지 완전 기생인지는 논쟁의 여지가 있는데 반
쪽 기생에서 완전 기생으로 전환 중이라 이해할 수 있다. 흡기를 통해 숙주에
게서 얻는 것은 물과 영양분뿐만 아니라 2차 대사산물, mRNA와 단백질 등
이다.

새삼류 중 실새삼과 *U. gibba*의 게놈을 분석한 결과, 상당히 많은 유전자
를 잃었음이 확인되었다. 토양에서의 영양소 흡수, 잎과 뿌리의 발달, 방어반
응, 뿌리털 발달 그리고 빛, 광합성, 엽록체 RNA 가공 및 우발적인 뿌리 발
달에 대한 반응에 관여하는 유전자들을 잃었다. 또한 개화 시기를 조절하는
유전자도 잃은 것으로 밝혀졌다.

실새삼은 잎 모양과 잎맥 형성에 관여하는 중요한 유전자가 없고, 토양에
서 칼륨, 인산염, 질산염 흡수에 관여하는 유전자가 사라졌다. 아라비돕시스
에서는 248개의 광합성 관련 유전자 가운데 81개의 유전자가 남아 있었다.

특히 스트레스 환경에서 광계 I 주위의 NADH 탈수소효소 복합체 기능을 위한 단백질을 코딩하는 ndh 유전자가 빠져 있었다. 또한 개화 관련 유전자 295개 중 26개의 유전자가 소실되었다. 따라서 실새삼은 춘화, 온도, 자율, 일주기 시계, 광주기 경로 등이 모두 작동하지 않을 것이라 추정된다.

식물은 여러 종류의 P450 효소가 2차 대사산물의 생합성에 관여하며, 이것이 방어와 관련된 2차 대사산물을 만든다. 240개 이상의 P450이 애기장대에는 있지만 실새삼에는 89개만 있다. 병에 대한 식물 저항성에 필수적인 유전자(EDS1, EDS5, FMO1, SAG101, PAD4)들은 존재하지 않는다.

한편, 기생을 위해 발달한 흡기와 관련된 유전자가 존재한다. 수송, 리그닌과 자일로글루칸 대사 및 전사조절 유전자 등이었다. 여러 유전자들을 분석한 결과, 흡기는 뿌리와 꽃 조직과 연관되어 진화한 것으로 추정된다.

생태계에서 나쁜 방법으로 사는 기생체를 받아들이는 이유는 진화가 선악이 아니라 생존을 통해 자손을 남길 수 있는 방향으로 이루어지기 때문이다. 아무리 정의롭고 공정하더라도 자손을 남길 수 없다면 그러한 모습을 보이는 유전자나 종은 사라진다. 반대로 기회주의적이고 남의 것을 훔치는 행동을 하더라도 자손을 남길 수 있다면 살아남는다. 이것이 본질적인 생존 방법이며, 특정 종이 선택한 진화 방향에 따라 다를 수 있다. 따라서 진화를 선악으로 재단하는 시도는 위험한 발상이다.

사냥과 끈끈이주걱

식물 중에는 다른 개체를 잡아먹으면서 자라는 것이 있다. 타가영양식물이다. 기생식물도 다른 개체에 의존하니 타가영양이다. 그런데 남에게 빌붙어서 사는 생물은 어쩐지 느낌이 좋지 않다. 기생충이란 말만 들어도 기분이 나쁘다. 영화「기생충」때문인지는 모르겠으나 이 말을 들으면 역겨움 같은 게 느껴진다.

타가영양생물이라 하면 기생이 아니라 호랑이, 사자 등의 포식자가 떠오른다. 초원이나 숲속을 달리며 노루나 사슴, 얼룩말을 사냥한다. 힘차게 달려가서 동물의 목을 물어 죽이고 뜯어먹는 모습이 자연스럽게 상상된다. 둘은 이론적으로는 똑같은 타가영양생물이지만 전혀 다른 느낌이다.

타가영양식물 중에는 벌레를 잡아먹는 식충식물이 있다. 식물이라고 하기에는 너무나 동물 같다. 그렇다고 동물이라 할 수도 없다. 옮겨 다니지 않기 때문이다. 흔히 식충식물은 곤충 정도만 잡아먹는 것으로 알려졌다. 그러나 미생물, 달팽이, 거미 그리고 개구리까지 잡아먹는다. 이들은 전 세계에 600여 종이 분포한다. 우리나라에는 2과 4속 13종이 있다.

식충식물은 뿌리가 잘 발달해 있지 않다. 일부는 수분을 빨아들이기 위한 뿌리가 있지만, 잎에서 영양물질을 다 흡수하는 까닭에 뿌리가 없는 종도 있다. 그 덕분에 양분이 없는 토양에서 생존이 가능하다. 따라서 식충식물이 자라는 곳은 물이 토양의 양분을 씻어내는 척박한 지역이다.

식충식물은 흰색, 노란색, 붉은색 등 색깔이 화려한 잎이나 꽃이 있다. 이를 통해 먹이를 유인하고 포충기관으로 잡는다. 포충기관은 네 가지로 함정형, 포획형, 끈끈이형, 통발형이 있다. 포충기관이 동물을 잡으면 소화액을 분비하는데, 사람의 위처럼 강산을 분비해서 소화한다. 때로는 포충낭 내부의 공생균이나 박테리아와 함께 작용하여 먹이를 분해해 흡수한다. 미생물이 서식하는 사람의 소화기관 모습과 비슷하다.

식충식물은 다른 식물과 구별되는 독특한 양분 흡수 방식으로 사람들에게 관상용으로 관심 받고 있다. 집에서 끈끈이주걱 같은 것을 키우면 재미있을 것 같다. 끈끈이주걱류는 끈끈이와 소화액을 잎이나 줄기에서 분비한다. 파리를 먹이로 주고 소화과정을 살필 수도 있다. 자가영양이라는 식물의 중요한 기능을 버리고 타가영양을 하는 동물처럼 변모한 식물의 삶이 인상적이다.

9

식물 전쟁의 함의

식물의 견디기, 세우기, 펼치기, 끼치기, 나누기 그리고 달리하기의 여섯 가지
생존 전략에 담긴 의미를 살펴보면 능력 향상, 협동, 다양성으로 요약된다.
식물은 환경에 적응하는 과정을 통해 능력을 키우고, 협동을 통해 유전적 한계를
뛰어넘으며, 다양성을 통해 과거에 없던 새로운 능력을 창발적으로 만든다.
이것은 인간을 포함한 모든 생명체에 적용될 수 있고,
바람직한 미래 사회 건설을 위한 방향에 중요한 통찰을 제공한다.

1 식물 전략의 확장

　그림 9-1은 BY2 세포라고 하는 담배 현탁배양세포의 모습이다. 액체에서 세포를 배양하면 하나씩 자라기도 하지만, 일반적으론 세포 여러 개가 연결되어 길게 자란다. 그림은 4일간 자란 것이다. 9-1(A)에서 볼 수 있듯이 여러 개의 세포가 연결되어 있다. 맨 끝의 것을 제외하면 모양은 대체로 사각형에 가깝다. 식물호르몬 중 하나인 지베렐린을 처리하면 세포의 길이 성장이 빨라진다.

　그림 9-1(A)에서 가운데에 좀 검게 보이는 둥근 형태가 핵이다. 핵 가운데 인이 있으나 잘 보이지는 않는다. 이것을 확인하려면 약간의 기술을 이용해야 한다. 그림 9-1(B)는 핵에만 발현되는 RGA라는 유전자에 GFP라는, 형

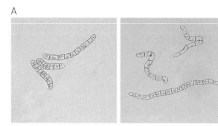

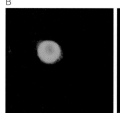

대조군	지베렐린	대조군	지베렐린 처리 후 3시간 경과

그림 9-1　담배 현탁배양세포의 성장에 미치는 지베렐린의 영향

광을 보이는 단백질을 결합한 후 형질전환(유전자 조작)한 담배 현탁배양세포의 모습이다. RGA 단백질은 핵에만 있어서 형광이 거의 핵에서만 나타난다. 그러나 세포질에서 단백질을 합성하기 때문에 형광이 세포질에서도 일부 나타난다.

그림을 보면 인의 위치를 확인할 수 있다. 동그란 것이 핵이며, 그 가운데에 약간 검게 보이는 것이 인이다. 인에서는 리보솜을 레고처럼 짜맞추기를 한다. 세포질에서 만든 리보솜 구성 단백질과 핵에서 만든 rRNA를 결합해 완성한다. 짜맞추기가 끝난 리보솜은 다시 세포질로 나가서 단백질을 합성한다. 단백질들이 핵과 세포소기관 사이에서 왔다 갔다 한다.

그림 9-1(B)는 지베렐린을 처리했을 때 형질전환된 단백질이 세 시간 후 사라진 모습이다. 애기장대(아라비돕시스)의 RGA 단백질은 지베렐린이 있을 때 분해된다. 그림 9-1은 지베렐린이 있을 때 RGA 단백질이 BY-2 세포에서도 똑같이 분해된다는 것을 보여준다. RGA는 담배에 원래 없었던 유전자지만 BY-2 세포에 넣었을 때도 애기장대처럼 지베렐린에 반응한다. 이것은 담배와 애기장대가 공유하는 지베렐린 반응 체계가 있다는 뜻이다.

이처럼 종이 달라도 특정 유전자의 기능은 비슷하게 유지된다. 코끼리의 인슐린이 사람에게도 작용하는 것과 닮았다. 서로 다른 종의 외형은 상당히 다르나 세포 수준에서의 반응은 비슷하다. 진화 과정에서 유전자를 조금씩 땜질해서 사용하기에 생명체의 유전자는 종이 달라도 기능이 유사한 경우가 많다.

이는 효율과 관련이 있다. 없었던 것을 새로 만들기에는 성공 확률이 낮고 쉽지도 않다. 이것보다는 조상 종에 어떤 기능이 있을 경우, 분화를 통해 그 기능을 얻는 것이 생명을 유지하는 데 유리하다. 이러한 이유로 세포는 종과 상관없이 공통적인 유전자가 있고, 비슷한 반응과 물질대사를 한다.

가장 대표적인 것이 거의 모든 세포에 있는 해당작용이다. 열 개가량의 효소들이 협력적으로 수행하는 반응인데 진화적으로 가장 오래된 대사경로 중 하나다. 다른 생물처럼 인간에게도 있다. 이것 외에 동물과 식물 그리고 종 사이에 비슷한 대사가 많다.

핵에 있는 유전자의 존재 방식에서도 효율과 밀접한 특성이 관찰된다. 세포는 공간, 시간, 호르몬 그리고 주변 환경에 맞추어 유전자 발현을 조절한다. 핵에 존재하는 염색체는 mRNA를 합성하기 위해 평상시에는 풀려 있다. 그림 9-2는 DNA가 풀려 있는 모습이다. 염색체마다 일정한 위치를 차지하며, 서로 다른 염색체에 있는 유전자라 하더라도 같은 기능을 하는 유전자들은 서로 가까이 있다. 효율을 높이기 위해서인데, 이것은 동물과 식물에서 같다.

이 결과들은 세포 수준에서도 효율이 중요하다는 것을 보여준다. 식물의 경쟁 전략 중 견디기, 세우기, 펼치기 전략을 살펴보면 개체의 능력을 효율적으로 늘리고 있음을 알 수 있다. 경쟁에서 이기려면 인내, 환경에 대한 적응, 수용 등 개체의 다양한 능력 향상이 필요하다.

이를 위해 무엇보다 필요한 것은 효율이다. 효율이 떨어지면 생명을 유지하기 위한 자원이 많이 필요해지고, 이를 충족할 수 있는 더 넓은 땅과 공간이 요구된다. 다시 말해 비용이 증가한다는 뜻이다. 이것은 자연 상태에서 필요한 자원 확보 가능성을

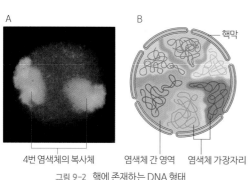

4번 염색체의 복사체   염색체 간 영역   염색체 가장자리

그림 9-2_ 핵에 존재하는 DNA 형태

낮추어 사망할 확률을 높인다. 영역이 커질수록 지키기도 힘들고, 에너지를 더 써야 해서 관리가 어렵다. 따라서 생명체는 삶이라는 목적을 이루기 위해 효율이 좋아지는 쪽으로 진화했다.

효율뿐 아니라 형태를 유지하고 생명현상을 지속하기 위해 환경 변화를 견디는 능력이나 단백질의 협력과 적응, 다양성 등 생명체에 있는 여러 가지 특성들을 세포에서 관찰할 수 있다. 예를 들면 단세포 생명체는 세포벽이 있어서 외부에서 들어오는 물에 견디는 능력이 있다. 물질대사를 위해 여러 단백질이 협력하며, 외부 환경 변화에 따른 맞춤형 유전자가 발현되도록 조절하기도 한다. 아울러 유전자 교환이나 변이가 세포에서도 나타난다. 이는 세포에 존재하는 인내, 효율, 협력, 적응, 다양성 등의 특성이 개체에서도 똑같이 드러남을 의미한다.

한편, 동물이든 식물이든 모두 세포로 이루어져 있고 세포는 모든 생명체의 기본 단위다. 그리고 지구상의 모든 세포는 단세포 생명체에서 출발했다. 단세포 생명체는 광합성을 하는 생명체와 하지 않는 생명체로 나뉘었고, 이들 중 일부가 다세포 생명체로 진화했다. 다세포 생명체는 동물과 식물로 갈라졌다. 이러한 진화 과정으로 보아 단세포 생물과 식물, 동물은 경쟁 전략을 일정 부분 공유할 수 있다. 특히 앞에서 확인한 식물의 다른 특성들과 단세포 생명체가 공유하는 것들은 모든 생명체에 적용이 가능하다.

2 경쟁 승리 전략의 다양성

생명체가 뛰어난 능력으로 생존하면 흔히 이것을 강하다고 말한다. 동시에 강함은 경쟁에서 이기기 위한 필수 요소라고 믿는다. 경쟁에서 승리해야 더 많은 자원을 가질 수 있고, 이것으로부터 배우자와 자손 확보에 유리한 고지를 점령하니 당연한 일이다. 이것 때문인지는 몰라도 사람도 일반적으로 강함을 좋아한다.

그런데 강함을 좋아하는 이유를 직접 물어보면 선뜻 답하지 못한다. 궁리하다가, 강하면 많은 것을 가지고 남을 부릴 수 있으며 자원을 더 많이 가질 수 있어서라 말하기도 한다. 이런 설명은 한마디로 생존 가능성을 높인다는 뜻으로 적응도 향상을 위해 강함을 좋아한다는 말이기도 하다. 능력이 탁월한 강자가 되려 하고, 더 많은 권력을 가지고 더 많은 부를 얻으려는 사람들이 많은 이유와 연결된다.

인간이 잘 살아남으려면 강함을 좋아하고 추구해야 한다. 전혀 이상한 일이 아니며 지극히 본능적이다. 강자 옆에 있으면 떡고물이 떨어지니 살아남는데 유리하다. 그래서 강자의 비위를 맞추는 행위도 한다. 이를 비겁하다고 비난하는 사람도 자신에게 비슷한 상황이 닥치면 똑같이 행동하는 경우를 주변에서 흔히 볼 수 있다. 특정 상황에서 자신의 삶에 유리하다면 같은 종족도 서슴없이 잡아먹는 존재가 사람이다. 오랫동안 굶주린 사람이 먹을 것 앞에서 고개 숙이지 않기란 어려운 일이다.

생물한테 강함은 몸의 크기나 강력한 힘으로 드러난다. 대체로 몸이 크면 힘도 세서 둘이 서로 같은 개념처럼 사용된다. 힘을 정의하자면 사건이나 사물을 조절할 수 있는 작용이다. 강한 힘은 더 많은 것을 조절할 수 있다. 먹이를 더 많이 얻을 수 있고, 더 큰 문제를 해결할 수 있다. 힘만이 강함을 말하지는 않는다. 자신이 얻은 자원을 숨기는 능력이나 재빠르게 훔치는 능력도 사건이나 사물을 조절할 수 있다. 이것도 생존을 유리하게 만들 수 있으니 엄밀하게 강함이라고 할 수 있다. 강함의 기준이 물리적 강함이나 도덕이 아니고 잘 살아남는 것이기 때문이다.

생물이 강력한 힘을 발휘하기 위해서는 먹이를 많이 섭취해야 한다. 이때 먹어야만 하는 음식물 양이 너무 많다면 오히려 먹이가 부족해 죽을 수 있다. 이처럼 생물의 세계에서 물리적 힘은 강할수록 생존 확률을 높이는 것이 아니고 적정한 강도가 있다.

다른 관점에서 강함을 생각해 볼 수도 있다. 예를 들어 뱃속의 회충은 사자처럼 강력한 힘은 없으나 아직도 살아서 종을 유지한다. 그들은 생존의 문제를 물리적인 힘이 아니라 다른 개체의 자원을 훔치는 기생이라는 방법으로 해결했다. 기생하는 종들이 살아남은 이유 중 하나는 숙주의 행동을 바꾸는 강력한 능력이다. 예를 들어 연가시는 사마귀 같은 곤충의 몸에서 기생하다가 특정 시기가 되었을 때 숙주를 물가로 유도해 뛰어들게 만든다. 그런 다음 몸에서 나와 물속에서 살면서 자손을 퍼뜨린다. 비록 다른 개체의 몸속에 살지만, 숙주에 작용해서 그의 행동을 바꾼다. 사자와 같은 물리적 힘은 없으나 행동을 조절하는 강력한 힘이 있다.

인간의 행동을 조절하는 기생충도 있다. 아시아, 아프리카에서 수천 년간 사람과 함께 살아온 메디나충(*Dracunculus medinensis*)이다. 길이가 일미터쯤 되는 기생충인데 감염되면 심한 고통과 수포가 생긴다. 발을 물에 담그면 고통이 사라지기 때문에 사람들은 물가로 가서 발을 담근다. 이때 수포가 터지면서 메디나충의 알이 물에 풀린다. 이 알에서 나온 유충을 물벼룩이 먹는다. 하천수나 호수 물을 소독하지 않은 채 마시면 이 같은 기생충에 감염된다. 작은 벌레지만 자신의 삶에 유리하게 사람의 행동에 영향을 끼친다.

물리적으로 강한 것만이 힘이 아니다. 기생충이 통증을 유발하는 것도 힘이 될 수 있다. '강하다'라는 말은 물리적인 힘이 세다는 것 외에 다른 뜻도 포함한다. 수준이 높다거나, 무엇에 견디는 힘이 크다거나, 어떤 것에 대처하는 능력이 뛰어나다는 말이다. 따라서 기생 능력, 통증 유발 능력, 지적 능력, 문제 해결 능력도 힘이 될 수 있다. 적어도 생물 사이에서 생존하는 데 유리한 조건을 지녔다면 무엇이나 '강하다'고 할 수 있다. 그렇다고 생물에서 강함을 한 가지 기준으로만 판단하면 오류를 범하게 된다. 각각의 종에 속한 개체가 자신의 유전적 능력을 이용해 환경에 적응하고 살아남으면 충분히 강하다고 할 수 있다.

이러한 이유로 시각이나 후각도 강한 힘이 될 수 있다. 무엇인가에 반응해 생존에 영향을 미치기 때문이다. 곤충한테 먹을 것을 주는 나눔도 역시 강한 힘이라 할 수 있다. 꽃에서 나오는 설탕은 벌을 부르고, 커다란 열매는 사람을 유인하기도 한다. 이렇게 식물은 벌처럼 단순한 생물에서부터 지능을 가진 사람까지 자신의 의도대로 움직이게 만든다. 식물이 충분히 강하다고 할만한 이유다.

생존을 높이는 강함은 도덕의 잣대로 평가할 수 없는 경우도 있다. 예를 들면 '탁란'이라는 사기 행동은 뻐꾸기의 생존을 돕는다. 뻐꾸기는 다른 새의 둥지에 자기가 낳은 알을 밀어 넣어 다른 새가 새끼를 기르게 한다. 육아 에너지를 다른 새에 전가하는 것이다. 사기 치는 행동이니 도덕적으로는 나쁘다고 할 수 있지만, 뻐꾸기는 이런 방식을 택했다. 탁란을 당하는 알락할미새나 붉은머리오목눈이로서는 남의 자식을 키우는 셈이 되지만, 이런 종이 사라지면 뻐꾸기도 사라지게 되므로 둘 사이에 각각의 강함이 적정 상태에서 균형을 이룬다.

생물의 무지(無知)도 생존에 이롭다면 상관없다. 거위는 둥지 주변에 알같이 생긴 것은 모두 긁어모은다. 자신의 알을 알아보는 능력은 없기에 이렇게 해서 알을 지킨다. 알을 지키기에 충분하다면 굳이 확인할 필요가 없다. 정확하게 하려면 에너지를 더 많이 써야 한다. 에너지를 덜 쓰는 단순한 행동이 에너지를 많이 쓰는 복잡한 행동보다 생존에 오히려 더 유리하다.

무지가 효과적인 사례는 괭이갈매기에서도 확인된다. 괭이갈매기 어미는 새끼를 알아보는 능력이 없다. 어미가 새끼를 알아보지 못하니 무식하고 무정하다고 할지 모르겠지만, 정반대로 새끼가 어미의 목소리를 안다. 알 속에서 어미 목소리를 계속 들어 새끼에게 각인되었기 때문이다. 어떤 새끼가 자신의 울음소리를 듣고 따라오면 괭이갈매기 어미는 자기 자식이라 판단한다. 만일 자신의 소리를 듣고 도망치면 자기 자식이 아니란 뜻이라서 도망가는 어린 개체를 물어 죽인다.

이처럼 생물은 간단하거나 사소한 행동으로 상대방을 판단한다. 복잡하고 어려운 행동은 시간과 에너지를 많이 쓰고, 에너지를 많이 쓰면 더 많이 먹어야 하는데, 먹이를 더 얻으려는 행동은 자연 상태에서는 죽음을 무릅쓴 행동이다. 천적을 피해서 먹이를 얻어야 하므로 생존에 효과적이지 않을 수 있다.

인간도 그다지 다르지 않다. 인간의 뇌는 몸의 약 1.5퍼센트에 불과하지만 몸 전체가 사용하는 에너지의 약 20퍼센트를 쓴다. 에너지를 많이 쓰는 매우 비효율적인 기관이다. 음식이 충분하다면 상관없겠지만 수렵채집사회는 그렇지 않았다. 사냥 등을 통한 먹이 획득은 일정할 수 없었다. 그러다 보니 뇌가 가장 큰 인간조차도 자신의 뇌를 잘 사용하지 않도록 진화했다.

뇌를 사용하지 않고도 충분히 생존할 수 있다면 굳이 뇌가 필요치 않다. 많은 생명체가 뇌를 발달시키지 않은 이유이기도 하다. 그러나 생존에 위협을 받으면 생명체는 뇌의 사용을 늘린다. 이래도 죽고 저래도 죽는다면 뇌를 사용해 생존 가능성을 올린다. 인간은 만일을 대비하는 뇌의 강점을 이용해 새로운 기술을 개발했다. 그래서 느린 달리기, 약한 이빨, 둔감한 후각 같은 단점을 극복하고 살아남아 지구의 다양한 지역으로 퍼져 나갔고, 가장 강력한 종이 되었다. 뇌의 능력 덕분이다.

이처럼 생존을 이어가는 능력 획득의 원천은 유전자 변이다. 다양한 변이가 축적되는 과정에서 새로운 생존 방식이 등장한다. 만일 어떤 변이가 살아남을 가능성을 키워 적응도를 높인다면 그러한 변이는 집단 내에 계속 존재하고, 나아가 존재 비율도 올라간다. 반대로 적응도가 떨어지는 변이라면 번식하는 과정에서 사라진다. 따라서 유전자 변이는 오랜 시간 반복되고 누적되면서 다양성과 함께 생존 가능성 향상이라는 방향성을 가진다.

일반적으로 변이는 생존 가능성이 떨어지는 경우가 많다. 죽으면 더는 생명을 유지할 수 없으니 이런 변이 유전자는 집단에서 사라진다. 거꾸로 어떤 이유로든 생존에 유리한 특성을 얻으면 주변의 다른 것들과 관계를 맺어 장점으로 발전한다. 이렇게 되면 생존 가능성은 더욱더 올라가고, 이러한 변이 유전자를 가진 개체는 지구상에 번성한다.

변이 덕분에 생존과 번식에 유리해지고 집단 내에 오랜 기간 존재하게 된 유전자가 있다면 이제까지 설명한 강함의 기준에서 그것을 "강하다"고 표현할 수 있다. 또한 그 유전자를 가진 개체는 개체 사이의 전쟁에서 승리할 것이라 예측할 수도 있다. 이처럼 유전자에서 기인하는 강함은 어느 한 가지로 국한된 것이 아니라서 다양할 수밖에 없다.

강함에 대한 정의를 내리고 나면 식물도 다른 관점에서 볼 수 있다. 식물은 언뜻 보면 인간이 가진 능력에 비해 부족해 보이거나 바보 같거나 어리숙해 보인다. 그러나 식물은 나름의 방식으로 살아남았고, 인간을 부리기도 한다. 키가 작은 종도 있고 음지에서만 사는 종도 있지만, 모두 자기만의 능력이 있다. 그들에 어울리는 기준으로 보면 충분히 강한 존재다. 인간이 자신의 잣대로 함부로 볼 대상이 결코 아니다.

동물도 마찬가지다. 파충류, 조류, 포유류 등에 속한 각각의 종은 너무나 다양하다. 개, 고양이, 말, 소, 돼지와 같은 가축도 있지만 야생 동물은 엄청나게 더 많다. 이런 모든 종이 살아남을 수 있었던 것은 각자 고유의 특징을 발전시켜 충분히 강한 존재가 되었기 때문이다.

3 능력 확장과 한계 극복

　모든 생명체는 생존을 위해 자원을 획득해야 하므로 어쩔 수 없이 경쟁에 직면한다. 쟁탈 경쟁은 생존을 위한 투쟁이며, 얻지 못하면 죽게 되는 처절한 게임이다. 이동하는 동물과 뿌리를 박고 고착생활을 하는 식물의 경쟁은 약간 다르다. 필요한 영양소를 충분히 얻기 위한 개체 간의 공간적 간격이 중요하다. 물과 무기영양소 등을 흡수할 수 있는 능력이 제한을 받기 때문이다.

　식물은 이러한 문제를 키 또는 뿌리 성장을 통해 해결했다. 빛이 적다면 키를 키우거나 엽록소를 늘렸고, 종자의 크기도 키웠다. 성장이 촉진되도록 덩굴손을 개발하기도 하고, 잎의 구조를 바꾸기도 했다. 그러나 움직일 수 없다는 한계를 극복하기 어려운 부분도 있었고, 지구온난화 같은 기후변화에 적응하지 못해 구상나무처럼 죽는 종도 있었다.

　이 때문에 식물은 곤충, 미생물, 곰팡이, 조류 등 다양한 생물과 협력 전략을 택했다. 자신만의 장점인 광합성을 통해 유기물을 합성한 덕분이다. 식물은 합성한 유기물을 나눔으로써 다른 동물의 협력을 이끌었다. 다시 말해 다른 생물들이 필요로 하는 가치 있는 자원을 나누어 주면서 자손을 퍼뜨리고 멀리 떨어진 배우자도 얻었다. 어찌 생각하면 초월적인 능력이다. 따라서 나눔은 식물이 더 잘 살아남게 하는 매우 강력한 방법이다.

한편, 인간의 역사는 씨족에서 부족, 부족에서 부족국가, 고대국가를 거쳐 근대국가에 제국이 만들어졌다. 그리고 이제 국가를 뛰어넘어 협력을 이루는 초국가적 기업도 생겼다. 이러한 인간의 역사를 한마디로 말하면 '협력의 규모가 커지는 과정'이라고 할 수 있다. 인간에게 협력의 규모를 키울 수 있게 해주는 힘도 따지고 보면 나눔이다. 자신의 노력에 대한 자원을 보상 받아 살기에 나눔을 받은 자는 나누어 준 자를 더 따르게 된다. 또한 나누어 준 자는 나눔을 통해 더 오랫동안 자신이 원하는 바를 지속적으로 획득하고 이를 유지하는 데 이점을 얻는다. 식물의 꽃에서 꿀을 얻기 위해 벌이 날아오는 것과 같다.

협력과 관련해 나눔의 중요성을 파악하니 생산수단을 가진 자본가가 자신의 자본을 지금보다 더 많이 나눈다면 어떤 일이 벌어질까 사뭇 궁금해진다. 미래가 불확실할 경우 자원을 나누는 사람들이 더 잘 살아남는다고 하는데 기후위기 시대를 맞아 불확실성이 커지고 있는 지금, 한 번쯤 생각해 봄 직한 일이 아닌가 싶다.

ㄴ 새로운 능력 개발

　유전자 변이는 새로운 능력을 얻게 하며, 달라진 환경에 적응할 수 있는 원동력이 된다. 따라서 생명체에 능력 개발은 생존에 중요한 영향을 미친다. 이때 어떤 능력이 강한지를 결정하는 주체는 환경이다. 환경이 바뀌면 과거에 유리했던 특징이 생존에 불리해질 수도 있고, 그 반대도 가능하다. 대표적으로 중생대 말에 소행성이 충돌하면서 지구 환경이 급격히 바뀌었고, 번성하던 공룡이 사라졌다. 변화된 환경에서 공룡은 멸종했지만, 당시 별 볼 일 없던 포유류 개체는 증가했다. 낮은 온도에서도 잘 살 수 있는 능력 때문이었다. 강함의 주체가 달라진 것이다.

　이처럼 시대에 따라, 환경에 따라 강함의 주체가 바뀐다는 사실은 연대표에서 확인이 가능하다. 표 9-1은 지질 연대와 생명체 출현 시기 및 특징을 알려주는 연대표다. 지구상에서 생명체가 진화해 오는 동안 새로운 능력은 자원 고갈과 환경 변화와 연결되어 발달했다. 생명체의 새로운 능력이 환경과의 상호작용에서 나왔다는 뜻이다.

표 9-1 | 지질 연대와 생명의 주요 사건

지질 시대	시기	세	나이 (단위: 백만 년)	생명의 주요 사건
신생대	제4기	현세		역사시대
		홍적세	0.01	빙하기: 인간 출현
	제3기	선신세	1.8	호모속 출현
		중신세	5	포유류와 속씨식물의 지속적인 종 분화
		점신세	23	유인원을 포함한 많은 영장류 출현
		시신세	34	•속씨식물의 우점 증가 •현재 살고 있는 포유류 목 대부분 출현
		팔레오세	56	포유류·조류와 수분 매개 곤충의 주요 종 분화
중생대	백악기		65	•속씨식물이 나타남 •공룡을 포함한 많은 생물군이 이 시기에 멸종함(백악기 대량 멸종)
	쥐라기		145	•겉씨식물이 우점 식물로서 지속됨 •공룡이 우점종이 됨
	트라이아스기		200	•겉씨식물이 경관을 우점함 •공룡 및 초기 포유류와 조류의 종 분화
고생대	페름기		251	•많은 해양·육상 생물 멸종(페름기 대량 멸종) •파충류 종 분화, 포유류를 닮은 파충류 시작 •지금 사는 대부분의 곤충 목 시작
	석탄기		299	•울창한 관다발식물 숲 •최초의 종자식물과 파충류 출현 •양서류가 우점하게 됨
	데본기		359	•경골어류의 다양화 •최초의 양서류와 곤충
	실루리아기		416	초기 관다발식물이 육상을 우점함
	오르도비스기		444	•해조류가 풍부해짐 •다양한 균류, 식물과 동물이 육상으로 진출
	캄브리아기		488	•현재 사는 대부분의 동물 문 시작 •캄브리아기 대폭발
선캄브리아대			542	
			600	다양한 조류와 연체 무척추동물 출현
			635	가장 오래된 동물의 화석
			2100	가장 오래된 진핵생물의 화석
			2700	산소가 대기 중에 축적되기 시작함
			3500	현재 알고 있는 가장 오래된 화석(원핵생물)
			4600	지구가 탄생한 대략적인 시점

(출처: Reece 등 캠벨 생명과학 3판, p281 재구성, 바이오사이언스, 고상균, 윤치영 옮김)

약 27억 년 전, 산소가 지구 대기에 축적되기 시작했다. 광합성을 위한 물분해 때문이다. 이전에는 물이 아니라 황화수소(H_2S) 같은 화학물질을 이용했는데, 지구에 많지 않았다. 생명체가 많이 이용할수록 황화수소는 줄었다. 자원이 고갈되고 환경이 바뀌면서 황화수소 같은 물질을 이용하던 생명체는 멸종을 겪게 되었다. 일부는 유전자 변이를 통해 다른 물질을 이용할 능력을 얻었고 번성했는데, 이들이 물을 이용할 수 있게 된 종들이었다.

70퍼센트가 바다인 지구에 물은 어디에나 있다. 어디서든 얻을 수 있고, 써도 써도 줄어들 가능성이 낮다. 거의 무한한 자원이라고 할 만하다. 산소가 대기 중에 축적되기 시작한 27억 년 전부터 생명체는 물을 이용했는데 아직도 물은 지구상에 풍부하다. 물을 자원으로 이용하는 생명체는 27억 년이나 이어져 왔고, 앞으로 계속될 것이다. 이는 부존량이 많은 자원을 이용하는 생명체가 오래 생존할 수 있다는 사실을 확인해 준다.

생물이 물을 이용하면서 과거에 없었던 산소를 대기 중에 내보내기 시작했다. 산소는 광합성으로 생기는 부산물로 일종의 쓰레기다. 내용은 간단하나 해석은 단순하지 않다. 대기 중 산소의 축적은 다양한 변화를 이끌었다. 산소는 매우 독성이 강한 가스다. 산소가 없는 상태(혐기성)에서 자라는 생명체는 산소 독성에 의해 죽는다. 이 때문에 혐기성 생명체들은 살기 어렵게 되었고, 지구상에 엄청난 변화가 생겼다.

대기 중 산소량이 증가하면서 무산소 상태에서 살던 생명체들이 산소가 있을 때 사는 생명체로 교체되었다. 새로운 종의 출현과 함께 기존 생명체의 대규모 멸종이 일어났다. 부산물로 나온 산소 쓰레기로 인해 지구상의 생물종이 온통 뒤바뀐 것이다. 그러나 산소에 대응할 새로운 능력을 가진 생명체들에게는 기회가 되었다.

대기 중에 산소가 유입된 후 진핵생물과 동물이 등장했다. 동물이 등장했다는 것은 스스로 유기물을 만들어 사는 자가영양체 외에 다른 유기체를 먹고 사는 존재가 나타났다는 뜻이다. 유기물을 합성하는 생산자와 그것을 이용하는 소비자가 만들어진 것이다. 이전과는 차원이 다른 능력이 발달했다.

이뿐만이 아니다. 지구에 축적된 산소는 대기에 오존층을 만들었다. 오존층은 태양에서 오는 자외선 일부를 차단할 수 있다. 이것이 지구 환경을 바꾸었고, 생물 분포에 엄청난 변화를 일으켰다. DNA는 파장이 280나노미터(nm. 거리 단위로 1nm는 10억분의 1m)인 자외선을 흡수하는데, 강한 자외선은 DNA 구조를 파괴해 생물이 살 수 없게 한다. 오존층이 1퍼센트 줄면 자외선량은 2퍼센트가 늘고, 피부암은 4퍼센트가 는다. 따라서 오존층이 없을 때 생명체는 바다가 아니면 살 수 없었다.

그런데 광합성으로 산소가 배출되고 이것이 성층권에 오존층을 생성하면서 자외선이 어느 정도 차단되어 생명체가 육상에서도 살 수 있게 되었다. 바다에만 있던 동물과 식물이 육상으로 올라왔다. 과거에 없던 능력이 생긴 것이다. 이를 통해 동물은 양서류, 파충류, 포유류 등으로 분화했고, 식물은 이끼류에서 양치식물을 거쳐 종자식물이 생겼다. 환경 변화와 함께 새로운 능력이 발달하였고, 생명체의 다양성은 더욱 확대되었다.

5 경쟁 패배자의 운명

경쟁에서 진 개체들은 경쟁을 피해 떠난다. 떠나고 싶어 떠나는 것이 아니다. 바다에 있어도 죽고 뭍으로 나와도 죽으니 삶의 터전을 버리고 다른 곳으로 향한다. 녹조류의 한 갈래인 차축조류(車軸藻類)가 최초로 땅에 적응한 시기는 약 4억 7500만 년 전이다. 이들은 멸종했지만 일부는 선태식물(이끼식물)로 진화해 아직도 지구상에 살고 있다.

물속에서 살다가 땅으로 올라온 식물은 초기에 상대적으로 건조한 환경에서 살기 어려웠다. 물이 많이 필요했고, 부력이 없는 상태를 감당할 수도 없었다. 사람의 혈관처럼 물과 영양물질이 이동하는 관다발조직도 없었다. 습지 바닥에 붙어 있어야 했다. 대부분의 선태식물은 관다발조직이 없이 땅에 거의 붙어 있다. 세포벽을 단단하게 지지하는 리그닌도 없다. 이끼나 우산이끼가 대표적이다. 그렇지만 이들은 배우자와 배를 보호하는 배우자낭을 만들었다. 물속과 다른 생식 방법을 개발하며 과거와 다른 삶의 길을 찾았다.

약 4억 2500만 년 전, 식물의 혈관이라 할 수 있는 관다발조직이 등장했다. 양치식물을 포함해 종자가 없는 관다발식물의 기관이다. 이들은 리그닌을 세포벽에 축적해 몸체를 지지했다. 이와 같은 능력 덕분에 관다발은 양분과 물을 더 높이 수송함으로써 더 크게 자랄 수 있었다. 땅의 표면을 기던 초라한 신세를 면하고 다른 지역으로 퍼져 나갔다. 이 시기가 석탄기다. 석탄기를 지나면서 패배자의 자손들이 육상식물(이끼식물, 양치식물, 종자식물 따위)을 구성했고, 종자식물이 대부분의 뭍 위를 차지했다.

육상식물의 근원을 보면 경쟁에서 이긴 개체가 아니라 패배한 개체의 후손임을 알 수 있다. 패배했기에 기존의 서식처를 포기하고 다른 곳으로 옮겨 갈 수밖에 없었고, 거기서 새로운 능력을 얻은 누군가의 후손이 살아남아 널리 퍼졌다. 원래의 서식지를 떠난 대부분의 개체는 생존에 실패하는 경우가 많다. 그렇지만 환경이 같다면 새로운 능력이 드러날 기회는 없다.

이러한 진화 과정이 담긴 것이 유전자다. 유전자는 패배하고 승리했던 생명의 기록이자 역사의 기록이며, 생존에 필요한 다양한 수단과 행동 양식이 새겨진 저장고다. 이 기록은 다음 대에도 계속된다. 유전자 안의 정보는 천년만년 이어진다. 긴 시간에 걸쳐 이루어진 진화 과정 속에는 늘 패배와 승리가 공존한다. 어떤 능력을 가진 종이 승자인지 알 방법은 사실상 없다. 지금 패배했다고 해서 영원히 패배하는 것도 아니고, 승리한 경우도 마찬가지다.

6 인간의 경쟁

인간은 식물 같은 생물과는 다르다고, 우월하다고 믿는 경향이 강하다. 인간도 커다란 범주에서는 생명체가 가진 특징을 공유한다. 생태적으로 종내 경쟁은 쟁탈 경쟁과 간섭 경쟁으로 나눌 수 있는데 인간은 서열이 있는 경쟁이라서 간섭 경쟁을 한다. 아울러 지금까지 설명한 것과 같은 방식으로 진화하는 종이기도 하다.

인간에게도 이론상 모두가 똑같이 자원에 접근할 기회가 있는 세상이 열린다고 가정해 보자. 무서열 경쟁이 가능한 사회다. 이런 사회는 충분한 자원이 있을 때는 모두가 넉넉히 살 수 있고 평등하다. 그러나 개체수가 늘어나 자원이 부족해지면 모든 사람이 똑같은 정도로 자원 부족의 영향을 받게 된다. 한꺼번에 왕창 죽음을 맞을 수 있다. 이 같은 방식은 오랫동안 지속하기도 어렵고, 자연스러운 인간의 삶의 방식을 반영하지도 않는다.

인간은 더 많은 자원을 확보해 더 잘 살기 위해 노력하고 더 높은 사회적 지위 등을 얻고자 애를 쓴다. 권력과 재력을 위해 경쟁한다. 경쟁에서 이겨 권력을 얻은 개체는 다른 개체의 자원을 빼앗기도 한다. 그러나 이러한 서열 경쟁은 자원의 효율적 분배에는 긍정적이다. 너무 심해져서 생존을 위협하는 것이 문제지 적정 수준은 오히려 필요하다.

아프리카에 숲이 사라지면서 나무 위에서 땅으로 내려온 영장류 중에는 여러 종류의 식물을 먹을 수 있도록 진화한 종이 있었다. 먹이가 풀이니만큼 앞에서 말한 소와 경쟁했을 수도 있다. 하지만 초식 중심의 그들은 지구상에서 사라졌다. 잡식으로 진화했고, 일부 육류를 섭취하는 인간은 살아남았다. 인간은 초식동물과 비슷한 형태의 경쟁을 하지 않는다.

자연은 모든 개체가 생존할 만큼 자원이 넉넉하지 않다. 육식하는 종이라면 이동하는 동물을 잡아먹어야 해서 더욱 그렇다. 이런 상태에서는 더 잘 살아남을 수 있는 개체만 살게 하는 간섭 경쟁이 오랜 생존에 좀 더 유리하다. 먹이를 더 일찍 확보하거나, 다른 자가 얻은 것을 빼앗거나 등등의 방법으로 능력을 발휘하는 자가 생존할 수 있게 하는 것이다. 자원이 부족해도 강한 개체들의 일부가 살아남는다. 모든 개체가 한꺼번에 죽지 않으니 종이 오래 유지될 가능성이 높아진다. 따라서 인간은 진화적으로 간섭 경쟁을 하게 되었을 것이고, 간섭 경쟁은 인간의 사회적 지위 등과 관련된 행동을 잘 설명한다.

간섭 경쟁은 자원 공급이 부족하지 않아도 벌어진다. 유전자에 내재된 행동이라 자원량의 많고 적음에 상관없이 일어난다고 판단된다. 앞에서 이미 설명했지만 사자는 자기 영역 내의 치타 새끼를 죽인다. 치타 수가 늘어 자신이 먹을 먹이가 줄어드는 상황을 미리 예방하는 것이다. 이와 비슷한 일은 인간에게도 벌어진다. 재벌이 성장 가능성이 있는 기업을 매입하거나 쳐내는 것과 비슷하다. 경쟁에서 이긴 승자는 더 많은 자원을 가지며, 반대로 패자는 자원으로부터 소외된다. 그 결과, 개체 간 불평등이 생긴다.

이러한 경쟁이 승자에게 유리할 것 같지만 실상은 서로에게 피해를 준다. 승자와 패자가 존재하는 경쟁은 승자 효과와 패자 효과를 유발한다. 승리를 경험한 개체는 점점 더 승리할 가능성이 올라가고, 패배자는 패배할 가능성이 더 커진다. 이와 같은 특징은 종마다 차이가 있다. 점박이송사리는 승자 효과는 있으나 패자 효과는 크지 않았다. 그러나 중앙아메리카살모사는 패자 효과가 컸다. 중앙아메리카살모사의 패자는 스트레스 호르몬인 코르티코스테로이드가 증가한다. 이들은 부하 역할을 했으며, 다른 수컷에게 도전하지 않았다. 자신이 싸웠던 곳 부근에서 암컷에게 구애하지 않았다. 스트레스 호르몬은 학습과 기억을 저해한다. 싸움의 결과로 호르몬 기능에 변화가 생기고, 학습 능력에 부정적인 영향을 준다.

어쨌거나 승자만이 자손을 남길 가능성이 높아지면 유전적 다양성은 떨어진다. 시간이 흐를수록 유전적 유연관계가 가까운 개체만 남는다. 이렇게 되면 열성 유전자의 발현 가능성도 올라가고, 질병 등에 취약해져서 승자도 오래 살아남을 수 없게 된다.

인간에게도 승자 효과와 패자 효과가 생길 수 있다. 경제적 불균형의 증가로 저소득층의 학습 능력이 떨어진다는 사실을 보면 유추할 수 있다. 간섭 경쟁의 특징은 현대인의 삶에 자꾸 투영된다. 갑질이 사회문제가 되고, 패배자가 도전하지 않으며, 부하 역할에 만족해 대기업에 취직하기를 바라고, 결혼하지 않고 살려는 특징과 이어진다.

인간이 자원을 얻기 위해 어떤 경쟁을 하는 종인지 가정하는 것은 중요한 문제다. 간섭 경쟁(서열 경쟁)과 쟁탈 경쟁(무서열 경쟁)은 서로 배타적이다. 어느 한 가지 경쟁을 선택한 종은 다른 경쟁을 할 수 없다. 인간도 유전자를 가진 동물인 이상 이 범주에서 벗어날 수 없다는 뜻이다. 인간의 특성을 고려할 때 인간은 간섭 경쟁을 하는 종으로 보인다.

이렇게 이해할 경우, 소수가 많은 자원을 독점함으로써 경제적으로 어려운 사람들의 숫자가 늘어나면 늘어날수록 자원이 부족한 각 개인의 학습 능력은 시간이 갈수록 악화한다. 다수가 패배자로 살면서 도전하지 않기 때문에 사회 전체가 가진 능력의 극대치는 점점 낮아질 수밖에 없다. 큰 뇌가 장점인 인간에게 경제적 불균형이 심화하여 절대다수의 학습 능력이 감소한다면 전체적인 생존 가능성은 떨어질 수밖에 없다. 결국 어느 순간에 사회는 몰락하고, 승자도 자신의 지위를 유지할 수 없을 것이다.

생물의 세계에서는 앞서 말한 것처럼 지금 패배했다고 영원히 패배하는 것은 분명히 아니다. 다른 기회에 승리할 기회를 얻을 수도 있다. 그러나 인간은 제도를 통해 패배자의 후손이 다시 승리할 기회를 없애기도 한다. 계층 상승의 사다리를 없애버림으로써 불균형이 고착화하는 것이다. 적어도 우리는 이런 사회로 가고 있는 게 아닐까 싶다. 경제적 불균형을 바꾸려 노력하지만 여러 가지 수치는 악화하니 미래에 대한 희망이 점점 사라질 수 있다.

생명체는 경쟁한다. 그러나 그것이 그들의 존재 목적이 아니다. 웬만하면 경쟁하지 않고, 피할 수 있으면 피한다. 경쟁보다는 자신이 가진 나름의 독특한 유전적 능력을 발전시킨다. 이렇게 승패에 연연하지 않는 것은 생물의 세계에 영원한 승자나 영원한 패자는 없기 때문이다.

7 경쟁 없는 세상 속으로

생물은 특정 유전자를 가진 개체가 시간이 지난 후 지위가 변한다. 패자가 더 나은 지위나 위치를 점할 수 있고, 승자가 다시 패자가 될 수도 있다. 지금 승리한 누군가의 자식이 먼 훗날 패배자가 되지 말라는 법이 없다. 역사적으로도 왕실의 후손이 스스로 왕실을 버리고 나라를 팔아먹는 데 참여하기도 하였다. 유전적 한계가 있는 개체는 환경에 따라 승패가 수없이 많이 달라질 수밖에 없다. 승패의 의미가 퇴색되는 진화 과정을 보면서 우리가 계속 치열한 경쟁 속에서 이기려고 살아야 하는지에 대한 의문이 생긴다.

만일 누군가가 승리를 바란다면 방법이 없는 것은 아니다. 모두가 승리자가 되면 문제는 해결된다. 그러기 위해서는 유전적 한계를 극복해야 하는데, 그 방법은 경쟁이 아니다. 더 큰 협력과 다양성의 확대다.

기본적으로 경쟁은 능력이 다양한 더 많은 개체의 참여를 막는다. 그리고 인간은 경쟁할 때 경쟁자를 인식하고 그것에 집중하는데, 집중은 오히려 뇌의 '디폴트 모드 네트워크(default mode network, 평소 인지 과제 수행 중에 서로 연결되지 못하는 뇌의 각 부위를 이어 창의성과 통찰력을 높여준다고 알려져 있다)'를 불활성화한다. 창의력을 떨어뜨려 새로운 것을 창출하는 능력이 약화한다. 게다가 경쟁자에게 신경을 쓰게 되면 에너지를 사용해서 낭비가 생겨 성장을 저해한다. 경쟁은 결과적으로 협력과 새로운 능력을 얻을 가능성을 줄여 모두에게 손해가 생긴다.

이것을 피하려면 경쟁보다는 각자의 잠재적 능력을 극대화하는 데 초점을 맞추어야 한다. 경쟁해야 새로운 것을 발견할 수 있다고 생각하겠지만 DNA 구조를 제창했던 왓슨과 크릭의 이중나선에는 어디에도 경쟁한 흔적을 찾기 어렵다. 플래시 메모리를 개발한 일본의 마쓰오카 교수도 경쟁하지 않았다. 오히려 자신을 즐겁게 만들거나 호기심 충족을 위해 노력했을 뿐이다.

각자의 능력을 극대화하는 과정을 통해 얻은 정보를 다수가 공유하고 협력해 나가면 새로운 능력으로 발전할 수 있고, 기존의 한계를 뛰어넘을 수 있다. 이런 사례는 수없이 많으며, 이것이 과학 발전의 과정이자 유전적 한계를 극복하는 중요한 방법이기도 했다. 2500년 전, 공자가 '군자 무소쟁(君子無所爭)'을 말한 이유가 식물의 경쟁 전략을 파악하면서 드디어 이해되었다. 그 옛날 공자의 가설을 현대 과학이 증명했다는 생각이 들 정도다.

경쟁해야 잘 산다는 믿음은 결코 타당하지 않다. 경쟁에서 이겨봐야 일부 사람이 단기적으로 잘 살 수 있을지는 몰라도 전체적으로는 오히려 손해고, 더 많은 사람을 승리자로 만들지도 못한다. 예를 들어 다른 나라의 도움이 없었다면 우리가 이만큼 발전하지 못했을 것이다. 만일 경쟁하느라 적을 만들어 우리 제품을 다른 나라 사람들이 사지 않았다면 발전은 없고 삶이 점점 더 어려워졌을 것이다.

더구나 경쟁은 개인의 능력 향상에 그다지 도움이 되지 않는다. 경쟁에서 이기기 위한 활동은 그 출발점이 외적 동기여서 동기가 충족되면 더 할 이유가 사라진다. 오히려 자신이 즐기고자 하는 내적 동기가 있는 활동이 뛰어난 능력을 발휘한다. 대표적으로 내적 동기가 있을 때 사람들이 더 창의적으로 된다는 것은 이미 잘 알려진 사실이다. 게다가 경쟁은 패배자를 낳고 협력할 기회를 줄일 뿐만 아니라 패배한 자들의 역습을 만든다. 관리를 위해 신경 쓸 것이 많아지고 갈등이 커지며 사회적 비용이 증가한다. 경쟁을 위한 획일화된 기준 때문에 다양성이 사라져, 인간이 가진 유전적 능력의 한계를 극복할 기회를 잃고 만다.

이러한 사실을 아는지 모르는지 경쟁에서 이겨야 잘 산다며 어려서부터 경쟁 속으로 밀어 넣는다. 교육이라는 이름으로 자신의 유전적 능력을 극대화할 기회조차 얻지 못하고 경쟁의 패배자로 자기를 봐야 하는 자존감 낮은 다수의 사람을 양성한다. 이런 상태에서 대학교수조차 경쟁해야 한다며 경쟁 승리가 성공이라는 익숙함에 젖어 산다.

식물은 피할 수 없을 때 어쩔 수 없이 경쟁한다. 하지만 피할 수 있다면 굳이 경쟁하지 않는다. 자신에게 집중하고, 자신의 단점을 장점으로 보완하여 상대방에 대한 존중을 통해 나름의 삶을 영위한다. 또한 자신이 만든 자원을 나누며, 다른 종이나 개체와 협동하여 부족한 능력을 보완하고, 다양함으로 더 나은 생존 가능성을 창발적으로 찾아내 한계를 극복한다.

식물이 자신의 능력을 극대화하려고 다른 개체와 비교할 때가 있다. 키를 맞추려 더 빨리 자라거나 반대로 성장 속도를 더 늦추거나 하는 경우다. 그렇지만 식물은 상대방에 대해 우위를 점하려고 하지 않는다. 오히려 자신이 높이에서 우위에 있다면 뿌리 능력을 강화해 다른 개체들과 보조를 맞춘다. 이것이 변화하는 환경에서 더 나은 생존 가능성을 만든다. 무엇인가 잘못되었을 때는 자신의 유전자 변이를 통해 환경에 적응하며 산다. 자신을 바꾸지 다른 개체를 바꾸려고 하지 않는다. 다른 개체를 바꾸려는 타감작용과 같은 행동은 에너지를 많이 사용하는 데다 거꾸로 자신에게 해가 될 수도 있다. 경쟁 심화로 지치고 힘들어지는 시대에 식물의 경쟁 전략을 살필 필요가 있다.

지금껏 식물의 경쟁 및 생존 전략을 살폈다. 식물의 효율과 강함을 추구하는 전략은 개체의 능력, 나눔과 협동, 다양성과 새로운 능력으로 구분할 수 있을 것 같다. 오래전 『논어』의 「학이」편 1장의 세 구절을 생물학적 관점에서 파악하였는데, 그때 각 구절의 의미로 파악했던 개인의 능력 배양, 협동, 다양성과 이어진다. 식물의 생존 방식이 인간의 삶을 묘사한 논어와 연결된다는 뜻이다. 아마도 논어에 서술된 내용은 인간의 특징을 뛰어넘어 생명체의 특징일지 모르겠다. 식물의 삶의 전략과 연결되기 때문이다.

개체의 능력은 한순간에 얻어지는 것이 아니다. 환경과 꾸준한 상호작용 속에서 적응을 위해 부단히 노력하고, 그 결과 자신의 장점을 살려서 완성되는 것이다. 크든 작든 모든 능력은 이러한 과정을 거쳐서 완성되니 어느 것이든 충분히 가치가 있다.

식물의 전략을 보며 지금이 우리에게 사고의 전환이 필요한 시점이 아닌가 싶다. 인류는 현재 기후변화와 지속가능개발(환경을 보호하고 빈곤을 구제하며, 장기적으로는 성장을 이유로 자연자원을 파괴하지 않는 경제적 성장을 이루기 위한 방법들의 집합)이라는 미증유의 상황에 처해 있다. 불확실한 미래로 생존의 위기에 직면하고 있기에 더욱 그렇다.

현재의 위기를 벗어나기 위해서는 과거에 없던 새로운 능력을 창출해야 하고, 전 지구적인 협력이 있어야 한다. 각자의 능력을 향상하고, 그것을 바탕으로 나누어 협력하며, 다양한 타인을 인정해 창의성을 발휘해야 한다는 뜻이다. 만일 경쟁으로만 치닫는다면 결국 승패가 걸린 싸움이 되어 현재의 위기를 극복하는 데 더 많은 시간이 걸릴 수 있고, 최악의 경우에는 극복하지 못할 수도 있다. 지금은 우리 인간이 나아갈 방향을 정하는 통찰이 필요한 때다.

그림 출처

그림 2-1 Gardiner B. et al., Plant Science (2016) 245:94-118

그림 3-2 A, B 국립생물자원관 (원작자: 현진오 | 공공누리 제3유형)

그림 3-4 Koch et al., Nature (2004) 428, 851-854

그림 3-5 Ninghui Shi/ commons.wikimedia.org/wiki (CC BY-SA 3.0)

그림 4-1 Wellcome Library, London/ commons.wikimedia.org/wiki (변경 | CC BY 4.0)

그림 4-3 국립생물자원관 (원작자: 현진오 | 공공누리 제3유형)

그림 5-4 Ghimire, B., C. Lee, J. Yang, and K. Heo, (2015) Acta Bot. Bras. 29(3):346-353

그림 5-11 국립생물자원관 (원작자: 현진오 | 공공누리 제3유형)

그림 6-2 Chi et al., BMC Genomics (2013) 14:351-369

그림 6-9 A commons.wikimedia.org/wiki (CC BY-SA 3.0), B 국립생물자원관 (원작자: 이병윤 |
공공누리 제3유형)

그림 7-5 A 국립생물자원관 (원작자: 국립생태원 | 공공누리 제3유형), B 국립생물자원관 (원작
자: 현진오 | 공공누리 제3유형)

그림 7-7 국립생물자원관 (원작자: 현진오 | 공공누리 제3유형)

그림 8-4 Raser and O'Shea 2005 Science. 309(5743): 2010-2013.

그림 8-9 국립생물자원관 (원작자: 유태철 | 공공누리 제3유형)

일러스트레이션 이택종

※ 이 책의 도판 가운데 출처를 밝히지 않은 것은 지은이의 저작물이거나 자유 이용 저작물입니다. 본문 도판은 가
능한 범위에서 저작권 확인을 위해 노력하였으나 극히 일부의 것은 저작권자를 찾을 수 없었음을 밝혀둡니다.
그 외 저작권에 관한 문의는 출판사로 연락하여 주시기 바랍니다.

참고 문헌

도서

Charles J.K, 2011, 생태학(6판), 이준호, 류문일 옮김, 바이오사이언스

Dugatkin L.A, 2012, 동물행동학, 유정칠 외 8명 옮김, 범문에듀케이션

Epstein E., and Bloom A.J., 2011, 식물의 무기영양(2판), 김진호 외 2명 옮김, 월드사이언스

Hopkins W.G. and Hüner P.A., 식물생리학(4판), 홍영남 외 7명 옮김, 월드사이언스

Reece J.B., Urry L.A., Cain M.L., Wasserman S.A., Minorsky R.V., and Jackson R.B., 2012, 켐벨 생명과학, 대표역자 전상학 옮김, 바이오사이언스

Reigosa M.J., Pedrol N., and González L. 2006 Allelopathy : A Physiological Process with Ecological Implications.

Simon E.J., Reece J.B., and Dickey J.L., 2011, 교양인을 위한 캠벨 생명과학(3판), 윤치영, 고상균 옮김, 바이오사이언스

Smith T.M., and Smith R.L., 2016, 생태학(9판), 강혜순 외 3인 옮김, 라이프사이언스

Taiz L, and Zeiger E., 2013, 식물생리학(5판), 전방욱, 문병용 옮김, 라이프사이언스

Taiz L,, Zeiger, E., Møller I.M, and Murphy A., 2017, 식물생리와 발달(6판), 전방욱, 김성룡 옮김, 라이프사이언스

Taylor M.R., Simon E.J., Dickey J.L., Hogan K., Reece J.B., 생명과학(9판):개념과 현상의 이해, 김명원 외 10명 옮김, 라이프사이언스

김용범, 2015, 배신의 유전자가 사회개혁을 말하다, 디프넷

김용범, 2017, 뇌는 오줌 냄새를 맡는다, 이안에

국립수목원, 2014, 숲 해설 기초, 이담북스

이나가키 히데히로, 2018, 싸우는 식물, 김선숙 옮김, 더숲

이성규, 2014, 식물의 살아남기, 대원사

이성규, 2018, 신비한 식물의 세계, 대원사

이유, 2019, 식물의 죽살이, 지성사

이창복, 1973, 식물분류학, 향문사

학술지 및 학위 논문

김군보, 이경준, 현정오 1998 지리산 구상나무림에서 타감작용이 치수형성에 미치는 영향. 한국
　　임학회지 87(2):230-238

김상렬, De Datta S.K., Robles R.P., 김길웅, 이상철, 신동현 1993 수수의 타감작용에 관한 연구.
　　잡초초지 14(1):34-41

김연희 2006 숙주식물에 침입한 기생피자식물 새삼(*Cuscuta japonica Choisy*) 흡기 발달과 미세
　　구조 조선대학교 석사학위논문

김진경 2007 식충식물 4종의 기내 대량증식에 영향을 미치는 몇 가지 요인 충북대학교 석사학
　　위논문

류다님 2018 불암산삼육대 생태·경관보전지역 서어나무군락 구조 특성 동국대학교 석사학위논
　　문

마상용, 김종석, 양환승, 1999 잡초성 벼 및 피에 대한 보리의 타감효과 탐색. 한잡초지 19(3):
　　228-235

백승훈 2013 매마등속(*Gnetum, Gnetales*)으로 수평전달 된 미토콘드리아 유전자의 현화식물 공
　　여자 추적 연구. 대구대학교 석사학위논문

서주환, 김세천, 잔야의인, 박봉주 1998 타감작용에 의한 식생 관리방안에 관한 기초 연구 -잔
　　디관리를 중심으로-. 한국식물·인간·환경학회지 1(2):85-91

손현덕 2010 수분과 종자 산포에 관한 종생물학 연구 전남대학교 박사학위논문

안은강 2008 우리나라 현화식물 결실기의 생태적 양상. 성신여자대학교 석사학위논문

엄석현, 김명조, 최용화, 임요섭, 유창연, 김이훈 1999 메밀(*Fagopyrum esculentum Moench*)의 타 감작용물질. 한잡초지 19(1):83-89

오동은 2017 한라산 구상나무의 알레로파시 효과 제주대학교 석사학위논문

윤순진 2014 실외 실험적 온난화 및 강수 조절이 환경요인과 소나무 묘목의 생장, 순광합성률 및 엽록소 함량에 미치는 영향 연구 고려대학교 석사학위논문

이진슬 2012 몇 초본 식물종의 개미에 의한 종자 산포와 Diaspore 특성 연구. 상지대학교 석사 학위논문

이혜진 2009 이종 춘계단명식물의 크기와 종자 생산 단국대학교. 석사학위논문

이희선 2016 국화잎아욱의 알레로파시 효과 제주대학교 석사학위논문

임선욱, 서영호, 이영근, 백남인 1994 들깨(*Perilla frutescens*)와 쑥(*Artemisia asiatics*) 잎으로부터 휘발성 타감작용 성분의 분리. 한국농화학회지 37(2):115-123

임용석 2009 한국산 식생식물의 분포 특성 순천향대학교 박사학위논문

장정운 2003 우리나라 현화식물의 개화기 : 계통과 수분 매개자의 효과 성신여자대학교 석사학 위논문

전인수, 김명조, 허장현, 유창현, 조동하, 김이훈 1997 알팔파 연작장해에 관여하는 타감물질의 탐색 및 생물검정. 한국작물학회지 42(2):228-235

정홍채 2016 식물간의 경쟁을 위한 화학무기, 타감작용-(allelopathy) 콘크리트학회지 28(3):64-66

채희명, 이상훈, 차상섭, 심재국 2016 점봉산에서 춘계단명식물의 Vernal Dam 효과에 관한 연 구. 한국환경생태학회 학술대회논문집 26(2) : 23~24.

Bawa K.S. 2016 Kin selection and the evolution of plant reproductive traits. Proc. R. Soc. B 283: 20160789.

Becker A., Alix K. and Damerval C. 2011 The evolution of flower development: current understanding and future challenges. Annals of Botany 107:1427-1431

Bhatt M.V., Khandelwal A., and Dudley S.A. 2011 Kin recognition, not competitive interactions, predicts root allocation in young Cakile edentula seedling pairs. New Phytol. 189:1135-1142

Bohn K., Dykel J.G., Pavlick R., Reineking B., Reu B., and Kleidon A. 2011 The relative importance of seed competition, resource competition and perturbations on community structure Biogeosciences, 8:1107−1120

Chen B.-M., Liao H.-X., Chen W.-B., Wei H.-J. and Peng S.-L. 2017 Role of allelopathy in plant invasion and control of invasive plants. Allelopathy J. 41 (2): 155−166

Clegg M.T. and Durbin M.L. 2000 Flower color variation: A model for the experimental study of evolution. PNAS 97(13): 7016−7023

Craine J.M., and Dybzinski R. 2013 Mechanisms of plant competition for nutrients, water and light. Func. Eco. 27:833−840

Crane P.R., et al. 2010 Introduction Darwin and the evolution of flowers. Phil. Trans. R. Soc. B 365:347−350

Delory B.M., Delaplace P., Fauconnier M.-L., du Jardin P. 2016 Root−emitted volatile organic compounds : can they mediate belowground plant−plant interactions? Plant Soil 402:1−26

Dudley S.A. 2015 Plant cooperation. AoB Plants doi:10.1093/aobpla/plv113

Eckardt N.A. 2005 A Time to Grow, a Time to Flower. Plant Cell, 17:2615−2617

File A.L., Murphy G.P., and Dudley S.A. 2012 Fitness consequences of plants growing with siblings: reconciling kin selection, niche partitioning and competitive ability. Proc. R. Soc. B 279:209−218

Geista K.S., Strassmanna J.E., and Quellera D.C. 2019 Family quarrels in seeds and rapid adaptive evolution in Arabidopsis. PNAS 116(19):9463−9468

Ghimire B., Lee C., Yang J., and Heo K. 2015. Comparative leaf anatomy of some species of Abies and Picea (Pinaceae) Acta Bot. Bra. 29(3):346-353.

Gorzelak M.A., Asay A.K., 2015 Pickles B.J., and Simard S.W. 2015 Inter−plant communication through mycorrhizal networks mediates complex adaptive behaviour in plant communities. AoB Plants doi:10.1093/aobpla/plv050

Hatfield J.L., and Prueger J.H. 2015 Temperature extremes: Effect on plant growth and development. Weather and Climate Extremes 10:4−10

Heill M. and Karban R. 2009 Explaining evolution of plant communication by airborne signals

Trends. Eco. and Evo. 25(3):137–143

Johnson S.D., and Anderson B. 2010 Coevolution Between Food-Rewarding Flowers and Their Pollinators. Evo. Edu. Outreach. 3:32−39

Koch G.W., Sillett SC., and Jennings G.M. & Davis S.D. The limit to tree height. Nature 428:851–854

Leandro C.S., Bezerra J.W.A., Rodrigues M.D.P., Silva A.K.F., da Silva D.L., dos Santos M.A.F., Linhares K.V., Boligon A.A., da Silva V.B., Rodrigues A.S., Bezerra J.S., and da Silva M.A.P. 2019 Phenolic Composition and Allelopathy of *Libidibia ferrea* Mart. ex Tul. in Weeds. J. Agri. Sci. 11(2) : doi:10.5539/jas.v11n2p109

Lee S., Kim Y.-B., Lee M., Park K. 1996 The Stimulation of Arginine Decarboxylation by DFMO in Tobacco Suspension Cultured Cells, J. Plant Biology 39(2):107–112

Lee T.-H., Tang H., Wang X. and Paterson A.H. PGDD: a database of gene and genome duplication in plants Nucleic Acids Research, 2013, Nuc. Aci. Res. 41:D1152–D1159

Levin S.A. 2014 Public goods in relation to competition, cooperation, and spite. PNAS 111(suppl.3):10839–10845

Lia B., Lia Y.-Y., Wua H.-M., Zhanga F.-F., Lia C.-J., Lia X.-X., Lambersb H., and Lia L. 2016 Root exudates drive interspecific facilitation by enhancing nodulation and N2 fixation. PNAS 113(23):6496–6501

Lia Y.-C., Rena J.-P., Cho M.-J., Zhoua S.-M., Kim Y.-B., Guoa H.-X., Wong J.H., Niua H.-B., Kim H.-K., Morigasaki S., Lemaux P.G., Frick O.L., Yina J.,1 and Buchananb B.B. 2009 The Level of Expression of Thioredoxin is Linked to Fundamental Properties and Applications of Wheat Seeds. Mol. Plant 2(3):430−441

Lia Z., Tiley G.P., Galuskaa S.R., Reardona C.R., Kiddera T.I., Rundella R.J., and Barkera M.S. 2018 Multiple large-scale gene and genome duplications during the evolution of hexapods. PNAS 115(18):4713−4718

Murphy G.P., Swanton C.J., Van Acker R.C., and Dudley S.A., 2017 Kin recognition, multilevel selection and altruism in crop sustainability J. Eco. 105:930−934

Nagashima H., and Hikosaka K. 2011 Plants in a crowded stand regulate their height growth so as to maintain similar heights to neighbours even when they have potential advantages in height growth. Ann. Bot. 108:207−214

Onoda Y., and Anten N.P.R. 2011 Challenges to understand plant responses to wind. Plant Sig. & Behavi. 6(7):1057−1059

Orr S.P., Rudgers J.A., and Clay K. 2005 Invasive plants can inhibit native tree seedlings: testing potential allelopathic mechanisms. Plant Ecology 181: 153−165

Panchy N., Lehti-Shiu M., and Shiu S.-H. 2016 Evolution of Gene Duplication in Plants. Plant Physiol. 171:2294−2316

Pinto S.M., Pearson D.E., and Maron J.L. 2014 Seed dispersal is more limiting to native grassland diversity than competition or seed predation. J. Eco. 102:1258−1265

Raguso R.A. 2008. Wake up and Smell the Roses: The Ecology and Evolution of Floral Scent. Annu. Rev. Ecol. Evol. Syst. 39:549−69

Ranney T.G. 2006 Polyploidy: From Evolution to New Plant Development Proc. Inter. Plant Propa. Soc. 56:137−142

Raser J.M., and O'Shea E.K. 2005 Noise in Gene Expression: Origins, Consequences, and Control. Science 309(5743): 2010−2013

Ruxton G.D., and Schaefer H.M. 2012 The conservation physiology of seed dispersal. Phil. Trans. R. Soc. B. 367:1708−1718

Santiago L.S., Mulkey S.S. 2005 Leaf productivity along a precipitation gradient in lowland Panama: patterns from leaf to ecosystem. Trees 19:349−356

Savelyev N., Baykuzina P., Dokudovskaya S., Lavrik O., Rubtsova M., and Dontsova O. 2018 Comprehensive analysis of telomerase inhibition of gallotanin. Oncotarget 9(27):18712−18719

Schindler D., Bauhus J., and Mayer H. 2012 Wind effects on trees Eur. J. Forest Res. 131:159−163

Soltis P.S., Brockington S.F., Yoo M.-J., 2,3 Piedrahita A., Latvis M., Moore M.J., Chanderbali A.S., and Soltis D.E. 2009 Floral variation and floral genetics in basal angiosperms. Ameri. J.

Bot. 96(1):110 −128.

Spalleka T., Melnykb C.W., Wakatakea T., Zhangb J., Sakamotod Y., Kibaa T., Yoshidae S., Matsunagad S., Sakakibaraa H., and Shirasua K., 2017 Interspecies hormonal control of host root morphology by parasitic plants. PNAS 114(20):5283 −5288

Specht C.D. and Bartlett M.E. 2009 Flower Evolution: The Origin and Subsequent Diversification of the Angiosperm Flower. Ann. Rev. Eco. Evo. and Syst. 40:217 −243

Tank D.C., Eastman J.M., Pennell M.W., Soltis P.S., Soltis D.E., Hinchliff C.E., Brown J.W., Sessa E.B. and Harmon1 L.J. 2015 Nested radiations and the pulse of angiosperm diversification: increased diversification rates often follow whole genome duplications. New Phytol. 207: 454 −467

Thomson F.J., Moles A.T., Auld T.D. and Kingsford R.T. 2011 Seed dispersal distance is more strongly correlated with plant height than with seed mass J. Eco. 99:1299 −1307

Weigelt A. and Jolliffe P. 2003 Indices of plant competition J. Eco. 91:707 −720

Wen−Chang Chi1, Yun−An Chen1,2, Yu−Chywan Hsiung, Shih−Feng Fu, Chang−Hung Chou, Ngoc Nam Trinh, Ying−Chih Chen1 and Hao−Jen Huang 2013 Auotoxicity mechanism of Oryza sativa: transcriptome response in rice roots exposed to ferulic acid. BMC Genomics. 14:351

Wright G.A., and Schiestl F.P. 2009 The evolution of floral scent: the influence of olfactory learning by insect pollinators on the honest signalling of floral rewards Func. Eco. 23:841 −851

Wong J.H., Kim Y.−B., Ren P.−H., Cai N., Cho M.−J., Hedden P., Lemaux P.G., and Buchanan B.B. 2002 Transgenic barley grain overexpressing thioredoxin shows evidence that the starchy endosperm communicates with the embryo and the aleurone. PNAS 99:16325 −16330

Wyka T. P., Oleksyn J., Zytkowiak R., Karolewski P., Jagodzin´ski A. M., and Reich P. B. 2012 Responses of leaf structure and photosynthetic properties to intra−canopy light gradients: a common garden test with four broadleaf deciduous angiosperm and seven evergreen conifer tree species. Oecologia 170:11 −24

Yamori W., Hikosaka K., Danielle A. 2014 Way Temperature response of photosynthesis in C3,

C4, and CAM plants: temperature acclimation and temperature adaptation. Photosynth. Res. 119:101−117

Yuanyuan M., Yali Z., Jiang L., and Hongbo Shao. 2009 Roles of plant soluble sugars and their responses to plant cold stress. African. J. Biotechnology Vol. 8:(10):2004−2010